包装设计
案例项目教程

主　编◎王俊芳　杨祥群　冯中强
副主编◎陈奕瑾　陈小梅　马可翔
　　　　赖国钢　江詹晨玮　张吉
　　　　吴　双　蒲春花

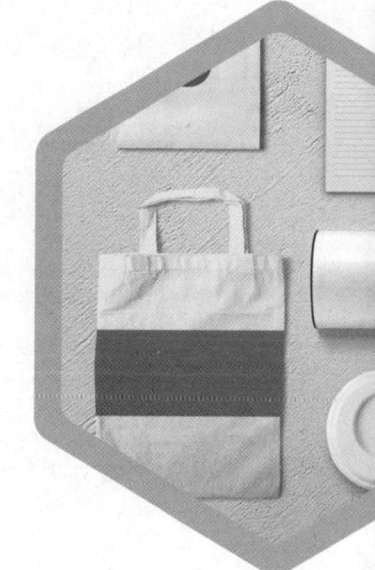

北京希望电子出版社
Beijing Hope Electronic Press
www.bhp.com.cn

内 容 简 介

本书提供了一套系统、全面、实用的包装设计知识体系，使读者能够更好地理解包装设计的概念、原则和方法，以及包装设计的复杂性和多维性，并掌握包装设计的基本规律，从而不断提升设计技能和审美水平。

全书共 9 章，从包装设计的发展、定义、分类、要素、设计流程、制作工艺等基础知识入手，逐步深入到包装设计的形态构成、色彩表现等设计技巧，并通过演示操作步骤详细讲述了从文字、图形、标志到封面、包装的盒/袋/瓶/罐等具体项目实例的设计思路和设计过程。

本书既可作为应用型本科、职业院校相关专业的教材，也可作为设计从业人员的参考书和培训书。

图书在版编目（CIP）数据

包装设计案例项目教程 / 王俊芳，杨祥群，冯中强主编. --
北京：北京希望电子出版社，2024.12
　ISBN 978-7-83002-900-5
　I. TB482
中国国家版本馆 CIP 数据核字第 2024FS7097 号

出版：北京希望电子出版社	封面：赵俊红
地址：北京市海淀区中关村大街 22 号	编辑：宋东坡
中科大厦 A 座 10 层	校对：龙景楠
邮编：100190	开本：787 mm × 1 092 mm　1/16
网址：www.bhp.com.cn	印张：16.5
电话：010-82620818（总机）转发行部	字数：422 千字
010-82706237（邮购）	印刷：三河市中晟雅豪印务有限公司
经销：各地新华书店	版次：2025 年 1 月 1 版 1 次印刷

定价：69.80 元

前　言

党的二十大报告强调立德树人，要求全面实施党的教育方针，培养全面发展的社会主义建设者。报告内容是我们的指导方针。我们要坚持德、智、体、美、劳五育并举，推进素质教育。思想政治理论课是立德树人的核心，对于培养社会主义接班人至关重要。本书编者在包装设计课程中融入思政元素，旨在激发学生的爱国情感和坚定信念，引导其成为有为青年。

在快速发展、变化的当今社会，包装作为一种独特的沟通媒介和文化现象，不仅承载着保护产品的功能，更事关品牌形象建设和消费者情感体验。随着全球市场的扩张和消费者自我意识的提升，包装设计已经成为企业经营发展战略的核心内容之一。它不仅需要考虑如何吸引消费者的目光，还要考虑如何传播和提升品牌的价值，同时又要兼顾生态和资源的可持续性。

作为设计师，应具有高度的前瞻性，以及广阔的视野和敏锐的洞察力，在设计实践中充分发挥创意思维，利用视觉元素有效地传递品牌故事和企业文化，寻找创意、实用性和责任感之间的平衡，在品牌、消费者和社会环境之间搭建桥梁，以满足日益复杂的市场需求，并推动行业的可持续发展。

本书共分为9章，从包装设计的发展、定义、分类、要素、设计流程、制作工艺等基础知识入手，逐步深入到包装设计的形态构成、色彩表现等设计技巧，并通过演示操作步骤详细讲述了从文字、图形、标志到封面、包装的盒/袋/瓶/罐等具体项目实例的设计思路和设计过程，旨在提供一套系统、全面、实用的包装设计知识体系，激发读者的创新思维，培养读者的独立思考能力，使读者能够更好地理解包装设计的概念、原则和方法，以及包装设计的复杂性和多维性，并掌握包装设计的基本规律，不断提升设计技能和审美水平。

本书在内容编排上参考了大量国内外优秀的设计作品，力求提供极具启发性的前沿设计思路，做到既有理论知识的深入讲解，又有实例分析的充分展示。

本书写作特色如下：

1. 抽丝剥茧，通俗易懂

对包装设计技巧的讲解由浅入深、细致入微，使读者能够轻松上手。

2. 理实结合，触类旁通

采用"理论＋实践"的编写原则，以理论知识为基础，汲取国内外优秀设计作品的精髓，并辅以具体案例制作介绍，力争融会贯通所学知识，提高学习效率。

3. 案例精美，图文并茂

书中案例选图极具艺术性，能够帮助读者更好地理解和掌握所学知识。

4. 课后练习，成果检验

每章的最后都安排了课后练习，旨在帮助读者进行自我检测，巩固所学知识。

在包装设计领域，创新始终是推动行业发展的重要动力，希望本书能够鼓励读者勇于尝试、大胆创新，为设计创作注入更多的活力和想象力。同时，随着包装设计产业的不断发展，对设计人才的需求日益增长，也期待本书能够为艺术设计教育领域提供内容丰富、结构合理的教学资源，以更好地培养新一代的设计人才。

本书由王俊芳（信阳艺术职业学院）、杨祥群（烟台文化旅游职业学院）、冯中强（河南艺术职业学院）担任主编，由陈奕瑾（河南轻工职业学院）、陈小梅（岑溪市中等专业学校）、马可翔（郑州航空工业管理学院）、赖国钢（梅州市职业技术学校）、江詹晨玮（江西婺源茶业职业学院）、张吉（恩施职业技术学院）、吴双（信阳艺术职业学院）、蒲春花（重庆幼儿师范高等专科学校）担任副主编。

本书在编写过程中力求严谨细致，但由于编者水平有限，疏漏不妥之处在所难免，望广大读者批评指正。

编　者
2024 年 5 月

目 录

第1章 包装设计概述 …………………… 1

1.1 认识包装设计 ………………………… 2
- 1.1.1 包装的发展 ………………………… 2
- 1.1.2 包装的定义 ………………………… 3
- 1.1.3 包装的种类 ………………………… 3
- 1.1.4 包装的作用 ………………………… 6

1.2 包装设计的要素 ……………………… 7
- 1.2.1 外形要素 …………………………… 7
- 1.2.2 构图要素 …………………………… 8
- 1.2.3 材料要素 …………………………… 13

1.3 包装设计的流程 ……………………… 14
- 1.3.1 准备工作 …………………………… 14
- 1.3.2 设计过程 …………………………… 15
- 1.3.3 生产清单 …………………………… 15

1.4 包装工艺 ……………………………… 16
- 1.4.1 纸张 ………………………………… 16
- 1.4.2 塑料 ………………………………… 20
- 1.4.3 金属 ………………………………… 22
- 1.4.4 玻璃 ………………………………… 23
- 1.4.5 木材 ………………………………… 24
- 1.4.6 陶瓷 ………………………………… 25
- 1.4.7 纤维 ………………………………… 25
- 1.4.8 其他工艺 …………………………… 25

1.5 课后练习 ……………………………… 26

第2章 包装设计的形态构成 …………… 27

2.1 认识形态 ……………………………… 28
- 2.1.1 设计美学 …………………………… 28
- 2.1.2 形态的基础 ………………………… 29
- 2.1.3 形态的构成与材料 ………………… 46

2.2 包装设计中的形态设计实践 ………… 49
- 2.2.1 形态设计的实践因素 ……………… 49
- 2.2.2 形态设计的实践要求 ……………… 50

2.3 课后练习 ……………………………… 52

第3章 包装设计的色彩表现 …………… 53

3.1 认识色彩 ……………………………… 54
- 3.1.1 色彩的形成 ………………………… 54
- 3.1.2 色彩三要素 ………………………… 57
- 3.1.3 色彩的种类 ………………………… 59
- 3.1.4 色彩的调性 ………………………… 60
- 3.1.5 色彩效应 …………………………… 62
- 3.1.6 色彩的对比与调和 ………………… 68
- 3.1.7 色彩搭配 …………………………… 70

3.2 计算机色彩理论 ……………………… 73
- 3.2.1 使用计算机表现色彩 ……………… 73
- 3.2.2 色彩模型 …………………………… 74

3.3 包装设计中的色彩实践 ……………… 81
- 3.3.1 色彩设计的实践因素 ……………… 81
- 3.3.2 色彩设计的实践要求 ……………… 85

3.4 课后练习 ……………………………… 89

第4章 文字设计 ………………………… 91

4.1 奶酪文字 ……………………………… 92
4.2 水花文字 ……………………………… 94
4.3 黄金文字 ……………………………… 98
4.4 折叠文字 ……………………………… 102
4.5 装饰感文字 …………………………… 105
4.6 未来感文字 …………………………… 107
4.7 课后练习 ……………………………… 116

第5章 图形设计 ………………………… 117

5.1 缤纷主题图形 ………………………… 118
5.2 神秘主题图形 ………………………… 121
5.3 喜庆主题图形 ………………………… 127
5.4 时尚主题图形 ………………………… 130
5.5 拼贴主题图形 ………………………… 137

5.6 课后练习 ·················· 139

第6章 标志设计 ·················· 141

6.1 立体造型标志 ·················· 142
6.2 折页造型标志 ·················· 143
6.3 水果造型标志 ·················· 145
6.4 便签造型标志 ·················· 149
6.5 乐器造型标志 ·················· 152
6.6 课后练习 ·················· 154

第7章 封面设计 ·················· 155

7.1 书籍封面 ·················· 156
7.2 画册封面 ·················· 162
7.3 菜单封面 ·················· 167
7.4 课后练习 ·················· 173

第8章 盒式包装设计 ·················· 175

8.1 墨水瓶外包装 ·················· 176
8.2 橡皮擦外包装 ·················· 182
8.3 香水外包装 ·················· 191
8.4 茶叶外包装 ·················· 199
8.5 白酒外包装 ·················· 205
8.6 包装盒型 ·················· 210
8.7 课后练习 ·················· 211

第9章 其他包装设计 ·················· 213

9.1 巧克力包装 ·················· 214
9.2 防晒露包装 ·················· 228
9.3 涂料包装 ·················· 241
9.4 防冻液包装 ·················· 248
9.5 课后练习 ·················· 253

习题答案 ·················· 255

参考文献 ·················· 257

第1章

包装设计概述

◎ **本章导读**

包装设计是包装过程的一部分，它将美学元素与商品信息完美地结合在一起，可以说，精美的包装堪称艺术品，具有一定的观赏价值与收藏价值。

包装设计与其他设计有共通之处，也有其自身独到的地方，它涉及许多方面的知识，需要读者深入了解和学习。

本章将详细介绍有关包装的一些基本理论知识，为之后的实践活动打下良好基础。

◎ **素质目标**

人类通过改变周围环境来适应其自身发展的需求，这赋予了设计师建立人与环境之间有益连接的责任。

作为中国当代的设计工作者，要树立可持续发展观，有意识地开展符合我国社会经济发展需要、服务于大众利益的设计活动。

1.1 认识包装设计

在人类历史的演进中，包装设计始终与文明的发展紧密相连。人类早期利用自然材料进行简单包装以保护和携带物品，随着人类文明的向前推进，社会生产力的不断提高和经济的全球化发展，出现了复杂、精巧的现代包装解决方案。作为人类智慧的结晶，包装设计已经超越了其最初的功能，成为一种集科学性、艺术性和商业价值于一体的综合体现。现代包装不仅要确保产品的完整性和安全性，还要满足消费者对美观、便利和品牌体验的需求，为人们带来艺术与科技完美结合的视觉愉悦。它涉及材料的创新使用、环保理念的融入，以及市场营销策略的实施。因此，包装设计已经变为连接生产者、产品和消费者的桥梁，成为现代商业和文化不可或缺的一部分。图1.1展示了几款典型的包装设计作品。

图1.1　包装设计作品

1.1.1 包装的发展

早在原始社会，人类学会了使用工具，开始从事简单的农耕和狩猎活动，对物品储存、保护和运输的需求有所增加。受限于当时的技术和资源，人们主要依赖自然界提供的材料，例如树叶、贝壳、竹筒、葫芦等，包装食物和水，这就是最原始的包装。

后来，随着物品交换的产生和手工艺的发展，基于生活和使用的需要，产生了皮袋、织袋、纸、布、陶器等包装用具，改善了包装的保护功能，并赋予其美观性，在原始实用主义的基础上增加了艺术文化价值，反映了工艺技术的提升和审美意识的初步觉醒。

利用自然材料手工制作的包装用具虽然有很多优点，但它不能满足大生产、大消费的时代要求。19世纪初，工业革命带来了生产力的巨大飞跃，机器的发明、能源的开发，以及机械化和标准化生产理念的出现，使人们能够创造丰富的产品，同时也对产品包装工业产生了巨大的影响，促使包装进行大规模、高效率地生产，而新材料的发现和应用，如塑料和复合材料，则进一步扩展了包装的功能和形式。

随着商品经济的发展和繁荣，人们进一步拓展了包装的内涵，构建美的视觉环境已成为社会进步的标志。同时，虽然工业化生产带来了诸多便利，但也对自然生态产生了一定的影响。人们开始意识到某些包装材料（如塑料等）可能会对环境造成长期伤害，这促使一些企业和组织开始寻找可持续的包装解决方案。

现代包装设计师不断探索新的材料和技术，包括使用生物降解材料、智能包装（如温度变化显示等）和增强现实技术等。随着电子商务的兴起和社交媒体的普及，设计师在包装上使用二维码、NFC标签或其他数字元素，不仅在功能上满足了现代消费者的需求，而且在形式和美学上也提供了新的视角和体验。

1.1.2 包装的定义

包装可以被定义为在流通过程中为保护产品、方便贮运和促进销售，按一定技术方法而采用的容器、材料及辅助物等的总体名称；也可以理解为，为了达到上述目的而在采用容器、材料和辅助物的过程中施加一定技术方法的操作活动。包装的含义在不同国家和组织中有所不同，但其核心内容是一致的，都是围绕包装的功能和作用来叙述的。

在社会经济飞速发展、商业竞争日趋激烈的当下，包装往往是决定成败的一个关键因素。时至今日，包装更多地承载了突出产品特征及装饰美化的作用，以期达到宣传促销的目的。产品大战从某种角度上而言，已经成为包装大战。与此同时，包装也随着商品竞争而不断发展，并逐步提高其内在的艺术文化品质。

1.1.3 包装的种类

商品种类繁多、形态各异，其功能作用、外观内容也各有千秋。所谓内容决定形式，包装也不例外。如今，包装的使用范围越来越广泛，包装的种类也越来越多元化。

1. 按造型分类

从造型上对包装进行分类是比较直观、形象的。因为商品本身的造型多种多样，越来越多的造型也被运用到包装设计中。

* 盒式包装：盒式包装常见于商品的外包装，配合一些印刷工艺，可以展现独具风格的外观。盒式包装一般采用纸质原材料，如图1.2所示。
* 袋式包装：袋式包装是使用频率比较高的包装设计之一，造型相对简单，常以塑料为原材料，是一种使用起来十分方便的包装，如图1.3所示。

图1.2　食品盒式包装

图1.3　食品袋式包装

* 瓶式包装：瓶式包装通常采用玻璃、陶瓷、塑料和金属等作为原材料，多用于食品、化妆品、化工、药品和工业类产品的包装设计。图1.4所示为酒类瓶式包装。
* 罐式包装：罐式包装常用于食品包装，例如饮料包装罐和罐头包装罐等，如图1.5所示。

图1.4　酒类瓶式包装

图1.5　饮料包装罐

* 桶式包装：桶式包装在结构上较为坚固，采用该包装形式的产品多为液体和粉状物，如图1.6所示。针对化学品设计包装时，应特别注意材料的耐腐蚀性、温度、光线和外界隔绝性，以确保商品、使用者和环境的安全。
* 开放式包装：开放式包装可以使消费者直观地看到内部的商品状态，一般在商品外包装的前面、前面和侧面或前面和两侧面等位置开窗，如图1.7所示。
* 特殊形式的包装：该包装形式一般是指吸塑成型材料的包装、木质材料的包装、编织材料的包装和自然形态材料的包装设计。由于该包装形式的取材与其他形式不同，其造型一般有别于常见的包装设计，如图1.8所示。

图1.6　桶式包装

图1.7　开放式包装

图1.8　陶瓷瓶包装

2. 按包装品种分类

按包装物种类的不同，包装可分为食品包装、化妆品包装、日用品包装、服装包装、电子产品包装、化学物品包装和危险品包装等，如图1.9至图1.11所示。

图1.9　食品包装

图1.10　日用品包装

图1.11　电子产品包装

3. 按包装尺度分类

按包装尺度，可以分为大包装、中包装和小包装。

* 大包装：又称"外包装"。为保护商品数量、品质，便于运输、储存、堆放与装卸而进行的外层包装，包括单件（运输）包装和集合（运输）包装。前者按包装的外形分类有包、箱、桶、袋等；按包装的结构方式分类有软性、半硬性、硬性等；按包装的材料分类有纸制、金属制、木制、塑料、棉麻等。后者是将若干单件运输包装组合成一件大包装，如集装箱、集装包、集装袋、托盘等。一些有特殊需求的商品，如外销、军用、文物等，在外包装上会有特殊的要求。
* 中包装：又称"批发包装""次级包装"。既有大包装保护商品，便于堆放、装卸和运输的特点，又有小包装直接接触消费者的特点，通常设计成易于搬运和计数，方便分销和零售。
* 小包装：又称"内包装""个体包装""销售包装"，是与商品、消费者直接接触的包装。它的目的是能够吸引消费者的注意，激发消费者的购买欲望，包括各种袋子、盒子、瓶子等，易打开，使用方便，能够展示产品的特点，并且便于结算和追溯。

4. 按包装材料分类

按包装材料，可以分为纸质包装、木质包装、塑料包装、玻璃包装、陶瓷包装、金属包装、纤维织物包装、天然材料包装、复合材料包装等。

* 纸质包装：环保、易于加工和回收、成本低廉，常用于食品、书籍、电子产品等轻型产品的包装。材料可制作为瓦楞纸板、纸箱、纸袋、纸盒等。其中，瓦楞纸板是最常用的一种，具有良好的抗压性和缓冲性。
* 木质包装：质料轻、强度高，可以承受一定压力，适合重型和大型物品的运输，如机械、家具和食品（如葡萄酒等）等，但木质材料易受环境的影响而变形、腐坏等。
* 塑料包装：轻便、防潮、耐腐蚀、成本较低，材料主要分为聚乙烯、聚丙烯、聚氯乙烯等。其中，聚乙烯具有良好的韧性和透明度，广泛应用于食品、药品、化妆品等领域的包装中。
* 玻璃包装：透明、耐高温、不易变形、化学稳定性高、可重复使用。材料主要分为普通玻璃、钢化玻璃、夹层玻璃等。其中，普通玻璃广泛应用于饮料、化妆品等领域的包装中。
* 陶瓷包装：保护性和装饰性良好，主要用于一些传统食品的包装，如腌菜、酱料等，也可以作为纪念品或重复使用的储物器皿。
* 金属包装：耐腐蚀、防氧化、耐久性强、可塑性高。材料主要分为铁、铝、锡等。其中，铁制包装材料广泛应用于食品、饮料、化妆品等领域的包装中。
* 纤维织物包装：质地柔软、可重复使用、环保，如棉袋、麻袋和其他天然纤维制成的袋子，常用于储存和运输干货、粮食等。
* 天然材料包装：可生物降解、对环境友好，如竹、木、纸等，常用于零食、礼品等的包装。

* 复合材料包装：由两种或两种以上的材料复合而成，结合了多种材料的优点，能够提供良好的保护性能，延长保质期，常用于真空包装、无菌包装等高要求的包装领域。材料主要分为纸塑复合、铝塑复合、纸铝塑复合等。其中，纸塑复合广泛应用于食品、药品、化妆品等领域的包装中。

5. 按包装工艺分类

按包装工艺技术，可以分为一般包装、缓冲包装、喷雾气式包装、真空吸塑包装、防水包装、充气包装、压缩包装、软包装等。

* 一般包装：最常见的包装形式之一，包括直接与商品接触的包装（如瓶装、盒装等）和运输用的外包装（如纸箱、木箱等），主要功能是保护产品、便于储运和提供产品信息等。
* 缓冲包装：用于吸收冲击和减少震动，保护产品免受运输过程中的损坏，常用缓冲材料包括泡沫塑料、气泡膜、纸浆模塑等。
* 喷雾气式包装：常用于需要喷洒使用的产品，如清洁剂、香水、杀虫剂等，可以精确控制每次喷出的剂量，方便使用。
* 真空吸塑包装：通过吸塑技术将塑料薄膜贴合于产品表面，形成紧密的包装层，常用于食品和小商品的零售展示，可以延长产品的保质期，防止氧化和微生物污染。
* 防水包装：用于防止水分进入，保护产品不受潮，适用于需要在潮湿环境中储存或运输的产品，如电子设备、药品等。
* 充气包装：在包装中充入空气或其他气体，以填充空间并固定物品，防止在运输过程中移动和损坏，常用于家具、电子产品等大型或易碎物品的保护。
* 压缩包装：通过压缩技术将产品包装得更紧凑，减少体积，便于运输和储存，常用于纤维制品、纺织品等可压缩物品的包装。
* 软包装：是指使用柔性材料（如塑料薄膜、铝箔、纸张等）制成的包装，易于改变形状以适应产品轮廓，常用于食品、饮料、化妆品等产品的包装，便于携带和使用。

商品的多样化造就了商品包装设计的多元化。同类商品也可以有不同风格的包装设计；一种商品可以有多种包装设计，从外到内，可以是相同的，也可以是不同的。包装本身是一个综合体，无论如何分类，包装设计的宗旨都是为产品服务，用于体现产品的特色，发挥不可忽视的宣传推广作用。包装设计所包含的知识是多方面的，需要多下功夫，全面掌握，对包装设计要有更深刻的理解。

1.1.4 包装的作用

一种事物的诞生，必定有其与众不同之处，也必定起着某种作用。包装设计的主要作用是保护、美化和宣传产品。但从更细致的角度来分析，包装的主要作用包括以下几个方面：

1. 保护商品

保护商品是包装设计最基本的作用之一，可以使商品免受日晒、风吹、雨淋和灰尘沾染等自然因素的侵袭，防止机械损伤、挥发、渗漏、融化、沾污、碰撞、挤压及散失等，如图1.12所示。

图1.12　保护商品

图1.13　增加商品价值

2. 实现和增加商品价值

包装是可以更好地实现商品的自身价值并增加其价值的一种手段。从实际生活中可以发现，精美包装的商品往往比普通包装的商品更吸引人们的关注，起到信息传达和宣传的作用，如图1.13所示。通过包装，可以将品牌理念和所承载的文化价值有效地传达给消费者，满足其审美需求并带来亲和力。

3. 方便管理

包装有利于商品管理，为商品的各个流通环节带来便利，如装卸、盘点、码垛、发货、收货、转运和销售计数等。

4. 防伪

包装防伪涉及采用多种技术和策略防止伪造和仿冒，以确保商品的真实性和品牌的信誉。防伪包装有两种方式，一种是直接将防伪标签贴在包装上；一种是与包装融合为一体，也就是防伪包装一体化。

1.2 包装设计的要素

包装设计是指选用合适的包装材料，运用巧妙的工艺手段，为包装商品进行容器结构造型和美化装饰设计，主要包括三大要素——外形、构图和材料。

1.2.1 外形要素

包装的外形要素是指包装的形态构成，也可以称为"形态要素"，就是以一定的方法、法则构成千变万化的形态，包括商品包装展示面的大小、尺寸和形状，即商品展示面的外形。包装设计的第一步就是要根据产品的形态确定包装的形态，设计师需要找出适用于各种性质的包装形态，挖掘其共有的规律性。

形态的要素包括点、线、面和体。包装的形态主要有圆柱体、长方体、圆锥体等各种形体，以及有关形体的组合及因不同切割构成的各种形态。包装形态构成的新颖性和奇特的视觉形态，对消费者的视觉引导起着十分重要的作用，可以为消费者留下深刻的印象。设计师必须熟悉形态要素本身的特性及其特质，并以此作为表现形式美的素材。

在考虑包装的外形要素时，还必须从形式美法则的角度去认识它。根据产品自身的功能、特点，将各种因素按照包装设计的形式美法则有机、自然地结合起来，使形态设计更加完美。包装设计外形要素的形式美法则主要包括对称与均衡、稳定与轻巧、对比与调和、重复与呼应、节奏与韵律、比拟与联想、比例与尺度和统一与变化等，如图1.14所示。

对比与调和

比拟与联想

变化与统一

图1.14　包装外形要素的形式美法则

1.2.2 构图要素

构图是将商品包装展示面的标志、图形、文字和色彩等要素组合排列在一起，构成完整的画面，达成包装的整体效果。如果包装设计的构图要素运用得正确、适当和美观，可称其为优秀的设计作品。

1．标志设计

企业、机构、商品和设施等的标志是一种特殊的视觉符号，其特点是由功能和形式决定的。标志设计涉及政治、经济、法制和艺术等多个领域，属于工艺美术的范畴，要在相对较小的空间里将需要传达的内容以简洁、概括的形式表现出来，并充分考虑受众是否可以理解其内在的含义。

优秀的标志设计是创意与表现形式有机结合的产物，可以映射品牌文化的世界观，提升品牌资产，成为消费者了解品牌的入口，使消费者对品牌产生好感和认同，并进一步产生购买及重复购买行为。标志的表现形式包括文字、图形，以及文字与图形相结合。标志的创意过程就是将某种理念通过分析、归纳和概括等手段，由抽象概念转换为具象展现的设计过程。

标志设计是品牌宣传的手段与内涵的延伸，这意味着标志设计需要体现出品牌的内涵。在激烈的市场竞争环境中，当产品在功能等方面处于同等水平时，品牌的内涵可以起到决定性的作用；而有明确定位的品牌，也可以更好地实现设计的延续性。标志在包装设计中起到非常重要的传达品牌信息的作用，可以宣传、提升品牌形象，如图1.15所示。

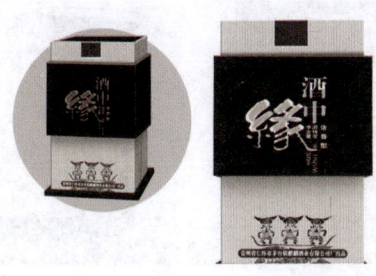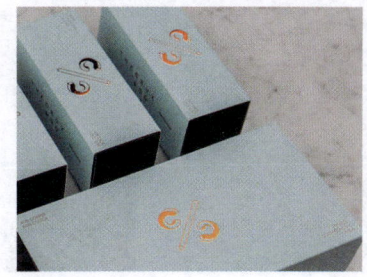

图1.15　标志设计

2. 图形设计

包装设计中的图形设计主要是指产品形象和其他辅助装饰元素设计等。图形作为设计语言之一，要从内、外两方面充分考虑其构成因素，从而以视觉形象的方式将信息传达给消费者。这要求在创作过程中对图形设计准确定位，定位的过程也是对产品全面了解的过程，包括对其性能、标志、品牌，以及同类产品的现状等多方面因素进行分析和研究。

图形设计根据其表现形式可以分为实物图形和装饰图形。

* 实物图形：一般采用绘画手法和摄影等表现形式。绘画是指根据包装设计整体构思的需要为产品绘制画面，具有取舍、提炼和概括自由的特点。包装的商业性决定了设计应突出表现产品的真实形象，因此，有时需要用摄影手法表现产品真实、直观的视觉形象，如图1.16所示。
* 装饰图形：装饰图形的设计分为具象和抽象两种表现手法。具象的图形元素，例如人物、动物、植物或风景等可以作为包装的象征性图形，以表现包装的内容和属性。点、线、面等几何纹样、色块或肌理效果则是抽象表现手法中经常用到的图形元素。抽象的图形元素具有简练、醒目的特点。通常，具象与抽象图形元素在包装设计中是相互结合、相辅相承的，如图1.17所示。

图1.16　印制有实物的食品包装盒　　图1.17　带有矢量花纹的面膜外包装盒

以中华优秀传统文化元素为题材的包装设计是我国产品包装设计的主要风格之一。中华优秀传统文化源远流长，其中寓意吉祥的纹饰图案经过世代传承和历史变迁，不断发展、演变，始终呈现出强劲的生命力。这些纹饰图案外形优美，表现形式丰富多样，充分反映了中国劳动人民的智慧和充满哲学思想的传统文化底蕴。在古今文化的对接与碰撞下，现代包装设计深度汲取传统文化中将客观自然景象与主观生命旋律渗透交融的美学理念，赋予其新手法、新思路、新色彩，在构图、色彩、工艺和内涵等方面提炼出符合现代社会生活需要的特征，并进行新的创构，如图1.18所示。

图1.18　包装设计中的传统文化元素

3．色彩设计

色彩可以在包装设计中美化和突出产品，与整体构思、空间布局等有着紧密的联系。

包装设计中的色彩运用，是根据大众对色彩的使用习惯和意象联想，对色彩进行高度的夸张和变化，进而过滤和提炼的过程。此外，包装设计中的色彩运用会受到工艺、材料、用途和销售地区等条件的限制。

色彩分为有彩色和无彩色。

（1）有彩色

有彩色是指那些带有明显色调的颜色，如红、橙、黄、绿、蓝、紫等。这些颜色在视觉上具有鲜明的特征和情感表达，能够引起人们的强烈关注和情感共鸣。

现代社会，人们对高品质生活的追求越来越强烈，几乎时时刻刻都要与商品打交道，商品已然与人们的衣、食、住、行等建立了十分密切的关系。当众多商品映入眼帘时，消费者往往被包装精美的商品所吸引，而色彩则是其中最为凸显的因素，因为色彩具有高度的视觉感召力和表现力，如图1.19所示。色彩会影响人们的心理，人们经过长期的生活体验，在有意无意之中形成了根据色彩判断和感受物品的能力。合理的色彩运用不仅能吸引消费者的眼球，更能激发消费者的判断力和购买欲望。

不同的商品具有不同的特点与属性，结合不同的色彩可以带给人们不同的感受。例如，食品类通常以暖色为主，突出食品的新鲜、营养和味觉等；玩具类较多使用对比强烈的纯色，以符合儿童活泼、天真的心理；科技类则倾向于深沉、理性的冷色等。设计师要研究消费者的习惯和爱好，以及国际、国内流行色的变化趋势，不断强化色彩的社会学和消费者心理学意识。

（2）无彩色

无彩色是指金、银、黑、白、灰等。无彩色在人们的心里早已形成完整的色彩性质，无论时尚元素和流行风格如何变化，无彩色始终受到人们的青睐，并被称为"永远的流行色"。恰当地提炼与运用无彩色，有助于强化商品的特质，提高商品的品质与档次，体现商品的时代感与个性魅力。

在现代包装设计中，结合设计理论与商品的属性要求，采用金、银、黑、白、灰等颜色进行包装设计，更能彰显商品的永恒之美。无彩色的特殊性质，为许多商品的包装设计提供了充分展示魅力的舞台，如图1.20所示。

在以无彩色为主体的包装设计中，也经常使用一些高纯度的有彩色作为点缀。少量有彩色的使用不仅可以与无彩色产生对比，还可以衬托主体色。无彩色与有彩色的相互作用，对丰富商品包装的色彩效果而言，无疑是一种十分重要的手段。

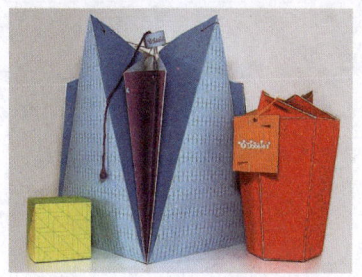 

图1.19　颜色亮丽的纸质包装　　　　图1.20　无彩色系的包装设计

4. 文字设计

现代生活节奏的加快，改变了商品的市场营销策略。如何提高消费者对商品的购买欲，强化商品的品牌效应，已成为现代商品包装设计的重要课题。包装上的文字设计是传递商品信息、提升品牌形象的重要环节。商品包装上的文字一般包括基本文字、资料文字、说明文字和广告文字等，如图1.21所示。

图1.21　包装设计中的文字

* 基本文字：包装牌号、品名和生产厂家名称等；一般安排在包装的主要展示面上，生产厂家名称也可以安排在包装的侧面或背面；字体一般作规范化处理，品名文字可以加以装饰变化。
* 资料文字：包括产品成分、容量、型号、规格等；多在包装的侧面、背面，也可以安排在正面；一般采用印刷字体。
* 说明文字：用于说明产品的用途、用法、保养方法、注意事项等；一般不宜安排在包装的正面；内容应简明扼要，字体采用印刷字体。
* 广告文字：是指商品的推销性文字；内容应诚实、简洁、生动，切忌虚假与烦琐；安排位置多变，非必要文字。

作为视觉要素，文字在包装设计中极其重要，是承载、传达各种信息的主要载体，并且自身的视觉形象也是重要的装饰与传达媒介。

（1）文字的字体设计

中文的书法字体具有卓越的表现力，可以体现不同的性格特点，是包装设计中的生动语言，如图1.21所示。印刷体的字形清晰、易辨，在包装设计中的应用更为普遍，使用较多的汉字印刷体主要有宋体、黑体、综艺体和圆黑体等。不同的印刷体具有不同的风格，对于表现不同的商品特性起到不同的作用。装饰字体也是包装设计中的常用字体，其形式多种多样，主要包括形态变化、笔画变化、结构变化等。设计师可以根据商品的特点进行适当的选择。

包装设计中的字体选择要注意以下几点：

* 体现内容特点：包装设计中的字体格调要体现内容的属性和特点。
* 良好的识别性和可读性：包装设计中使用的字体应具备良好的识别性和可读性，避免使用消费者看不清的字体，使其既可以为大众所接受，又不失艺术魅力。
* 名称与风格一致：在包装设计中，要注意同一名称、同一内容的字体风格要统一，不能出现字体与实际效果不符的情况。
* 注意大、小写：出口商品或内/外销商品包装中的文字设计通常涉及外国文字的运用，其中拉丁文字涉及较多。拉丁文字的特点是以字母构词，字母有大、小写之分。

图1.21　包装设计中的中国书法

此外，运用扭曲、断笔、连接等手法，对字体进行装饰化、形象化和意象化等方面的创新设计，可以使文字外观更富于个性，可辨识度更强，如图1.22所示。

* 替换：使用特定图形夸张替代原字体的某一部分或笔画。
* 变换字角：将原字体的折角进行弯曲、拉直和倾斜等处理。
* 截断：将原字体中字形包围的部分截断。
* 错落：将原字体的左右部分斜排或上下排。
* 手写：使用亲切、随意的手写字体。

图1.22　包装设计中的字体设计

(2) 文字的编排设计

除了字体设计以外，包装设计中的文字编排是塑造产品形象的另一个重要的因素，要考虑到人们的阅读习惯，注重虚实、疏密、大小和曲直等关系，如图1.23所示。

在编排包装设计中的文字时，需要注意以下几点：

* 文字的位置：编排处理不仅要注意字与字之间的关系，而且要注意行与行、组与组的

关系。包装设计中的文字编排是在不同方向、不同位置、不同大小的面上进行整体考虑，因此，在形式上可以产生比一般版面文字编排更为丰富的变化。

* 行距与字距：在文字编排中，行距与字距要有明显的区别。比较规范的文字编排一般是行距为字高的4/3，有装饰变化的文字可以灵活多变。
* 把握好主次：根据包装内容的属性、文字本身的主次，从整体出发把握编排重点，做到主次分明、对比协调。所谓重点，不一定是指某一局部，也可以是编排整体形象的一种趋势或特色。
* 灵活运用编排形式：编排形式是可以变化的，常用类型包括横排形式、竖排形式、圆排形式、适形形式、阶梯形式、参差形式、集中形式、对应形式、重复形式、象形形式和轴心形式等。除了单独运用外，各种编排形式也可以相互结合运用，并可以在实际编排中结合点、线、面等构成法则，运用交错、交叉等手法演变出更多形式。

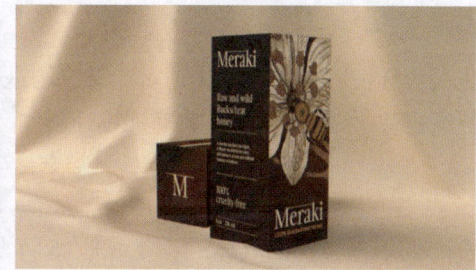

图1.23　包装设计中的文字编排

1.2.3 材料要素

商品包装所用材料表面的纹理和质感往往会影响其视觉效果。在设计过程中，利用不同材料的表面变化或表面形状，可以达到包装设计的最佳效果。运用不同的材料，并恰到好处地加以组合配置，可以为消费者带来不同的感受，如图1.24所示。材料要素是包装设计的重要环节之一，直接关系到包装的整体功能、经济成本、生产加工方式及包装废弃物的回收处理等多方面的问题。

图1.24　包装设计中不同材料的运用

在选择包装材料时，需要考虑以下几点：

* 机械性能：包装材料应可以有效地保护产品，因此，包装材料需要具有一定的强度、韧性和弹性等机械性能，以适应压力、冲击、振动等外部因素的影响。
* 阻隔性能：根据对产品包装的不同要求，包装材料应对水分、水蒸气、气体、光线、芳香气、异味和热量等具有一定的阻隔性能。

* 安全性能：包装材料本身的毒性要小，以免污染产品和影响人体健康；包装材料应无腐蚀性，并具有防虫、防蛀、防鼠和抑制微生物等性能，以保证产品的安全。
* 加工性能：包装材料应加工便捷，易于制成各种包装容器；还应适应包装作业的机械化与自动化，可以最终投入到大规模的生产和印刷程序中。
* 经济性能：包装材料应来源广泛，取材方便、成本低廉，使用后的包装材料和包装容器应易于处理，不污染环境，以免造成公害。

1.3 包装设计的流程

任何一件设计作品的完成，都需要计划与实施的过程，包装设计也不例外。

1.3.1 准备工作

包装设计流程的第一步，是对产品市场进行调研与分析，并对产品进行正确的定位，然后结合包装设计的基本视觉要素开展设计创作。

1. 市场调研与分析

市场调研与分析的具体过程是指收集同类产品的包装资料，获取产品包装的材料、功能、结构及市场反应等信息，目的是了解和分析市场、目标消费者和同类产品，从而有效明确包装设计的策略与目标。

* 商品销售环境调研：了解商品的市场营销环境，从宏观和微观角度考察经济环境、地域特性和商品的竞争态势，以及商品的运输流程、陈列销售等。
* 商品包装设计调研：从包装的设计创意、形式、材料、制作工艺等角度，了解市场与消费者的反应；还要了解同类商品的包装，并对其优劣进行分析。
* 商品自身状况调研：了解商品自身的特点与市场状况，从商品的个性特征、市场需求、营销情况和品牌印象等方面，分析商品目前在市场中的状况及趋势。
* 目标消费群体调研：了解商品目标消费群体的消费观念、消费行为和消费心理特征，调查目标消费群体在接触包装时的行为特征。

2. 市场定位

在包装设计过程中，市场定位是十分重要的。具体实施时，要详细了解消费者的真正需求，突出产品的感受和功能，树立明确、有号召力的品牌形象，引起消费者共鸣，从而激发消费者的购买欲望；还要了解消费对象，突出消费模式，进行有针对性的设计。

* 产品定位：是指根据产品本身的特质，在与同类产品的比较中凸显产品自身的特征，使消费者对商品形成清晰的了解和认同。
* 品牌定位：是指在目标消费者心中塑造品牌的独特形象和价值理念。清晰、优秀的品牌定位，可以使商品的品牌在优胜劣汰日益激烈的市场竞争中脱颖而出，提升品牌的认知度，深化品牌的影响力，培养忠诚的消费者群体，有效提高企业的市场占有率及

盈利水平。
- 消费者定位：也被称为"目标市场定位"，是指根据消费者的特征、需求和偏好，将产品对准市场中的某一细分群体。这个细分群体应该是对产品有明确需求并有消费意愿的消费者集合，一般可以从年龄、性别、收入水平、教育背景、职业、家庭状况，以及生活方式、个性喜好、消费习惯等方面划分目标消费群体。

3. 制定计划

在前期工作到位后，就可以对整体包装设计制订一个完整的计划，以便对包装设计工作进行整体把握和控制。计划包括设计资料、设计定位、设计经费和设计日程等内容。

1.3.2 设计过程

包装设计的具体设计过程包括设计草图、初稿和完成稿。

1. 设计草图

设计草图的第一步是确立包装的基本造型，将初步的想法、概念和表现元素视觉化。最好按照实际比例绘制草图，以反映产品包装的实际要求。草图需要绘制出基本意图和形态，以便于进一步深化设计。确定造型设计后，即可开始设计简单的包装效果，可以手绘或在计算机中进行制作。

2. 设计初稿

在设计初稿时，需要根据之前的市场定位和设计方案进行评估，通过综合比较，选出其中最具潜力的设计方案，并提出进一步深化建议；还要考虑印刷工艺和材料等相关因素，确定包装的基本效果，在原有基础上进一步优化和改进，将草图的粗略构想进行精确化设计。

3. 设计完成稿

设计完成稿是指与客户充分沟通、交流后，在初稿的基础上进行反复修改、完善，并制作出与实物大致相同的样品。设计完成稿的最终确定，是在不断斟酌、修改、完善的过程中实现的。

1.3.3 生产清单

在设计过程完成后，需要将设计从概念转变为实际的产品。包装设计的生产清单需要提供以下内容：
- 有关材料方面的说明要求及样品。
- 有关工艺方面的说明要求及样品。
- 印刷打样文件（或数码打样）。
- 符合印刷要求的电子文件（或菲林）。

- 色彩的规格要求（尤其是专色的色样）。
- 包装形态的模切要求等。

1.4 包装工艺

包装工艺是指在包装设计和制造过程中采用的各种技术和方法，用以提高产品的功能性、美观性和可持续性。包装工艺不仅是产品保护的重要手段，也是产品营销、信息传递和美学展示的关键环节。不同的包装工艺适用于不同类型的包装材料和产品需求，设计师和制造商需要根据产品的功能、特性和目标市场定位来选择适合的包装工艺，以确保包装的美观、实用和环保。

1.4.1 纸张

纸材是易于加工、成本低廉的常见材料，是一种天然纤维，生成纸材的纸浆大多是从树木和植物纤维中提取出来的。

1. 认识纸张

（1）纸张的特性

- 外观色泽和纤维形态：纸张的外观色泽和纤维形态及其分布特征，影响着纸张的美观度和质感。
- 物理特性：包括定量、厚度、白度、硬度、平滑度、紧度和尘埃度等。定量是指其单位面积的质量，厚度是指其厚薄程度，白度是指其洁白度，硬度是指其抵抗外部物体压陷的能力，平滑度是指其表面的平滑程度，紧度是指单位体积的质量，这些物理特性直接关系到纸张的使用性能，如印刷、书写和包装等。
- 光谱特性：是指纸张在紫外光、红外光和荧光下的特性，如吸收光谱、发射光谱和荧光特性等。
- 化学特性：包括含水量、酸碱度、灰分等。含水量是指纸张中所含水分的质量占该纸张质量的百分比，酸碱度一般用pH值来表示，灰分则是纸张燃烧后的残渣。

（2）纸张的类别

- 铜版纸：是一种常用的纸张种类，分为单面及双面涂布铜版纸。铜版纸的表面经过超压光处理，具有高光泽度和不透明的特点，适用于印刷高档画册、杂志封面、明信片、产品样本和彩色商标等高档彩色印刷品。
- 牛皮纸：是一种坚韧耐水的包装用纸，呈棕黄色，质地坚韧且强度极大，近似牛皮而得名。牛皮纸主要应用于商品、小五金、汽车零件、日用百货、纺织品等的包装，还可以加工制作卷宗封皮、档案袋、信封、唱片袋和书籍封面。
- 白卡纸：是一种坚挺厚实、定量较大的厚纸，其上色效果好、挺度好、外观整洁、匀度良好，主要应用于名片、请柬、书籍封套、菜单和某些包装盒等。

* 白板纸：是一种正面为白色且光滑、背面多为灰底的纸板，主要用于单面彩色印刷后制成纸盒供包装食品、日用品等，也可用于手工制品。白板纸的特性是表面光滑、不易断裂，有一定的抗撕裂度。
* 玻璃纸：实际上是纤维素磺酸盐形成的膜，而不是真正的纸，有无色透明和彩色透明两种。玻璃纸常用于礼品、医药、食品、化妆品、礼品等外包装，质地柔软、透明光滑，不透水、不透油，有一定的挺度和光泽性。
* 双胶纸：是一种具有双面胶的特殊纸张，具有粘性强、耐水、耐热、耐寒的特点，常被用于制作标签、贴纸、包装盒等。
* 箱纸板：是一种比较坚固、耐磨的纸板，主要用于装运书籍、百货、家电、机器零件及食品等，表面平整、机械强度好。
* 毛边纸：是一种纸质较轻薄的纸张，米黄色，纸质较粗糙，但韧性较好，常用于书籍的裱糊和衬页，也适合单面印刷，主要供古装书籍使用。

（3）纸张的规格和开数

纸张的规格是指纸张制成后，经过修整切边，裁成一定的尺寸。在印刷行业中，常用的纸张规格分为大度纸和正度纸两种，并采用国际标准的A系列（图1.25）、B系列和C系列表示纸张的幅面规格。

* A系列：取一张长宽比为$\sqrt{2}$∶1且面积为1 m^2的纸张，这张纸的长、宽分别为1 189 mm和841 mm（长宽比为$\sqrt{2}$∶1），编号为A0。将A0纸张的长边对切为二，得到两张A1纸张，其长、宽分别为841 mm和594 mm。依此方式，继续将A1纸张对切，可以依次得到A2、A3、A4等纸张。在制定标准时，尺寸均以整数计算，因此，对切的纸张尺寸若有小数（小于1 mm）则会舍入计算。
* B系列：取一张面积为$\sqrt{2}$ m^2的纸张，这张纸的长宽分别为1 414 mm和1 000 mm（长宽比为$\sqrt{2}$∶1），编号为B0。将B0纸张的长边对切为二，得到两张B1纸张，其长、宽分别为1 000 mm和707 mm。依此方式，继续将B1纸张对切，可以依次得到B2、B3、B4等纸张。与A系列相比，B系列的纸张面积是同号A系列的$\sqrt{2}$倍。
* C系列：将A系列和B系列的纸张尺寸进行几何平均而求得。例如，C4的纸张尺寸是A4和B4纸张尺寸的几何平均，纸张长、宽比仍为$\sqrt{2}$∶1，则C4的尺寸介于A4和B4之间。

纸张尺寸容许的误差：

* 长边小于150 mm（5.9 in）的容许误差为±1.5 mm。
* 长边介于150～600 mm（5.9～23.6 in）的容许误差为±2 mm。
* 长或宽边大于600 mm（23.6 in）的容许误差为±3 mm。

纸张的开数是描述印刷过程中纸张尺寸的术语，是指将一张全开纸裁切成多少等份或排印多少版。例如，一张全开纸（即未经裁切的纸）可以裁切成1/2（2开或对开）、1/4（4开）、1/8（8开）等不同等份。随着裁切或对折次数的增加，纸张的尺寸会减小，形成更多的小纸张。

常见的纸张开数包括对开、4开、8开、16开、32开等（图1.26），这些开数表示的是纸张尺寸的一部分，而不是固定不变的尺寸。

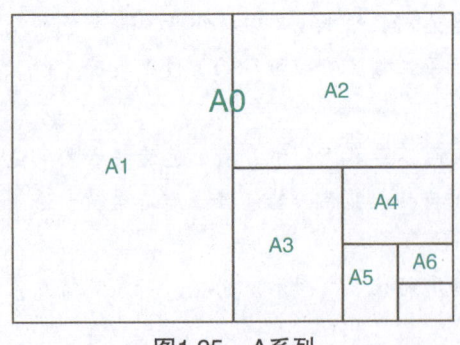

图1.25　A系列

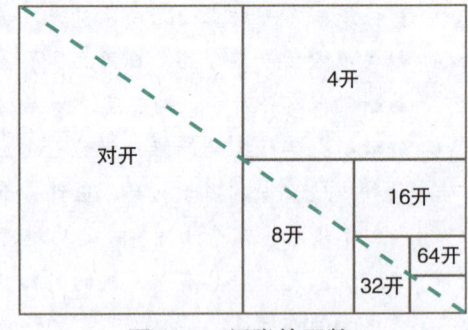

图1.26　纸张的开数

在印刷业，常见的纸张开切如表1.1所示。印刷品用纸的大小不仅取决于设计要求，还取决于印刷机器。

表1.1　常见的纸张开切（正度、大度）　　　　　　　　　　单位：mm

张　数		尺　寸	张　数		尺　寸
全开		780×1 080	8开		270×390
					295×440
		882×1 182			195×540
					220×590
对开		540×780	16开		195×270
		590×882			220×295
		390×1 080			135×390
		440×1 182			147×440
4开		390×540	32开		135×195
		440×590			147×220
		270×780			97×270
		297×882			110×295
		195×1 080	64开		97×135
		220×1 190			110×147

2．印刷工艺

包装的印刷方法可以分为凸版、凹版、平版等。所采用的印刷方法不同，其成品效果也不同。

（1）凸版印刷

凸版印刷是使用凸版（图文部分凸起的印版）进行的印刷，简称"凸印"，是主要的印刷工艺之一。印版的图文部分凸起，明显高于空白部分，印刷原理类似于印章，早期的木版印刷、活字版印刷及后来的铅字版印刷等都属于凸版印刷。

* 应用范围：商标、包装印刷、报纸印刷等。
* 特点：简单、直观，印刷品的纸背有轻微印痕凸起，线条或网点边缘部分整齐，印墨在中心部分显得浅淡，凸起的印纹边缘受压较重，有轻微的印痕凸起，使印刷品具有

一定的立体感和触感；墨色较浓厚而饱满，油墨直接施加在凸起的图文部分，通过压力转移到纸张或其他承印物上，可印刷于较粗糙的承印物，色调再现性一般。

(2) 凹版印刷

凹版印刷简称"凹印"，是指图像从表面雕刻凹下的制版技术，以手工在金属板上雕出凹陷的图文，印刷时敷上油墨，将版面所着油墨去净，使留在凹下部分的油墨转印到纸张上。

* 应用范围：主要用于杂志、产品目录等精细出版物，包装印刷和钞票、邮票等有价证券的印刷，也应用于装饰材料等特殊领域。
* 特点：以按原稿图文刻制的凹坑载墨，线条的粗细及油墨的浓淡层次在刻版时可以任意控制，不易被模仿和伪造，尤其是墨坑的深浅，依照印好的图文进行逼真雕刻的可能性非常小；用墨量大，图文具有凸感，颜色鲜艳，层次丰富，线条清晰，质量高；但制版技术相对复杂，制作周期较长，成本较高，可能涉及油墨污染问题，需要采取相应的环保措施。

(3) 平版印刷

平版印刷是一种基于油、水不混溶性的印刷方法，又被称为"胶版印刷"，原理是利用橡皮胶通过滚筒将油墨压在印刷的纸上。

* 应用范围：适用于海报、个人资料、说明书、报纸、包装、书籍、杂志、日历等。
* 特点：图文部分和空白部分几乎处于同一平面，使印刷时的压力分布均匀，能够产生清晰、高质量的印刷品；制版简便，成本低廉；套色装版准确，印刷版复制容易；印刷物柔和软调，可以承印大数量印刷。

(4) 孔版印刷

孔版印刷又被称为"丝网印刷"，即采用丝网作为版材的一种印刷方法。印刷版的图文部分可透过印墨，漏印至承印物上构成印纹。

* 应用范围：制作版画作品，也可用于生活用品和工业用品的包装印刷。
* 特点：由于丝网版面柔软，印刷时所需压力小，可以适应不同形状和曲面的承印物，灵活性较高；能够产生较厚的墨层，使得印刷效果颜色鲜艳并具有立体感；制版快速，印刷方法简便，设备投资少，成本低，承印范围广。

3. 印后工艺

随着人们对印刷制品的要求越来越高，印后工艺也越来越受到重视。印后工艺是指印刷成品制作的最后工序，即对已完成图文印刷的承印物进行一系列的加工处理，一是提升印刷表面的美观度，二是增加某些特定功能，三是制作成型。

常见的印后工艺如下：

(1) 覆膜

覆膜是指通过热压法贴在印刷品表面的透明塑料薄膜，不仅可以增加光泽度，使图文的色彩更鲜艳，还可以起到防水、防污的作用，常用于精细纸箱等包装、印后处理。

(2) 涂层

涂层是指在印刷品的表面涂上一层无色透明的油漆，经整平、干燥、压光、固化后，在印刷品表面形成一层薄而均匀的透明油层，从而增强承印物表面的平整度，保护印刷品。

（3）烫印

烫印是指将需要烫印的图案或文字做成凸版，在一定的压力和温度下，烫金箔转移到基材上，呈现出强烈的金属光，赋予产品以高端质感。

（4）凹凸压印

凹凸压印是指对印刷品表面进行精加工的特殊技术，利用凹凸模具在一定压力下使印刷品基材发生塑性变形，然后对印刷品表面进行艺术加工，以增加印刷品的立体感和感染力。

（5）UV印刷

UV印刷使用紫外线光固化技术将颜料或油墨快速固化在印刷材料上。局部UV可通过丝网印刷或柔印工艺实现，是印刷品的一种表面精加工工艺。通过在包装表面局部涂布图文，提高印刷品的观赏效果。UV的釉面图案与周围图案相似，看起来明亮、美观、立体，可以产生独特的艺术效果。

（6）模压

模切压痕又称"压切成型""扣刀"等，当包装物需要切割成一定的形状时，可以通过模切压痕工艺来完成。模压包括模切和压痕两种工艺：模切是指用钢刀形成模具（或将钢板雕刻成模具）、框架等，并在模切机上将纸卷成一定形状的过程，中间主显示面的镂空部分是通过模切工艺获得的；压痕是指用钢丝在纸张上压出痕迹或留下凹槽，以便弯曲。

* 模切：印刷品在完成印刷后都要经过裁切这道工序，但通过正常手段只能裁切出简单的直边或斜边，而模切则可以实现印刷品不规则边缘的制作。设计师负责模切状的设计，印刷厂或专门的公司则负责模具的制作。在制作模切模具时，会依据设计师绘制的形状在木板上锯出相应的线槽，并在需要裁切的线槽上安放刀刃片，然后经加工制成模切模具。完成印刷后，相关人员会使用该模具及专用设备对印刷品进行模切。
* 压痕：压痕工艺分为压线和压纹。压线是指利用压线刀或压线模通过压力在印刷品上压出线痕或利用滚线轮在印刷品上滚出线痕，使印刷品按预定位置弯折成型；压纹是指利用阴阳模在压力的作用下将板料压出凹凸或其他条纹形状。

大多数情况下会把模切刀和压线刀组合在同一个模切版内，在模切机上同时进行模切和压痕加工，故简称为"模压"。

1.4.2 塑料

塑料是一种人工合成的化工材料，易加工，抗压性较弱。

1. 塑料包装的分类

塑料包装主要分为软塑料和硬塑料。

* 软塑料：也称"弹性塑料"，是一种具有较高柔软性和弹性的塑料材料，通常具有较低的硬度和较高的延展性，可以在受力后恢复原状。软塑料广泛应用于日常生活和工业领域。在日常生活中，软塑料常用于制作塑料袋、塑料瓶、塑料管等包装材料；在工业领域，软塑料常用于制作电线电缆、管道系统、医疗器械等。

* 硬塑料：也称"刚性塑料"，是一种具有较高硬度和刚性的塑料材料，通常具有较低的延展性和较高的强度，不易变形。硬塑料也有广泛的应用领域。在建筑行业，硬塑料常用于制作窗框、门板、地板等建筑材料；在汽车工业领域，硬塑料常用于制作车身部件、仪表盘等。此外，硬塑料还广泛应用于电子产品、家电、玩具等领域。

软塑料和硬塑料的选择需要考虑以下因素：

* 产品的使用环境和要求：如果产品的形状简单，需要抗压、抗冲击、硬度和结构稳定性等性能，可以选择硬塑料；如果产品的形状复杂，需要柔软性、弹性和可塑性，可进行弯曲、折叠等，可以选择软塑料。在高温环境下使用的产品应选择硬塑料，硬塑料具有较高的熔点和热变形温度，而软塑料通常具有较低的熔点和热变形温度。在选择材料时，还要考虑产品在使用过程中可能接触的化学物质种类。
* 成本和生产效率：软塑料通常比硬塑料的成本低，加工工艺也相对简单，可以通过吹塑、挤出等方法制成各种形状的产品，而硬塑料则需要较高的加工温度和压力，通常采用注塑、吹塑等方法加工。在成本和生产效率方面，软塑料可能更具优势。
* 环保：软塑料在回收过程中的分拣、清洁和再加工较为复杂，通常较难回收利用；而硬塑料可以通过物理回收方法，如破碎、清洗、熔融和重新成型等方法循环使用。在选择材料时，如果产品的环保要求较高，应优先考虑那些易于回收和再利用的材料。硬塑料通常更容易进入现有的回收系统，并且市场上对其回收的需求也较大。此外，生物降解性塑料和可堆肥塑料作为环保塑料的一种，无论是软塑料还是硬塑料，都在逐渐受到关注。这些材料设计可在一定条件下分解，从而减少长期环境影响。

2. 塑料成型

塑料成型是指将各种形态（如粉料、粒料、溶液和分散体等）的塑料制成所需形状的制品或坯件。热塑性塑料在高温下会成为液态，可以利用注模法冷却成型；有的塑料材料通过添加固化剂，遇空气可以凝固成型。

* 注射成型：也称"注塑成型"，是指利用注射机将熔化的塑料快速注入模具中，并固化得到各种塑料制品。几乎所有的热塑性塑料（氟塑料除外）均可采用此法，也可用于某些热固性塑料的成型。
* 挤出成型：是指利用螺杆旋转加压方式，连续地将塑化好的塑料挤进模具，通过一定形状的口模时，得到与口模形状相适应的塑料型材。挤出成型主要用于截面一定、长度大的各种塑料型材，如塑料管、板、棒、片、带、材和截面复杂的异形材，特点是能连续成型、生产率高、模具结构简单、成本低、组织紧密等。
* 压制成型：又称"压缩成型""压塑成型""模压成型"等，是指将固态的粒料或预制的片料加入模具中，通过加热和加压方法，使其软化熔融，并在压力的作用下充满模腔，固化后得到塑料制件。压制成型主要用于热固性塑料，如酚醛、环氧、有机硅等；也用于压制热塑性塑料聚四氟乙烯制品和聚氯乙烯（PVC）唱片。
* 吹塑成型：属于塑料的二次加工，是指借助压缩空气使空心塑料型坯吹胀变形，并经冷却定型后获得塑料制件，包括中空吹塑成型和薄膜吹塑成型。

* **浇铸成型**：类似于金属的铸造成型。是指将处于流动状态的高分子材料或单体材料注入特定的模具中，在一定条件下使其反应、固化，并成型得到与模具形腔相一致的塑料制件。这种成型方法设备简单，不需或稍许加压，对模具的强度要求较低，生产投资较少，适用于各种尺寸的热塑性和热固性塑料制件，但塑料制件的精度低，生产率低，成型周期长。
* **气体辅助注塑成型**：简称"气辅成型"，大致可分为中空成型、短射和满射。前两种方法也称为"缺料气辅注射法"，后者称为"满料气辅注射法"。

在产品包装中使用塑料材料时，针对塑料薄壁容器易发生凹陷等问题，一般在容器壁设计装饰性纹路，或圆形沟槽、锯齿纹、手指形和刚性棱边等，提高其刚度，既增加容器外观的美感，又符合人体工程学原理。但这种结构有时会削弱容器本身的垂直负荷强度，如果纹路设计不合理，还会导致容器嵌缝或应力开裂。因此，要注意避免这些不同大小的平面过分突变，在设计时应考虑平滑过渡。对于热灌装塑料容器，应设计栅框结构或肋状结构，以防止内容物冷却所产生的真空收缩而造成容器损坏。吹塑成型的容器口螺纹一般采用梯形或圆形截面，为便于清除模缝线飞边，螺纹可设计为间歇状，即接近模具分型面附近的一段塑件不带螺纹。容器底部的转折处应设计为大曲率半径过渡，否则容器受压或摔落时容易凹陷和破裂。

1.4.3 金属

金属包装可应用于食品、化妆品、药品、电子产品、化工产品等领域，其包装材料具有以下特点：

* **高阻隔性能**：可完全阻隔气、汽、水、油、光等，表现出极好的保护性。
* **机械性能**：良好的抗拉、抗压、抗弯强度，韧性及硬度，耐压、耐温湿度变化和耐虫害，便于运输和贮存，密封可靠，效率高。
* **良好的容器成型加工工艺性**：高塑性变形性能，易于制成各种形状的容器；现代金属容器加工技术与设备成熟，生产效率高，可以满足规模自动化生产的需要。
* **耐高低温性、导热性、耐热冲击性**：可适应冷/热加工、高温杀菌，以及杀菌后的快速冷却等加工需要。
* **表面装饰性**：具有光泽，可以用于表面彩印装饰，还可以增加金属的耐腐蚀性和耐磨性等实用属性。
* **废弃物较易回收处理**：可以有效减少对环境的污染，其回收再生可节约资源、节省能源，在提倡"绿色包装"的今天尤为重要。

1. 金属包装的分类

金属包装的分类主要包括以下几种类型：

* **按材料厚度分类**：包括板材和箔材。板材主要用于制造包装容器；箔材是复合材料的主要组成部分。
* **按材质分类**：一类为钢基包装材料，包括镀锡薄钢板（马口铁）、镀铬薄钢板、镀锌薄钢板、涂料板、不锈钢板等；一类为铝质包装材料，包括铝合金薄板、铝箔、铝丝等。

- 按产品类型分类：包括罐、管、盒、箔等。
- 按应用领域分类：包括快消品包装（如食品、饮料、日化用品包装等）和耐用品包装（如仪器仪表、工业品、军火包装等）。

2. 金属成型

金属材料的使用历史非常久远，人类通过冶炼金属推动了社会发展。针对不同的金属材料，其加工方式也有所不同：软金属丝容易弯曲，可以通过截断、缠绕和扭曲等方式塑型；而硬金属丝则需要通过削切、焊接和滚压等方式塑型。下面以金属罐为例进行说明。金属罐有三片罐、二片罐之分，其中，三片罐由罐身、罐盖和罐底三个部分组成；二片罐由连在一起的罐身和罐底，加上罐盖两个部分组成。

（1）三片罐

三片罐有圆柱形罐和异形罐两大类，其成型加工工艺基本相同。根据罐身制造工艺方法的不同，有压接罐、粘接罐和焊接罐。这三种罐的区别在于罐身侧缝的加工方法不同；而罐底、罐盖，以及罐底和罐盖与罐身结合的加工方法相同。

- 压接罐：罐身沿用老式切角、端折、压平等工艺，主要用于密封要求不严的食品罐。
- 粘接罐：罐身是用有机粘合剂粘接纵缝的制罐工艺制造。制罐时将熔融的粘剂，涂布于罐身的搭接或钩合的接缝，经加热、加压、冷却，使接缝紧密粘合。有粘合剂压合法和粘合剂层合法两种。
- 焊接罐：罐身纵缝采用焊接密封制造。焊接方法有锡焊和电阻焊两种，其中，锡焊存在铅污染问题，基本上被电阻焊制罐工艺所淘汰。

（2）二片罐

二片罐也有圆柱形罐和异形罐两大类。根据罐身的制罐工艺方法的不同，有浅拉深罐、深拉深罐和变薄拉深罐之分。

- 浅拉深罐：浅拉深罐的高径比较小（<1），只要一次拉深即可成型。
- 深拉深罐：深拉深罐的高径比较大（>1），由于板材极限拉伸比的限制，需分若干次拉深才能成型。
- 变薄拉深罐：罐向侧壁厚度在拉深过程中显著变薄，但罐底部的厚度基本不变。

1.4.4 玻璃

玻璃不仅硬度高，而且耐温性好，性能稳定，是一种可以透光的人造材料。按照质感和硬度的不同，玻璃可以分为高硬度高厚度玻璃、普通玻璃和有机玻璃等。

由于玻璃较为坚硬，其加工方式往往以切割、雕刻和钻磨等为主。玻璃瓶罐的成型工艺则主要有窄小瓶口的吹吹法和较大口径瓶/罐的压吹法。这两种工艺都是从剪切玻璃液开始，在重力作用下料滴下坠，并通过料槽和转向槽进入到初模中，然后初模关紧，并由顶部的"闷头"进行密封。此外，利用雕刻蚀刻、研磨抛光、喷绘上金等玻璃表面加工工艺，可以改善玻璃制品的外观和性能。

- 雕刻蚀刻：使用化学酸或激光束在玻璃表面进行刻画，形成各种图案、文字和纹理，常用于制作装饰性玻璃制品，如艺术品、家具和建筑装饰等。
- 研磨抛光：通过机械磨削和化学腐蚀，去除玻璃表面的不平整部分，使其变得光滑平整。这种技术可以提高玻璃的透明度和光学性能，适用于制造眼镜、望远镜和相机镜头等高精度光学元件。
- 喷绘上金：将金属粉末与特殊的粘合剂混合后喷涂到玻璃表面，然后用高温烘烤使金属粉末熔化并附着在玻璃上。这种技术可以产生金色或银色的光泽效果，适用于制作高档装饰品和工艺品。

此外，将玻璃的强化技术与双层涂敷工艺相结合，可以制作出高强度轻量玻璃容器，这是玻璃包装材料的发展热点之一。

1.4.5 木材

木材是一种较为天然、方便加工的材料。中国自古以来在建筑、家具等领域就擅长使用木材，从某种意义上来说，木材在中国是颇具传统意韵的材料。按照树种，木材可以分为硬质木材和软质木材。硬质木材是使用阔叶树加工而成的，软质木材则是使用针叶树加工而成的。不同树种的木材在密度、硬度、质感、色彩和纹理等方面有很大的差异。此外，还有一些木材是人工合成的，如密集板、集成木等。合成木材易加工，但相较于原木，在环保性上相差很多。

大部分木材都是实心的块材，加工木材时需要使用不同类型的雕刀、木刨和锯子等工具，通过雕刻、切割、拉削、推刨、打磨、上漆、涂色等工艺，质地上好的木材其色泽、纹理可以充分表现出材料本身的原始美。

常见的木制包装容器包括木盒、木桶（筒）、琵琶桶、花格箱和密封木箱等。为增加结构强度，还将木板和铁框组合，制成可循环使用的铁木包装箱。例如，用松木等经干燥加工成各种规格的原木板材，再制作成各种包装容器；用软木树皮加工可制作成防水、绝缘、密封性好的木桶封口木塞；将木材残余料加工成人造板材，耐热、耐水、抗压、不腐、不裂，可制作为茶叶、干果类的包装箱。木材包装的表面加工工艺主要包括贴皮、贴纸、钢琴漆、雕刻、擦金、烙印、丝印、金属贴片等。

- 贴皮：在木质包装表面贴上一层皮质材料，以凸显产品的高端档次，适合酒盒、手饰盒等包装设计。
- 贴纸：是木质包装常用的表面整饰工艺，按加工方式可分为机器贴纸和手工贴纸。
- 钢琴漆：是烤漆工艺的一种。与普通高亮光喷漆相比，具有很厚的底漆层，面漆考究，表层晶莹透亮，穿透力极强，亮度、致密性、稳定性较高。
- 雕刻：运用激光雕刻技术工艺对木质包装表面进行精加工。
- 擦金：对木质包装特别是木质雕刻表面进行着色处理，速度快、成本低、效果好。
- 烙印：传统工艺方法，即用大小不同的电烙铁或加热烫金模板，在木质包装表面烫烙图案、文字。
- 丝印：在木质包装表面印刷精美图文，墨层厚实，覆盖力强。
- 金属贴片：在木质包装表面镶上标牌。

1.4.6 陶瓷

陶瓷是以黏土、长石、石英等天然矿物为主要原料，经过粉碎、混合和塑化，按用途成型，再经过装饰、涂釉，然后在高温下烧制而成。按所用原料不同，陶瓷可以分为粗陶器、精陶器、瓷器、炻器。陶瓷包装材料硬度高，不易变形，并且防水、耐高温、抗腐蚀。

陶瓷成型是指将配料制成规定的尺寸和形状，并具有一定机械强度的生坯，包括干压成型、半干压成型、可塑成型、注浆成型、等静压成型等。陶瓷成型的流程大致为：首先，原料通过低压快排或高压注浆等方式注入石膏或树脂型母模中进行成型；接着，对成型后的陶瓷进行干燥处理；然后，对干燥后的陶瓷施釉；之后，将施釉后的陶瓷进行烧成；最后，对烧成后的陶瓷进行组装等后续处理。

陶瓷的加工工艺包括研磨、抛光、超声波和激光。

* 研磨：用于实现快速减薄的一类工艺，利用涂敷或压嵌在研具上的磨料颗粒，通过研具与陶瓷制品在一定压力下的相对运动，对其加工表面精整加工，如切削加工等。
* 抛光：是利用机械、化学或电化学作用，降低陶瓷表面的粗糙度，使其光亮、平整。
* 超声波加工：利用超声频振动的工具端面冲击工作液中的悬浮磨粒，由磨粒对陶瓷制品表面撞击抛磨。
* 激光：又称"镭雕"，是利用光的能量经过透镜聚焦后，在焦点上达到很高的能量密度，靠光热效应来加工陶瓷表面。

1.4.7 纤维

纤维材料包括天然纤维、人造纤维。天然纤维材料包括丝、麻、棉和纸等；人造纤维材料包括尼龙、腈纶和铜氨纤维等。纤维材料的加工方式包括编织、编结、缠绕、捆绑、粘贴和缝合等。其中，纤维材料的编织较为常用。

产品包装中的纤维织物包装通常是指在存储和流通过程中为保护产品、方便储运、促进销售，按一定的技术方法而制成的纺织类容器、材料及辅助物。该类包装部分用于粮食、化肥、化工产品、建材等，包括机织物、针织物、编织物、非织造布和多维编织物等种类，通过原料选择和整理后，可以实现抗菌、防腐、抗紫外线、防水、拒油等功能。

* 机织物：由一组经纱和一组纬纱在织机上按一定规律纵横交错织成的织物，具有清晰的纹理，通常较为结实且耐用。
* 针织物：由一组或多组纱线在针织机上按一定规律彼此相互串套成圈连接而成的织物，具有良好的弹性和伸缩性。
* 非织造布：由纤维间直接固结而形成的片状纤维集合体，生产工艺简单，成本较低。

1.4.8 其他工艺

在包装工业不断发展的今天，包装材料也得到相应发展，其中，复合包装材料结合多种材料的优点，可以满足特定包装需求，得到了广泛应用。复合包装材料一般可分为基层、功能层和热封层，其复合工艺如下：

* 涂布复合：是将一种或多种塑料、橡胶、亚麻、纸张等材料通过涂布机进行颗粒化后涂布在基材上，并在高速罩流体力的作用下，将其粘结在一起，形成复合结构。该复合工艺适用性强，可用于各种复合材料的生产，但工艺复杂、成本高。
* 热压复合：是将两种或多种材料一起放入压力机中，在高温高压下，通过热融和物理力作用，将两种材料复合成一个整体。该复合工艺具有良好的防潮、防油、防气和耐低温性能，可用于食品、医药、保健品等领域的包装。
* 干法复合：是将一个或多个聚合物与一种或多种增强材料通过物理力的作用，使其交错排列并互相咬合，在一定的温度下加热，使其熔融并形成复合体。该复合工艺具有复合速度快、生产效率高、节约能源等优点。

其他复合工艺还包括射出复合、吹膜复合、激光复合等。选择合适的复合工艺，对于提高包装材料的质量和降低生产成本至关重要。

1.5 课后练习

一、填空题

1. 包装设计外形要素的形式美法则主要包括_____、稳定与轻巧、对比与调和、重复与呼应、_____、_____、比例与尺度和统一与变化等。

2. 材料要素是包装设计的重要环节之一，直接关系到包装的整体功能、_____、生产加工方式及_____等多方面的问题。

3. 包装设计市场调研与分析包括_____、商品自身状况调研、_____、商品包装设计调研。

二、选择题（多选）

1. 包装设计的主要作用包括（　　）。
   A. 保护商品　　　　　　　　　B. 方便管理
   C. 实现和增加商品价值　　　　D. 防伪

2. 包装设计包括三大要素——（　　）。
   A. 色彩　　　　　　　　　　　B. 外形
   C. 构图　　　　　　　　　　　D. 材料

3. 包装设计的构图要素包括（　　）等。
   A. 图形　　　　　　　　　　　B. 文字
   C. 标志　　　　　　　　　　　D. 色彩

三、简述题

1. 简述包装的发展历程。
2. 简述几种主要包装材料的特点。
3. 试举例说明包装设计中字体设计的要点。

第2章

包装设计的形态构成

◎ **本章导读**

包装设计中的形态主要有圆柱体、长方体和圆锥体等,以及各种形态的组合和因不同切割所构成的特殊形态,其美观性和创意性对于消费者的视觉引导起着十分重要的作用。

包装设计中的形态构成是科学性和艺术性相结合的产物,巧妙地利用形态的切割与组合、材料的选择及构造的创新等设计语言,可以创造出千变万化的结构形态,向消费者传达设计师的设计理念。

本章将详细介绍包装设计中关于形态构成的一些理论知识,为之后的实践活动打下良好基础。

◎ **素质目标**

在传统与现代文化的对接与碰撞下,艺术的多元性越来越多地体现在包装设计的理念中。要注重对本土传统文化的传承与创新,让民族的被大众看到,让传统的变得时尚,让美的融入日常。

2.1 认识形态

2.1.1 设计美学

设计创作的核心在于运用艺术的共通性，跨越不同艺术形式和感官界限，去探索、解释和表现"美"，从而完成"美"的流动与转化。设计师通过使用特定的媒介和技术等手段构建作品，表达自己对世界的理解和内在情感，在作品中注入"美"的元素，使作品映射出设计师的情感和思想；而受众在触及作品时会根据自己的审美风格、文化背景和个人情感解读和体验作品，从而实现"美"的沟通与共鸣。

设计美学是在设计领域中用于创造具有审美价值和功能价值的产品、环境或系统的美学原则和美学理论。它不仅关注设计的视觉吸引力，还包括用户体验、情感响应，以及设计与环境的和谐共存和可持续发展。设计美学是时代发展、社会进步的必然产物。它产生于工业革命之后，伴随着产品的标准化、批量化、规范化生产，将实用与美观相结合，以满足人们物质和精神方面的需求。在产品包装设计中应用设计美学，以人为本，在满足实用性和功能性的同时，优化设计美感，提升产品的附加值，这是在竞争激烈的当今社会中使产品脱颖而出的必要手段之一。

设计美学是研究在设计中如何实现美的理论，关注的是设计的视觉、功能和情感层面，并试图理解和创造美，这包括对色彩、形状、质地、空间等元素的研究，以及如何将这些元素结合在一起以创作出优秀的设计作品。审美心理（aesthetic psychology）则是指对客观对象的美的主观反映，包括审美感知、情感、想象和理解等。人们的审美心理产生于人类的生产和社会生活实践，在形成自觉的审美意识之前，便初步形成了感觉、知觉、表象等简单的审美心理活动。随着人类社会在长期历史进程中审美实践的发展，审美心理活动日益自觉化、丰富化、系统化，并日益富于探索性、能动性和创造性。

审美心理是主观的，不同的人对同一设计可能产生截然不同的审美心理。在产品包装设计中，消费者的审美心理活动是指消费者通过包括视觉、触觉、嗅觉、味觉等在内的感觉器官接收到产品包装的各种信息，然后对其产生审美体验和审美评价，并进一步获得审美享受。图2.1所示为卷纸包装设计。

图2.1 从产品包装中获得审美享受

2.1.2 形态的基础

世上万物皆有形。人们认识一种物质，通常是从视觉上或触觉上对其形态的直观体验开始的。简而言之，形态是由一种物质或结构所呈现出来的视觉特征。由于物质种类间的差异，或是同质异构，表现出的形态也有所差别。

产品包装的外观很大程度上体现为形态的表达。作为设计的基础，造型设计应注重哲学和科学间的新秩序，并应有意识地启发和培养关于这种新秩序的创造、感受、理解和判断能力。哲学归纳指出，人类的创造冲动基本上有两种——模仿与抽象（或者说提取）。基于模仿进行创作是出自人类的本能，而经过训练的设计师则能够将二者科学地统一起来。

"形态"一词并非只是强调事物表面的样貌，更隐含着从事物所见中提炼出来的本质的样态，是含有丰富想象性、创造性、敏锐性的美的形象，包括形状和情态两个方面，这是造型设计的高层次状态。如果能够掌握形态构成的相关原理与要素，就能够脱离简单模仿的创作模式，上升为更专业的设计师。

1. 形态的类别

世界上的所有形态都可以分为现实形态和概念形态，如图2.2所示。

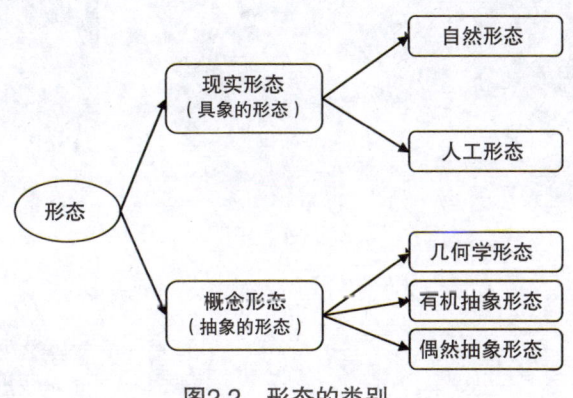

图2.2 形态的类别

（1）现实形态

自然界中存在着各种各样的现实形态，这是在自然法则下形成的各种可视或可触摸的形态，不随人的意志而改变，如动物、植物、微生物、山川、河流、星球、闪电等，还包括一些由于自然界中地质或气象条件等偶发因素而自然形成的形态，如褶皱、断裂、扭曲等，如图2.3所示。

图2.3 现实形态

自然界中的现实形态可以进一步划分为有机形态和无机形态：
* 有机形态：是指可以再生的、有生长机能的形态，如动物、植物等。
* 无机形态：是指相对静止、不具备生长机能的形态，如云彩、山川等。这些形态直接或间接地反映在包括包装设计在内的各种设计实践中。

早在原始社会时期，人们就开始以自然界中的现实形态为范本，进行有意识的模仿和创造。为了生存需求，人们逐渐突破单纯模仿现实形态的思维的束缚，进而演变、创造了一些自然界中原本并不存在的人工形态为己所用。人工形态也属于现实形态，这是人类通过造物手段，利用一定的材料，凭借加工工具创造出来的形态。人们不但把自然形态作为模仿的对象，而且还将其作为功能、构造和美好形式（如对称、比例、平衡、对比等）的范例。设计师从自然物象的形态中汲取灵感进行仿生设计，即模仿自然界中的形态、结构或功能来解决设计问题。但仅仅复制自然界的形态是不足够的，还需要结合现代材料、技术和人类需求对现实形态进行重构。图2.4所示为矿泉水包装中的仿生设计，瓶身形状从泉水中汲取灵感，模仿溪流的波纹，回归本真；图2.5为化妆品包装中的仿生设计，盒身外观模仿鹅卵石的形态和肌理，色泽朴拙，手感圆润、舒适，方便持握。

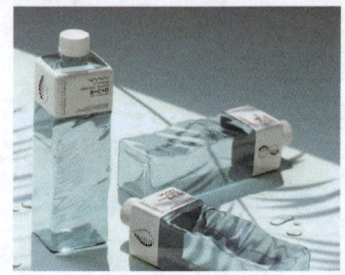  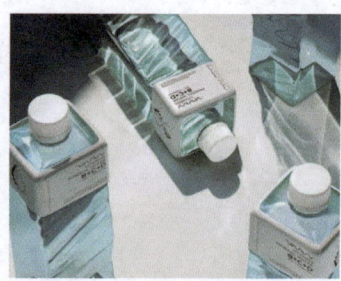

图2.4　矿泉水包装中的仿生设计

图2.5　化妆品包装中的仿生设计

仿生设计的分类大致有以下几种：
* 形态仿生：是指模仿自然物象的形态，是一种主要的仿生设计手段。
* 装饰仿生：是指将自然物象天然的色彩、纹理、图案直接或打散重构后间接应用到设计中。
* 结构仿生：是指在设计中模仿自然物象所具有的精致、巧妙、合理的结构。
* 原理仿生：是指按照自然物象形态结构的数理规律，设计形态与功能结构。

此外，功能并非形态设计中的首要条件或唯一出发点，随着时代的变迁，新技术、新材料的发展，以及人类需求的多样化演变，人类对形态的表达远不仅仅局限于对其功能的描述，还要赋予其情感和意志的表达,并具有某种审美意义,即借助一定的技术和材料去创造兼具使用功能和精神功能的物品。人工形态对于人们的思想情感和精神领域存在着潜在的、不可忽略的影响。

(2) 概念形态

概念形态,顾名思义,是不能被人们自己知觉的形态。为了对造型要素进行研究,人们将概念形态表示成可见的形态。它们虽然对立于现实形态,但同时又是所有形态的基础。作为基础形态,它是大多数形态中共同存在的单位或要素,一般包括了几何学的抽象形。属性抽象的点、线、面、体等作为立体构成的基本元素,当其被分割、扩大或缩小、变形、组合的时候,就可以制作出许许多多的形态来。通过视觉化手段处理的概念形态是纯粹的形态。

概念形态主要有几何学形态、有机抽象形态与偶然抽象形态三种:

* 几何学形态:是经过精确计算得到的精确形态,纯粹、理性、单纯、简洁、规则、调和,如图2.6所示。三种基本几何学形态是圆形、方形和三角形。很多领域内的复杂造型都是源自这几种基本几何体形态。图2.7所示为几何造型的食品包装设计。

* 有机抽象形态:是指有机体所形成的抽象形体,仍保留某些自然具象形态的特征,如生物的细胞组织、肥皂泡聚集、鹅卵石等,如图2.8所示。这些元素个体属于自然形态,但聚集在一起就呈现出一种抽象的美,其形态饱满、圆润、有力感,以及富于机能性的美感。

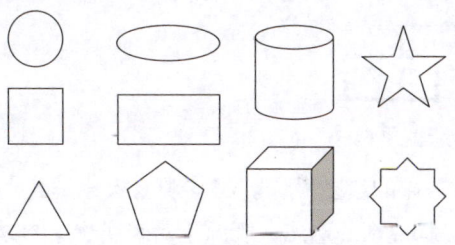

图2.6 基本几何学形态

图2.7 食品包装设计

* 偶然抽象形态:是指由某种偶然因素形成的一种并非完全能由人主观控制的形态,如雷雨天空的闪电,物体撞击后产生的撕裂、断裂形状,玻璃掉落在地上形成的破碎形态等,如图2.9所示。这些形态具有一种无序和刺激的美感,具有强烈的随机性,有利于表现自由、洒脱的心理感受,尤其存在一种力量感和变化效果,能够给人新的启示和某种联想,甚至比一般的形态更具有魅力。

图2.8 有机抽象形态

图2.9 偶然抽象形态

通过梳理形态的类别，可以将自然界中丰富的形态资源变为艺术创作取之不尽、用之不竭的创作源泉。设计师应该深入理解现实世界中的形态资源，有选择、有针对性地进行创作储备。

2. 形态的造型要素

根据辛华泉老师在《形态构成学》一书中的说法，造型要素可以分为有形要素和无形要素。有形要素是指物质性因素，而无形要素则是指关系性因素，如图2.10所示（其中，"空虚"有"留白"或"空缺"之意）。不论设计的是什么，山川、建筑或是人物形象，归根到底都是要将不曾存在的形态通过一定的有形因素加以表现，使其成为新的存在形态。设计过程中必然要考虑到关系性因素，就像黏合剂一样，通过各种关系将有形要素结合在一起。

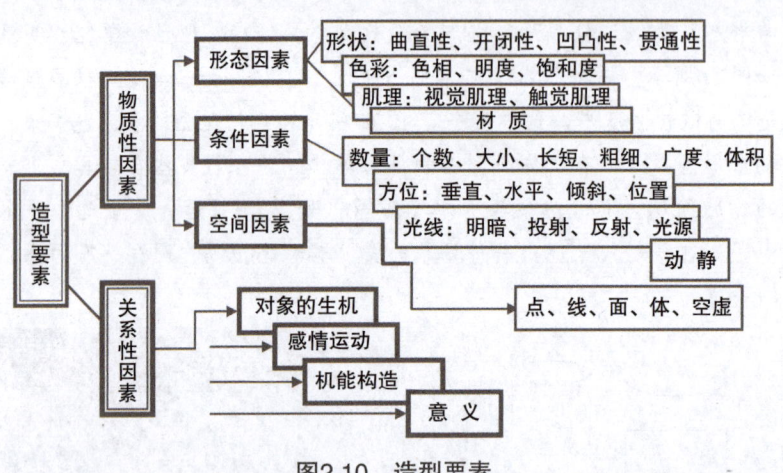

图2.10 造型要素

在物质性因素中，点、线、面的使用是最基础的造型手段。将客观物象分解为点、线、面、体、空间，然后按照一定的秩序重新组合，构成新的形态，既源于对客观物象的分解，又不拘泥于客观物象之中。了解点、线、面的属性，就能够更深入地分析设计案例，并借鉴前人和大师们的作品，积累大量素材，重点培养对造型的感觉能力、想象能力和构成能力，从而提高自己的实践能力。

在设计实践中，必须结合技术和材料考虑造型的可能性，将灵感和严密的逻辑思维结合起来，通过逻辑推理，仔细研究美学、工艺、材料等因素，确定最后的方案。作为设计师，不仅要掌握造型规律，还要了解和掌握技术、材料等方面的知识。

（1）物质性因素

点是一切形态的基础。在几何学定义中，点只有位置，没有大小、方向和形状。点的视觉感受由大小决定，就点的大小而言，点越小（肉眼可见），给人的视觉感受越强。点作为最基本的几何元素，是构建线和面的起点。点具有视觉张力，点的聚焦和分散可以产生动感。当视觉区域中出现点时，人们的视线就会被吸引集中到这一点上，形成力的中心。如果点移动，则人的视线也会随之移动。点在画面中的位置不同，给人带来的心理感受也不同，这就是点的视觉特征。图2.11所示为点在包装设计中的应用。

* 当两点并存于同一画面中时存在着一种视觉张力，这种视觉张力引导视觉流动。面对

具有相等力度的两点，人们的视线会反复于两点之间，自动生成心理连线；面对一个面积大的点和一个面积小的点，面积小的点在视觉心理上会被面积大的点拉过去。

* 同等大小的两点，白底上的黑点感觉比黑底上的白点要小，这是因为明度高的色点在视觉上醒目而有扩张感；被大形包围的感觉比被小形包围的要小，这是由于在大小对比中处于优势的点更易吸引注意力；被大边框包围的感觉比被小边框包围的要小，随着边框的缩小，点的感觉逐渐消失，面的感觉逐渐增强；在角形中处于尖端的点感觉比处于末端的点要大，这也是受周围环境影响所致；上方的点较下方的点要大，这是因为人的视觉习惯是从上到下、从左到右的，而先看到的点较易吸引注意力。

* 多点连续排列，可以产生虚线和虚面；多点按一定大小排列，可以产生方向感、节奏感和韵律感。

在点的形态设计中，一般选用圆点、方点和不规则的点，或具有一定形体的点，如线的顶端或是小的面和体等。要在一定的结构和有体量的空间中突出点的构成关系，主要是通过材质、色彩、光照、肌理的强烈对比。例如，突出点的有序起伏、高低错落、动转回旋等。

图2.11　点在包装设计中的应用

线在几何学定义中是点移动的轨迹，有长度、位置和方向，没有宽度，存在于面的边缘和面与面的交接处。线由点延伸而来，是一维的几何对象，可以是直线、曲线或折线。直线是无限长的，而折线和曲线则可以是有限的或无限的。线可以用来定义形状的边界，或者表示不同点之间的连接关系。按曲直划分，线包括直线、曲线和折线。按方向划分，直线又包括水平线、垂直线和斜线。曲线包括自由曲线和几何曲线。不同的线型给人带来的视觉感受各有不同。图2.12所示为线在包装设计中的应用。

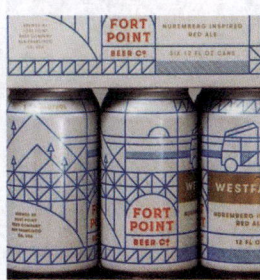

图2.12　线在包装设计中的应用

* 直线的视觉效果倾向于静态，方向性清晰，较为理性。
* 水平线平和、稳定；垂直线挺拔、沉稳。
* 向上倾斜的斜线有上升感，视觉效果积极、活跃；向下倾斜的斜线有下沉感，视觉效果消极、降落。

* 折线具有动感、不安定，视觉效果锐利、紧张。
* 几何曲线流动、有弹性和规律性；自由曲线流畅、柔和，富有情感色彩。
* 粗线短促、有力、醒目，有稳重感；细线纤细、锐利，速度感强。

线本身并不具有空间形体，但可以通过线群的集聚表现出面的效果，再运用各种面的包围，形成一定的封闭空间；透过线之间的空隙，可以看到不同层次的线群构成，呈现出网格的疏密变化，呈现出较强的韵律感。

面在几何学定义中是线移动的轨迹，面有长度和宽度，没有厚度。几何形的面明快、简洁、理性。视觉上点的扩大与线在宽度上的增加，都可以产生面的感觉。面的形态按几何学划分，包括圆形、方形、角形和不规则形。图2.13所示为面在包装设计中的应用。

* 圆形：圆润、饱满、完整，富有动感。正圆形中心对称，柔和、沉稳；椭圆形有充实的弹力和生命力。
* 方形：稳定、坚固、规整，可靠、富有理性。
* 三角形：尖锐、刺激、动态，有紧张感、不安定性。
* 多边形：根据边数和排列方式的不同，产生不同的视觉效果。一般来说，规则多边形（各边和角相等）给人以和谐、有节奏的感觉。
* 不规则形：由曲线、直线复合而成的复杂面形，即使是同一形态，也会因环境和主观心态的不同而产生不同的心理感受。

面的构成主要包括面的分割和面的组合。面的分割，即可用一条或数条直线（包括水平线、垂直线、斜线）、折线、曲线或综合运用这些线，将整体的面割裂为全新的造型。面的组合，是指将一些被分割或未被分割的面作为图形，以一种新的组合规律或秩序进行排列，其中可以有方向、位置、大小的变化，构成手法包括接触、透叠、减缺、重复、渐变、发射、变异、密集等。

图2.13　面在包装设计中的应用

体在几何学中是面移动的轨迹，是有长度、宽度和深度的三维空间实体。按照三维空间实体的基本形态划分，体包括几何平面立体、几何曲面立体、自由曲面立体和自然形体。图2.14所示为体在包装设计中的应用。

* 几何平面立体：是指由四个及以上的几何平面构成，其边界直线相互衔接、封闭的空间实体，如（正）三角锥体、（正）四棱锥体、（正）立方体、棱柱、棱台等。几何平面立体的形体表面为平面，棱线为直线，视觉心理上庄重、大方、简练、沉着、严谨、刚直、明快等。
* 几何曲面立体：是指由一个带有几何曲线形边的平面沿直线方向运动而形成的几何曲

面柱体或回转体，如圆柱、圆锥、圆台、圆环、圆球等。几何曲面立体的表面为几何曲面，比几何平面立体显得生动、流畅；但同时又具有一定的连贯性，给人的视觉感受既严肃又灵巧。

* 自由曲面立体：是指由自由形体和自由曲面所形成的回转体。自由曲面立体给人的视觉感受既有曲线变化的优美、活泼感，又有一定的秩序感。但如果自由曲面立体的曲面变化太大，各面的曲线缺乏统一的整体性，会给人以琐碎、零乱的感觉。因此，自由曲面立体有时还应与直线形体适当结合，以增强其稳定性和坚强感。
* 自然形体：是指自然形成的天然形体，如山川、石砾、苍柏、枯藤、朽根等。天然形成的自然形体极具随机性和多样性，再加上自身所具有的材质美感和色彩感，给人以清新、独特的视觉感受。

包装设计中丰富的形态变化都是以柱体、立方体、锥体、球体等为基础，再研究如何利用材料创造适度的、具有美感的各种空间视觉造型，包括强烈的三维或多维空间感、视觉上多角度的平衡感和材料的肌理质感。在体的空间视觉造型设计中，组合和切割是最为常见的两种方法。其中，组合包括并列、堆叠、附加、嵌入、覆盖、贯穿等；切割包括棱角突出或削弱，以及生成相贯线和截交线等。

图2.14　体在包装设计中的应用

要想使点、线、面、体可视化，必须依赖形状、色彩、肌理、数量、方位等加以体现。这些是人们能够感知到的视觉形象，提供了用于传达丰富信息的视觉结构。从理论上讲，形式、材料、手段、构成方式等任何一个维度的改变，都会产生新的立体造型，并具有无限多的可能性。新科技、新材料、新工艺给形态要素的选择与组合带来更大的自由度与综合性，也更具有趣味性、实验性和探索性。

* 形状：是指曲直性、开闭性、凹凸性、贯通性等。任何可见的物质都有其形状，它是一切物质的外貌。
* 色彩：是指色相、明度、纯度。图2.15所示为色彩在包装设计中的应用。

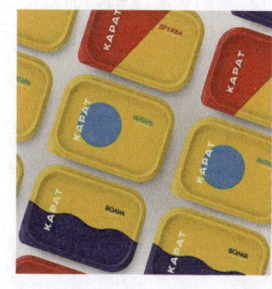

图2.15　色彩在包装设计中的应用

* 肌理：是指材料质地的组织构造带来的一种主观感受。肌理包括视觉肌理和触觉肌理。所谓视觉肌理，是指无须通过皮肤触摸，直接用眼睛就能看到的肌理，如水面的波纹、起伏的麦浪、月亮的表面、木头的纹路、石头的褶皱等；触觉肌理则是指需要通过皮肤的接触而感受到的细腻与粗糙、疏松与坚硬、舒展与紧密等，通常利用拼压、模切、雕刻等加工方式实现。图2.16所示为肌理在包装设计中的应用。

图2.16　肌理在包装设计中的应用

* 数量：是指个数、根数、点的大小和多少、线的长短和粗细、面的广度、体的量感等，任何形态都有大小、多少、数量之感。
* 方位：是指方向与相互位置，包括垂直、水平、倾斜、分离、交叠等。方位具有对称性（如镜像排列等）、平衡性和方向性（指向或移动方向）。
* 光线：相同的形态因光照角度和光色的不同，给人的视觉感受也不同。光线可分为明暗、透射、反射、光源等。图2.17所示为光线在包装设计中的应用，在材料表面设计一些切面或小的结构，在光的照射下产生不同的效果，使立体感和空间感更强烈，为消费者带来高品质的视觉感受。

图2.17　光线在包装设计中的应用

（2）关系性因素

关系性因素是指设计的物质功能与精神功能，包括对象的生机、感情运动、机能构造和意义。在人类创造形态的过程中，通常更加注重表现形态的生命活力和奋发向上的积极感，希望借助形态的主观感受表达人类的情感，赋予形态一定的象征意义，并达到设计目的和满足社会需求等。

3．形态的心理特征

人们常常提及的"艺术感觉"是可以通过科学训练得到提升的，而且人对艺术的感知也并非一成不变。这是因为，人们往往通过自身的知觉体验艺术作品，尤其是艺术形态所暗含的心理特征。从心理学角度来看，任何对象的性质，都应理解为某种对象与观察者相互作用的结果。这意味着作为设计师，应该提前预想目标受众看到自己所创作结果后的反应，或者说，应该有意识地通过形态对象的某些规律特征来引导目标受众的反应和感受。

形态虽然千变万化，但自古至今，人们长期参加社会实践的结果证明形态心理存在着很大的共性。例如，变化、统一、对称、平衡、节奏、韵律等美学规律一直被奉为一切艺术形式创作的美学原则。在理解人们认识和接受形态的心理过程的基础上，掌握好人的心理因素，就能正确把握形态的表现力及个性，使设计更上一层楼。

（1）力感

力是看不见、摸不着的东西，但又与人们的生活密切相关。通常，只能通过对象的势态感知力的存在，这为设计师在视觉上表现力感提供了极大的方便。立体形态中力感的体现大多通过形态的向外扩张。例如，饱满的形态往往有一种向外扩张的力感，弯曲的形体有一种弹力感，前倾的形体有一种向前冲出的蓄势力感。力感的体现也可以是平面的图形符号。例如，我国传统书法，透过文字的形态走势，能感受到蕴含在字里行间的力量。成语"力透纸背"是多么生动的描述，不但令人联想到形态内在流淌的力量，更令人眼前似乎出现了书写者充满生命力量与精神气势的动作。图2.18所示为王羲之的书法作品，可以感到其笔法的苍劲有力。图2.19所示为运动鞋包装设计，灰色的色彩基调坚实、稳定、专业，结合鞋底纹路肌理的立体呈现，为消费者带来了强烈的视觉冲击。

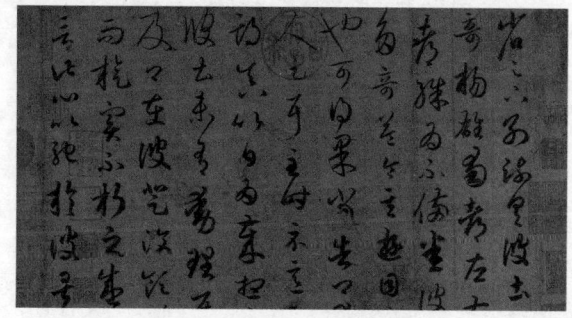

图2.18　王羲之书法作品

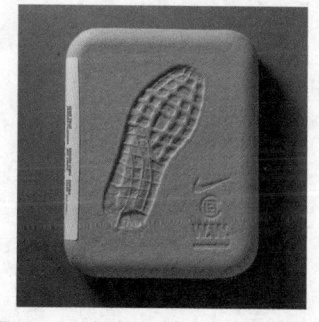

图2.19　包装设计中的力感表现

（2）通感

人们通过五官感觉了解外部世界，即通过耳、鼻、眼、舌、皮肤等器官直接感知事物，对应了听觉、嗅觉、视觉、味觉及触觉等感知方式。但在日常生活中也常常会遇到感官交错的心理体验，尤其是听觉和视觉交错最为频繁，这种交错的心理体验就是"通感"。

艺术创作中，通感的运用是形态创作的高级手段，而富有经验的设计师总是能够恰如其分地调动起观者的通感，为其留下难以磨灭的印象。例如，文学描述中经常用嗅觉、味觉描绘听觉，调动读者的交错通感体验。朱光潜在《谈美》一书中提到"各种艺术的意向都可以触类旁通"；建筑师可以通过高低错落的立体形态调动人们对音乐节奏的通感联想；文学家朱自清可以在《荷塘月色》一文中用"渺茫的歌声"描写微风中荷塘的"缕缕清香"；雕塑大师可以通过形体深浅、明暗转折、起伏变化，让人们感受到绘画中的韵律与平衡。针对这种心理现象，在进行形态创作时可以突破常规，大胆借助新形式艺术门类的表现手段。当然，这也需要创作者广泛吸收其他艺术营养，不断提高自己的个人修为，不断学习以拓宽自己的设计视野，并丰富自己的文化、艺术内涵。

在包装设计中，包装的颜色、气味和触感等会影响消费者对产品的预期。例如，冷色调、触及冰凉的包装会使消费者想到高科技，暗沉色调的包装会使消费者想到粗糙的纹理。设计师可以通过对包装材料的选择、对设计方案的把控，打破消费者的惯性思维，激发消费者对产品的积极想象。图2.20和图2.21所示为饮料包装设计，盒身利用内容物的相关形态唤醒多重感官记忆，使消费者看到包装就会想到饮料的口味。

图2.20　饮料包装设计1

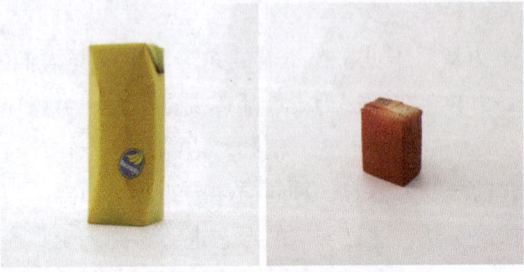
图2.21　饮料包装设计2

(3) 创新

当今社会提倡创新，但要真正做到这一点，却不是轻松就能实现的。人们之所以鼓励创新、追求创新，是由于创新是人的天性。人类社会就是在人们不断创新的过程中持续发展、进步的。人的一生中总是在不断地摒弃旧事物，追求新事物。随着人的心理年龄的成熟，随着人自身的成长，创新的本能也逐渐发展成为一种理性行为。由于后续教育环境的差异，有的人擅长创新，并且善于表现创新，而有的人则在这方面似乎很"笨拙"，但这并不是说这个人丢掉了创新的天性。这是一种自然规律，在社会中普遍存在。

也可以将创新看作一种动力，看作设计活动的基础。在创意产业领域，创新的意识更加重要。在包装设计的形态创作中应结合人们的这种心理，这大致可以从三个方面来思考。

* 充分了解消费者的偏好、习惯及不同消费群体的特点。例如，不同年龄段的青少年虽然同样处于青春期，但他们对时尚的理解是完全不同的，偏好也存在比较显著的差异。

* 关注引起社会观念变化的要素。例如，政府法规政策、社会习俗等。这是很容易被设计师忽略的一个要素。大部分情况下，设计师也不会从这个角度展开构思。但毋庸置疑的是，那些能引起社会观念变化的要素，往往都具有强大的历史背景或政治文化背景。了解这些因素，对创新而言无疑是非常有利的。

* 关注其他同行的不同思路、不同风格。设计始于模仿。同样是艺术创作，如何才能从模仿中跳出圈子，形成自己的个性？如何才能形成自己的设计思路？闭门造车显然是不符合信息社会的现实的，多关注不同层次、不同水平、不同风格的艺术设计，能够帮助设计师了解自己作品所处的"位置"，有助于在创新的时候避免雷同和撞车。当然，也有助于潜在意义上的经验积累。

归根到底，设计需要学会总结、关注细节，不断寻求新的创作点，这本身也是创新的一种体现。图2.22为水果包装设计，解决了水果需要透气、受挤压容易损坏的问题，并且方便提带，柑橘的包装设计还可以根据使用场景的不同而变换形态。

（4）个性

个性是艺术创作追求的终极目标，也是设计师自我品牌提升和作品标志化、符号化的追求目标。追求个性，是人们在艺术创作时审美心理的典型特征，是艺术表现的高级层次。同时，个性也是人们试图体现自我的本能。人们都渴望与众不同，很多年轻人在衣着打扮、生活习惯等方面都刻意进行选择，就是为了表达一种"独立的自我"，即个性特征。在专业创作领域，很多艺术家为了形成自己的艺术风格与个性，必须利用各种途径充实自己、提高自己，为此甚至奋斗终生。

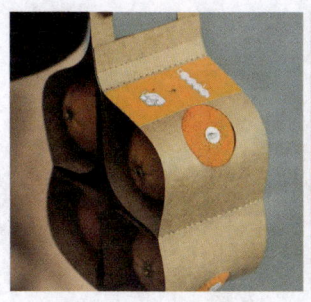  

图2.22　水果包装设计

随着世界化、现代化进程的加剧，全球不同地域的人们已经不再像以前那样存在交流、沟通方面的障碍。随着个性化需求与差异需求的增加，人们对艺术设计中追求个性的愿望也越来越强烈，这同时也引发了盲目追求标新立异现象的出现。不少年轻人以表现个性为由，所设计作品脱离了文化，脱离了核心价值，脱离了需求，成为"四不像"般拼凑的创意垃圾。要清醒地认识到，个性化的设计不是一朝一夕就能实现的，更不能试图走捷径。相反，它需要长年累月的艰苦训练和人文内涵的沉淀积累，需要长时间对文化的思考、对创作思路的拓展及对艺术本身的不断深入和提炼萃取。

对于设计师来说，要在作品中逐渐形成自己的个性，尤其是要在商业化的项目要求与个人的个性风格之间取得平衡，是一个长期艰难的过程，但也绝非是不可实现的任务。要学会利用自己的技能与知识，为项目的高度个性化服务，通过形态表现、细节元素等在一定程度上体现出独特性。当创作能力与行业影响力积累到一定阶段后，就可以通过个人表现技法凸现个性。图2.23所示为口香糖的包装设计，图2.24所示为宠物磨牙棒的包装设计，二者均利用了牙齿的形态，既生动地体现了产品的功能，又传递出品牌有趣的个性。

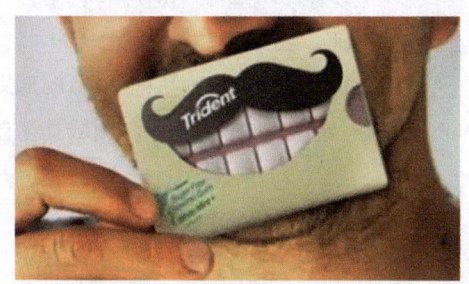 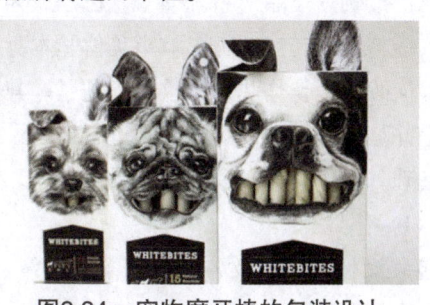

图2.23　口香糖的包装设计　　　　图2.24　宠物磨牙棒的包装设计

(5) 联想

这里谈及的"联想"侧重于强调形态给消费者带来的心理刺激。联想是人们思维活动中的普遍现象,设计师要通过联想进行创作,消费者要通过联想进行体验。无论成人或小孩、文化高或低、所处行业如何,人都具有基本的联想能力。联想是以过去的生活经验诠释现在的生活经验。

形态能够给人们带来多种联想效应,在进行造型设计时大胆突破、广泛运用,将会开拓更为广阔的设计空间,塑造更为丰富多彩的形态。图2.25所示为蜂蜜的包装设计,图2.26所示为毛线的包装设计,二者均利用与产品相关的形态(蜂巢和绵羊),使消费者联想到产品绿色、天然的品质。

图2.25　蜂蜜的包装设计　　　　　　　图2.26　毛线的包装设计

联想的分类大致有以下几种:

* 接近联想:在功用、造型、属性等方面接近的事物会引起人们的联想,如由毛笔联想到钢笔,由湖面联想到镜面等。
* 类似联想:将具有类似特征的事物联系起来,如看到绿色联想到青草地、看到阳光沙滩联想到度假欢乐气氛等。
* 对比联想:将具有对立关系的事物联系起来,如光明与黑暗、冷与热、粗糙与光滑等。
* 因果联想:将具有因果关系的事物联系起来,如由火联想到热、由冰联想到冷、由雨联想到湿、由沙漠联想到干燥等。

4. 形态的美学特征

形式美的原理是人们在艺术实践中长期积累起来的美的经验,适用于各类艺术创造。但同时,形式美的这些原则又经常被人们所忽略,设计师困惑自己设计的作品"不好看",观者困惑自己接触的作品"不好懂",已经成为社会中的常见现象。观者看不懂没有关系,作为体验者,懂与不懂其实并不影响审美体验本身。但作为设计师,如果觉得自己的作品不好,却又不知如何改进,就是非常严重的问题了。其实,熟悉并掌握形式美的基本原则,理解形态的美学特征并在创作中加以运用,是进行造型设计的必要基础,也是进一步进行各领域具体创作的必要基础。

(1) 体量美

包装设计中会涉及各种形态元素的体量美,它们与空间位置的联系非常紧密。体量包括两个方面,即体积感和量感。

* 体积感:与形态的体积大小、占据空间大小有密切的关系。在创意构思的时候,往往

会用草图绘制轮廓，尝试确定大轮廓、大形态，然后对其内部或局部细节进行刻画。这个过程也反映出体积感的设计在大多情况下是放在第一位的。在设计一款包装时，不应该先拘泥于某处花纹如何描画，而应该先考虑包装整体的体积、形态轮廓及比例大小等元素。体积感越强，给消费者带来的心理感受也就越强。当然，并不是说所有事物都做得越大越好，这需要根据设计需求进一步确定。

* 量感：是指形态带给观者的重量感。设计师可以通过物理量感与心理量感两个方面来实现作品的量感美。利用体积大小、表面质感、肌理、材料等元素，可以很容易地唤起观者的量感联想。同样体积大小的物体带给观者的感受，金属材质的会比塑料材质的重很多，岩石材质的则比木材质的重很多。这些经验被大量使用在包装的形态设计上。心理量感也是设计的有效手段，人们对不同形态的心理感知是不同的。例如，同样的体积大小，球体要比立方体重，不开孔的物体要比穿孔的物体重，深色的物体要比浅色的物体重，曲面构成的形态要比直面或平面构成的形态重。

深入了解这些引发心理量感的常识，有助于将其运用在设计中，使作品体现出体量美感。图2.27所示为几款不同材质、不同形态和不同色彩的牛奶包装设计，可以看出其中不同体量的表现。

图2.27　牛奶的包装设计

（2）动感美

常言道"生命在于运动"，运动中蕴含着对生命态势的反思与暗示，旺盛的生命力必然是运动的。这就是为什么具有动感的作品更有吸引力，更容易引起人们的共鸣。我国历代书画家很擅长运用动感之美为作品赋予灵魂，如苏东坡的苍竹、徐悲鸿的奔马……通过墨色的浓淡、运笔的气势，以及用笔的速度与方向表现出体积感和运动感，生机勃勃、气势非凡。

图2.28所示为果汁饮品的包装设计，外观完美复刻橙子的形态，细致到表皮的斑点，像是刚被采摘下来，新鲜、果汁饱满，握在手里柔软、富有弹性，随着果汁被饮尽，包装逐渐瘪下去。值得一提的是，这款包装的材料由橙皮提取而来，可生物降解，绿色环保。

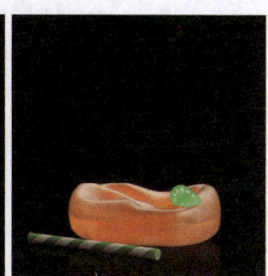

图2.28　果汁饮品的包装设计

在进行形态设计时可以利用动态的设计元素来增强动感，如体或面的转折、扭曲，立体空间的韵律变化，线的方向感、指向感、流畅感，结构的传动、转动、能量传递等。节奏也是动感的一种体现，在设计中合理运用疏密、刚柔、曲直、虚实、浓淡、大小，并通过重复、渐变和交替等手段，就能营造出具有和谐美感的韵律。

（3）结构美

结构是形态美的基本内容，当组成形态的各个部分被任意拼凑、任意放置，就会产生混乱、不安和烦躁感。在变化中寻求"既不简单又不混乱、紧张而调和的世界"，就是形态所追求的构成美感。

有了秩序感，才能将形态结构各种变化因素中的规律性和统一性整合在一起。基本的秩序有对称与均衡、对比与调和、比例与尺度、节奏与韵律等。

* 对称与均衡：对称，通常是指物体的上下或是左右相同。基本的对称与动感变化相结合，可以得到15种运动变化形式，分别是平移、反射、旋转、扩大、平移旋转、平衡反射、扩大平移、扩大旋转、扩大反射、扩大平移旋转、扩大反射平移、扩大旋转反射、平移旋转反射、平移反射和旋转扩大。这些基本形式可以被运用在各种设计中。均衡，则是指视觉与心理的均衡，而非力学绝对意义上的平衡，不对称的物体通过其他元素（如形量、大小、轻重、色彩、材质等）的影响，使其看起来不会向一侧倾斜，特定空间范围内各要素之间在视觉判断上平衡。通过视点的停歇、方位的均衡、视觉习惯的确认等手段进行组合，可以得到更多、更复杂的均衡状态。图2.29所示为针对视障人士设计的冷煮咖啡包装，体现出富有人文关怀的秩序美。

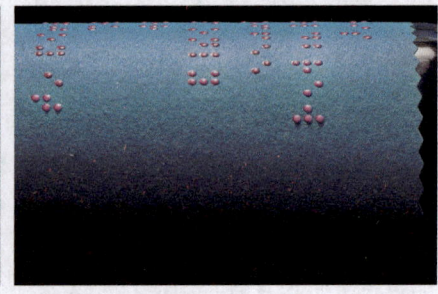

图2.29　咖啡的包装设计

* 对比与调和：对比与调和反映了矛盾的两种状态。对比，是指物体之间的差异性，这些差异可以是色彩、形状、大小、质感等。调和，是指物体之间的统一性和相似性，与对比相辅相成。对比与调和主要用于对比关系的造型设计中，目的在于打破单调，形成重点与高潮，一般是通过明确各部分之间的主与宾、主与次、支配与从属、等级序列等手段来实现调和；而直线与曲线、多与少、凹与凸、粗与细、光滑与粗糙、清与浊、开与闭、强与弱、正与负、离心与向心、奇与偶、锐与钝等都是对比中常常用到的核心点。图2.30所示为矿泉水的包装设计，这款矿泉水的水源环境优越，水瓶上出现的各种野生动物都生活在水源附近，蓝色的直线与曲线生动体现了野生动物与水源互动的对比与调和之美。

* 比例与尺度：比例，是指物体各部分的大小、长短和高低在度量上的比较关系，一般

不涉及具体量值，是人们在长期生活实践中所创造的一种审美度量关系。尺度，是指物体的实际尺寸和人的感知之间的关系。比例与尺度是在设计中寻求统一规划、均衡的数量秩序所要考虑的问题之一。了解诸如黄金分割、等差数列、斐波那契数列等相关数学规则，非常有利于对形态美的实践，有利于在设计中考虑构图、轮廓，乃至细节与其他方面比例的表现。尺度则需要通过对比加以呈现，需要合适的参照物映衬主体。图2.31所示为可填充的消毒湿巾盒，人们可以随身携带、重复使用，便携式的设计体现出比例与尺度的细节思考。

图2.30　矿泉水的包装设计

图2.31　消毒湿巾盒的包装设计

* 节奏与韵律：节奏，是规律性的重复，在造型艺术中是指反复的形态和构造进行空间位置的伸展，例如连续的线、断续的面等。韵律，是节奏的变化形式，赋予重复的音节或图形以强弱起伏、抑扬顿挫的规律变化，产生优美的律动感。韵律在节奏的基础上丰富，节奏在韵律的基础上发展。节奏与韵律是形成设计美感的重要因素，能够提高观者的视觉兴奋度和引导人们的视觉流程。节奏与韵律通过音、形、色等元素以时间性、变化性进行有规律的排列和组合，就形成了动感和连续性。色彩也是形成节奏与韵律的重要元素。通过调整色彩的明暗度、饱和度等属性，可以营造出丰富多彩的视觉效果，进一步增强动画的动感和节奏感。图2.32所示为全球限量发行的珍藏版酒包装设计，酒瓶特别定制，采用尖端数字技术进行四色印刷，实现了颇具独特韵律感的图案纹理，消费者可将酒瓶及盒内的波纹网状杆取出，在盒盖上方自由排列、组合，打造自己的艺术作品。

* 重复与呼应：重复，是指反复使用相同或相似的元素，如形状、颜色、纹理等。呼应，则是在不同元素之间通过视觉元素的相互引用或相似性建立联系，使其在视觉上相互对应。图2.33所示为咖啡饮品系列包装设计，其中图形和色彩运用了重复与呼应的表现手法。

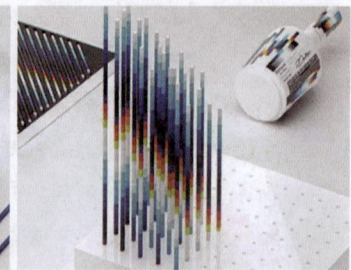

图2.32　酒类包装设计

图2.33　咖啡饮品系列包装设计

* 比拟与联想：比拟，是比喻和模拟，是事物意象彼此之间的折射、寄寓、暗示和模仿。联想，是根据事物之间的某种联系，由此及彼地思维推移与呼应。比拟与联想是对自然形态进行模仿、概括、抽象，进而产生新的形象。比拟是模式，而联想则是展开。图2.44所示为面条的包装设计，将面条的曲直与头发的曲直进行比拟，引发消费者的联想，使消费者能够快速了解产品的不同类别。

图2.34　面条包装设计

* 变化与统一：变化，是各物体之间的差异和区别。统一，是物体之间的内在联系、共同点或共有特征，并按照一定的有序规律组织成有条理的装饰性图形，表现一种整齐美和节奏美。

缺乏稳定感的形态会造成紧张与不适感，难以获得常规意义上的审美体验。因此，除非出于某种特定的目的或者设计需求，应尽量创作具有稳定感的形态。稳定是指物体上下之间的轻重关系，其基本条件是物体的重心必须在物体的支撑面以内，其重心越低，越靠近支撑面的中心部位，其稳定感就越大，越给人以安全、轻松的感觉。图2.35所示为具有稳定感的几款鸡蛋包装设计。

稳定感一般分为物理上的稳定感和视觉心理上的稳定感。

* 物理上的稳定感：取决于物体重心的位置，通常重心高于物体的1/3就会显得不稳定。

要想获得物理上的稳定，一般采取的手段是扩大形态的底部或者附加一些结构形式作为支撑。从基础形态来看，显然锐角朝上的三角形与短边朝上的梯形都是非常稳定的结构形态。通过这两种基本形态，可以演变出更多、更富有细节的造型。

* 视觉心理上的稳定感：则主要指人们对物体稳定性的心理感受，这种感受在很大程度上受到物体外形的影响。在进行造型设计时，根据现实生活中的物理原则与结构原则进行设计，善于把握视觉心理的稳定性并灵活加以改进，便可以在稳定感方面突破性地创作出具有创新意义的形态。

图2.35　鸡蛋的包装设计

与之相对，轻巧也是指物体上下之间的轻重关系，即在满足"实际稳定"的前提下，用艺术创造的方法给人以轻盈、灵巧的美感，可增加生动感和亲切感。体量大的物体由于人们对其静止惯性的理解，往往会认为其比较稳定；反之，体量小的物体由于其静止惯性很容易被克服，因此，人们认为它比较轻巧。在设计实践中常常会对体量进行调整，即赋予一些物体较大的体量感，使物体看起来稳定；或者故意减小物体的体量感，使其看起来轻巧。一味地强调稳定，会造成形态的单调、沉闷；一味地强调轻巧，会造成形态的跳跃、不确定。

(4) 意境美

总体来说，在进行设计时研究各种关于美的原则、规律，是为了使作品的视觉效果和消费者的审美体验更加强烈。因此，意境美成为设计最终的高级目标。这种境界不应该由形态直接引发，而应该引导观者通过联想或想象意会，这是作品中的形态"传神"的结果。图2.36所示为茶叶包装设计，包装模切线是模仿用茶叶从茶盒上裁切而来的。

对设计师而言，营造意境、将感情转化并藏匿于形态之中是艺术创作的美学任务。人们形容世界上的一切事物"无情不态、无神不形、无意不象"也正是这个道理，是强调艺术感染力的重要源泉来自于"托物言情、情与境谐"。这要求设计师通过作品充分体现丰盈的人生经历，切忌无病呻吟；要求设计师充分表达情感的丰富性和复杂性，避免单调、乏味；要求设计师遵循情感运动的辩证规律，通过对立统一的手段营造对消费者心灵的撞击，层层深入、曲尽其妙。

体现意境美还要注意使用凝缩、象征和暗示的手段，要集中，形成焦点；要凝练、浓缩，含而不露；更要万取一收，善于捕捉最富包容性与感染力的瞬间加以表现；还要注意作品营造的境界与实际人生的境界应保持适当的距离，这样才能给消费者留出审美心理空间。虚虚实实、真假交错，使人产生不由自主的精神陶醉，同时又能够保持客观观察的理性思考，从而得到意境的深刻体验。图2.37所示为以调色板为基础的果酱包装设计，让孩子们将平时吃的果酱想象成绘画的颜料，将小勺子想象成画笔，在面包片这块"画布"上尽情涂抹。

图2.36　茶叶包装设计

图2.37　果酱包装设计

2.1.3　形态的构成与材料

所谓构成，是一种造型概念，其含义是将若干单元（包括不同的形态、材料等）重新组合成为一个新的单元，并赋予其视觉化的、力学的概念。与设计不同，构成是排除时代性、地区性、社会性、生产性等众多因素的具有理性分析的造型活动；设计则是包括构成在内，并考虑其他众多要素，使作品成为完整、合理、科学的造型物的活动。构成为设计提供广泛、可靠的发展基础，但构成并不完全依赖于设计师的灵感，而是将灵感与严密的逻辑思维结合在一起，使构成兼具丰富的情感和理智的科学内容。设计师在可能存在的所有组合方案中，按照美学、工艺、材料等因素筛选出优秀的方案，通过设计的语言，将有意义的形态传递出去，主动激发受众的情感体验，使其在感受到设计师的情感的同时，也认同形态的承载作用。

在几种设计构成中，平面构成是以轮廓塑造形象，是将不同的基本形态按照一定的规则在平面上组合成图案；立体构成则是以厚度塑造形象，是将形态要素按照一定的原则组合成形体。此外，设计构成中还包括色彩构成。色彩构成是指从人对色彩的知觉和心理效果出发，运用科学分析的方法，将复杂的色彩现象还原为基本的要素，利用色彩在空间、量与质上的可变幻性，按照一定的色彩规律去组合各构成要素间的相互关系，创造出新的、理想的色彩效果。

形态的构成离不开材料，尤其是强调空间感和体积感的立体造型，是使用各种基本材料,将造型要素按照美的原则组成新的形态的过程,其中包括对形态、色彩、材质等心理效应的探求和对材料强度、加工工艺等物理效能的探求。在这一过程中,能否合理地运用材料,充分发挥材料的质地美,不仅是现代工业生产中工艺水平高低的体现,也是现代审美观念的反映。一定要充分体现材料本身所特有的美学因素,体现材料运用的科学性,发挥材料的光泽、色彩、触感等方面的艺术表现力,使材质的特征和产品的功能产生恰如其分的统一美,形成形、色、质的完美统一。图2.38所示为高级橄榄油的包装设计,外壳材料使用了再生纸浆,模拟泥土,利用镂空处可以打开包装,内部是用纸包裹的玻璃瓶装橄榄油。

图2.38　形态与材料

随着科学与技术的发展,新材料、新工艺的不断出现,为各类材料充分发挥其质地美提供了可能,也为普通材料的高档使用开辟了广阔的空间。普通材料经过各种工艺处理变为高档材料,从而大大降低了成本。例如,非木材原料的木材化(纸浆压制成纤维板代替木板),非金属材料的金属化(塑料制品表面镀铬以体现金属质感),非皮革材料的皮革化(用纸浆或塑料制成与皮革的质地和纹理类似的材料),等等。

1. 点材

点材是指在一定空间的限定下,相对体积极小、似点状物的材料。点材在构成中是最小也是最基础的构成要素。点材灵动、跳跃,单个点材的体积感和空间感相对较弱,缺乏力度感,因此,需要适当的支撑、重复、附着、积聚和连接等,才能够真正形成立体造型。点材的组合在视觉感受上可以强化造型表面的肌理感,增强造型的立体效果,赋予原有造型以新的视觉形象。

2. 线材

线材是指在视觉效果上长度远大于横截面宽度的材料,具有长度和方向伸展的特点。线材可分为硬质线材和软质线材。硬质线材的材质有木料、金属、塑料、玻璃等,直立性和可视性较强,空间表现力突出;软质线材有棉线、毛线、丝、化纤、麻、纸等,具有流动感。线材造型通常以群组的形式,通过角度、方向、长短、粗细的变化产生丰富的形式,在这一过程中要注意空间与实体、力学与结构的关系。线材排列会产生具有一定通透性的面,进而在线群集合的交错结构中形成较强疏密变化的韵律感。

* 连续构成:是指通过线材等材料的连续排列和连接,形成的一个整体结构,强调流畅性和连续性。
* 框架构造:是指通过线材等材料搭建成的一种骨架结构,是独立线框的刚性空间组

合，能够提供稳定的支撑。
* 网架构造：是指一种由线材等材料交错连接而成的开放式三维结构，具有较高的空间利用率和良好的稳定性，以及一定的透明度和通风性。
* 垒积构造：是指通过将线材等材料层层堆叠起来形成的一种结构，相互间没有固定的连接点，依靠接触面之间的摩擦力维持形态，可以任意改变，简单、直接、坚实。

3. 面材

面材是指长度与宽度远大于厚度的板状材料，可以是有一定厚度的纸张，也可以是木板、金属板、胶合板、塑料板、有机玻璃、玻璃、泡沫等材料。面材有规则面和非规则面，实际应用时又可以分为平面与曲面，是极富表现力的材料形态，无论是直面还是曲面，都具有比线更明确的空间感。

面材的构成主要有以下形式：

* 连续面材构成：是指在连续面材的基础上，通过折叠、弯曲、翻转、切割和镂空等方法构造立体形态，即从平面构建立体。
* 单元面材构成：是指使用若干同类直面或曲面，进行各种有秩序的排列而形成的立体形态。这种形态的正面是扩展的面的特征，侧面是线的积累。

面材组合是指将若干直面（或少量柱面、锥面）以直线、曲线、折线、分组、错位、倾斜、渐变、放射、旋转等方式，在同一个面上进行各种有秩序的连续排列，如重复、交替、渐变、近似等，可以采用的加工手段包括插接、黏合、用卡具固定和缝合等。面材通过不同的加工手段和组合方式，可以形成具有不同结构和维度的立体造型。

4. 块材

块材是指具有长度、宽度、厚度三维特征的立体量块实体。块材的空间体量感十分强烈，视觉语言充实而有力。块材有泡沫塑料块、泥块、石膏块、木块、铜块、铁块、石块等，也可以利用纸张、塑料板折叠成块材。块材的常见立体形态有球体、柱体、锥体、立方体。为了使块材的形态更加丰富，还可以利用集聚与解构重组、分割、变形、组合等方式对基础块材进行再创造。

* 集聚与解构重组：一般遵循以重复造型为主的基本原则，以几何体块的集聚为主，可以互相穿插，也可以平行排列，或进行渐变、特异造型等变化。
* 分割：是指将相对完整的体块按照一定比例或规律进行切削、分解，形成若干新的体块，并在三维空间中以视觉平衡法则重构。

分裂：使基本形体断裂，产生刺激，形成对立的因素，在整体统一中有变化，表现出一种内在的生命力。

破坏：在完整基本形体上人为破坏，造成一种残像，在观者的心理知觉中将其还原。

退层：使基本形体外皮层层脱落，渐次后退。

切割移动：为了增强思维的跳跃性和关联性，可以通过这种方式产生新的形体，包括在块材上进行宽窄不同的水平/垂直方向的立方体直线切割，在块材上进行宽窄不同、角度不一的线斜向切割，在块材上进行可表现出曲面与平面对比的立方体曲线切割，在圆柱、圆球、圆锥块材上进行垂直、斜向、回转的曲面立体直线切割。

* 变形：是指在原有体块上施加力，改变单纯的几何体块，使其向有机形体转化，形成复杂的或更接近自然形态的立体造型。

扭曲：使形体柔和，富有动态。

盘绕：将基本形体按某个特定方向盘绕运动，呈现某种动势。

倾斜：使基本形体与水平方向成一定角度，呈现倾斜线或倾斜面，从而产生动感。

膨胀：表现出内力对外力的反抗，具有弹性和生命感。

在块材的组合构成中，不应单调地运用一种组合方式，而是应根据整体造型的需要，灵活地运用美的构成规律进行创作。例如，可以选择一个基本形体，按照形式美的法则，前后穿插有序，大小对比变化，整体和谐、生动地进行重复基本形的构成；也可以综合运用不同的块状形体来表现其大小、空间、曲直、疏密等对比变化；或者利用可塑材料进行有机形体的抽象构成或仿生构成等。此外，还应注重造型比例，即造型整体与部分之间，以及部分与部分之间的共同数比关系。

2.2 包装设计中的形态设计实践

2.2.1 形态设计的实践因素

产品包装的形态设计需要各种要素及工艺的共同协作，通过多种造型手法，理想地表达艺术形象。随着社会的发展、科学的进步、人类审美取向的改变，设计实践逐渐渗透到人们生活的各个方面。

1. 形态的功能性

"形式服从功能"（Form Follows Function），是十九世纪七十年代美国芝加哥建筑派领军人物路易斯·沙利文（Louis Sullivan）在1907年总结设计原则时所说的一句名言。路易斯·沙利文认为，形式是功能的表现，功能不变，形式亦不变。这一理念后来被不同领域的设计师纷纷采纳。"形式服从功能"可以有两种解释：一是美感描述，二是美感规范。其中，"描述性诠释"是指美感来自纯粹的功能，没有其他多余的装饰；"规范性诠释"是指设计注重功能，美感处于次要位置。

无独有偶，中国古代设计思想也强调了设计的功能性——"坚而后论工拙"。这句话虽出自李渔的《闲情偶寄》，但其所体现的传统造物理念贯穿中国传统造物的各个历史时期，对现代设计也有着极为重要的现实意义。

（1）实用功能

从理论上讲，包装设计的核心是实用功能。人们是为了某种目的而设计产品包装，实用功能是需要首先考虑的因素。忽视产品的特性、安全性和效益性，以及消费者的需求，一味追求创新的材料和独特的造型艺术，是包装设计中大忌。在化工、医疗、电子产品等产品包装中，这一点尤为重要。

包装设计的实用功能重点在于解决包装的结构问题。优秀的包装设计是结构设计和装饰设计的有机统一，包装结构设计决定了包装装饰设计的展示方式。包装结构设计包括包装的形式、形态和材料等，不同种类的产品需要不同的包装结构。包装结构设计以包装的保护性、便利性、可重复使用性等为基础，结合产品的性质、大小、质量、定位，包装的成本和可持续性，以及实际生产条件，根据科学原理综合考虑包装的外部和内部结构。

（2）审美功能

现代包装设计是技术和艺术的结合。随着科技的进步、生产的发展，产品之间的技术差异越来越小，逐渐出现同质化的趋势，为了抢占目标市场，产品包装的审美功能日益突显。在满足实用功能的前提下，产品包装是否符合消费者的审美取向，遵循时代的审美规律，已成为能否吸引消费者的关键。在长期的社会生产和生活中，人们观察自然物象和审视人类自身，归纳和总结了具有普遍意义的美学规律。产品包装的形态设计自然也受到这些美学规律的影响和约束，能否合理、有效地应用美学规律，是塑造具有美感的产品包装形态的关键。

如今，产品包装设计在材料、技术、理念上逐渐国际化，以绿色环保、信息传达高效或强调个性特征为主要设计依据。同时，为了满足人们的情感需求，产品包装被赋予一定的文化附加值，其中所体现出的审美内涵反映了强烈的文化符号意义。尤其是传统商品和地域性产品，对传统文化中的特定元素进行挖掘、提炼、应用，并植入社会群体的道德观、价值观和审美习惯，对促进与消费者的深层心理沟通起到了一定的能动作用。

2．形态的创新性

创新是当今社会生产力解放和发展的一个重要标志。形态创新是产品包装创新设计的一大组成部分，是直观的视觉反映。对于大多数产品而言，产品和包装是密不可分的整体。消费者对于产品的记忆，首先借助视觉，其次依靠听觉和触觉。良好、新颖的视觉感受是高品质产品包装的外在表现，是吸引消费者目光的关键，自然也成为赋予产品更高价值和提升产品市场竞争力的有力因素。

要勇于突破传统的局限，勇于尝试打破常规的表现手法，采用更为开放和自由的思维模式，注重新技术和新材料的运用，多角度、多维度地进行产品包装的创新设计。新技术和新材料往往能够为设计实践带来新的灵感和空间，新的表现手法则能够为设计实践带来新的视觉冲击力，从而获得意想不到的效果。此外，在追求设计理念和经济效益的同时，也需要以社会群体利益为导向，充分考虑社会责任和环境生态，以人为本，树立良好的社会风尚。

2.2.2 形态设计的实践要求

1．满足目标市场需求

（1）与产品的功能需求相统一

产品的功能需求对产品包装的形态、结构和材料等起主导性、决定性的作用。与产品的功能需求相统一、具有一定实用功能的包装形态，可以体现出高度的功能美，并提高产品的信息输出量，强化产品的创新性、识别性和可持续性。功能美是设计美学的核心理念，合理的功能形态即美的形态，它建立在对人类自身与设计之间关系的研究成果上，即设计要使人感到舒适、安全、高效。"在实践中，往往在技术上越完善，在美学上也就越完善"。

如果一件产品的包装设计与产品的功能需求相悖，那么给消费者的暗示是其内容物也多少会有一些欠缺；而脱离产品功能、过度的包装形态设计，很可能会产生喧宾夺主的感觉。

(2) 注重目标市场的心理诉求

人们在认识客观世界的过程中不断积累视觉经验，这种视觉经验经过漫长时间的汰选，逐渐沉淀为大众共同的视觉记忆，其中蕴含的审美意义能够被大众轻松解读，并进一步产生深层次的情感共鸣。

当代高效率的商业视觉运作，引发了大众对视觉信息的强烈需求。产品包装作为产品功能表现和信息传达的重要途径，在设计时要合理利用视觉经验，灵活运用美学法则，深入研究形态构成等理论规律，赋予作品以情感和意志的表达，还要对伦理道德等更高层次的价值取向进行审美定位，对视觉趣味进行正向影响，借助形态在产品和消费者之间建立有效的沟通渠道，向消费者充分传达产品信息、展示产品功能，使产品契合消费者内心对于自身的定位，进而产生心理层面的价值认同，最终在消费者与产品之间形成黏性连接，打造消费者对产品的忠诚度。

(3) 与时代相呼应

科学技术的发展对现代工业文明起到了巨大的推动作用，现代产品无不是在当今科技发展水平的背景下创造出来的。伴随着科技的每一次飞跃，产品包装的形态、结构、材料及工艺的变化也都深深地打上了时代的烙印。物质技术反映设计的科学性，包括结构、材料、工艺等的选择，生产过程的管理，以及合理经济性条件的采用等。例如，包装材料的不断更新，将新的材料性能和包装工艺融入产品包装的主体设计，可以极大地提升产品包装的功能性，减少产品的损耗；新型机械部件构件技术、生物技术和光纤材料技术等的应用，使国内外包装机械模式呈现智能化的发展态势。实践证明，科技越先进，工艺越成熟，产品包装的形态设计也就越自由，一切形态都将成为可能。

在新媒体时代，信息传播方式的改变使产品包装的表现形式逐步向多元化、娱乐化和交互性等方面发展。网络和数字媒体的介入，为产品包装提供了更快的信息传播速度和更精准的目标受众，同时也提出了更严苛的要求——在更短的时间内向消费者传递更丰富、更准确、更有价值的产品信息。

此外，产品包装是产品文化个性视觉化形态的具体体现，是其形成和传播的重要手段，在客观上进入了人们的社会生活，影响着人们的精神建构，从不同角度映射出政治、经济、艺术等方面的社会现状，传递出时代浓厚的人文气息。

2. 秉承绿色设计理念

随着全球变暖、能源短缺等环境问题的出现，在坚持可持续发展日益高涨的呼声中，产品包装设计也逐渐形成了新的形态设计理念。产品包装中的绿色设计，其核心是"3R"，即

"Reduce""Recycle""Reuse"，是指在资源、环境能量有限的前提下，尊重生态平衡规律，提高能源和资源的利用率，选择能够循环利用、可再生或降解的材料，简化包装结构，降低材料消耗，在包装产品的整个生命周期（从材料选择、工艺制造到废弃物处理）中对人体健康和生态环境无害的适度设计。例如，在产品包装中尽量采用可拆卸组装的设计，这样可以延长包装的使用长度，并提高材料的可回收利用率。此外，要适度运用包装材料，避免过度包装，造成资源浪费。绿色包装不仅是技术层面的考量，也是设计理念的变革，是从人、产品和环境三方面综合考虑，有利于三者的和谐发展。

2.3 课后练习

一、填空题

1. 世界上的所有形态都可以分为_____和_____。自然界中的_____可以进一步划分为_____和_____。

2. 造型要素可以分为_____和_____。_____是指物质性因素，而_____则是指关系性因素。

3. 线在几何学定义中是点移动的轨迹，有_____，没有_____，存在于面的边缘和面与面的交接处。

二、选择题（多选）

1. 概念形态主要有（   ）。
   A. 有机具象形态　　　　　B. 有机抽象形态
   C. 偶然抽象形态　　　　　D. 几何学形态

2. 按照三维空间实体的基本形态划分，体包括（   ）。
   A. 几何平面立体　　　　　B. 自由曲面立体
   C. 几何曲面立体　　　　　D. 自然形体

3. 有了秩序感，才能将形态结构各种变化因素中的规律性和统一性整合在一起，这包括（   ）等。
   A. 对称与均衡　　　　　　B. 比例与尺度
   C. 对比与调和　　　　　　D. 节奏与韵律

三、简述题

1. 试分析某品牌产品包装的形态构成。
2. 试阐述材料选择对于产品包装形态的影响。
3. 试举例说明不同包装材料的包装工艺。

第3章

包装设计的色彩表现

◎ **本章导读**

色彩是包装设计中较为活跃的视觉要素，不仅可以触发消费者的联想，在商品与消费者之间搭建桥梁，还可以塑造品牌的形象，传递商品信息，体现商品的价值，并为商品带来经济附加值。

结合商品的特性，通过进行科学、合理的色彩搭配，可以增强商品的吸引力，提升消费者的购买欲望。

本章将详细介绍包装设计中关于色彩表现的一些理论知识，为之后的实践活动打下良好基础。

◎ **素质目标**

现代包装设计需要满足不断发展的审美需求和社会文化意识，赋予设计实践活动以新手法、新思路、新色彩，将客观物象与主观精神渗透交融，从而映射美的深层内涵。

 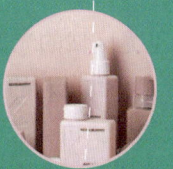 

3.1 认识色彩

色彩表现，对于视觉艺术起着十分关键的作用。相对于物体的其他特征，色彩最容易被人们的视觉所感知，因此，色彩不仅在绘画艺术中被称为"第一视觉语言"，在创意设计中也是极为重要的构成元素之一。

不同色彩所表达的情感是截然不同的，并能够激发不同的联想与感受。图3.1展示了同一作品使用不同的色彩所带来的不同视觉感受。

图3.1　不同色彩所带来的不同视觉感受

如果想要将色彩与视觉艺术的关系简单讲解清楚，那么"色彩会影响人们的心理感受，进而影响人们对于视觉作品的欣赏角度、欣赏方式与欣赏态度"是比较贴切的表达之一。很显然，人们的审美是基于心理活动的，因此，人们对于视觉作品的欣赏，实际上是心理活动的外在表露。

3.1.1 色彩的形成

从物理角度讲，色彩是由三个实体，即光线、观察者及被观察的对象所组成的。光线照射到被观察的对象上，该对象吸收一部分光线并反射另一部分光线，这一部分被反射的光线进入人的眼睛后，便在人的大脑中产生了有颜色的物体的映像。

例如，黄色的香蕉之所以被认为是黄色的，是香蕉本身吸收了很多紫色、蓝色而反射了黄色，当黄色光线进入人的眼睛后，便产生了黄色的印象。不同对象所反射的光线不同，于是人们看到的世界是五彩缤纷的。

颜色是由不同波长的光线刺激人眼所产生的视觉反应，它反映了人类视觉系统对外部世界的印象。设计师对于颜色的洞察力和运用技巧，是决定设计作品成功与否的关键因素。要熟悉色彩的相关理论，不断学习和实践，培养并优化自己对颜色的感知能力，同时掌握色彩心理学和象征意义，以进行有意识的创作。这样，才能有效地传达出自己的情感和理念。

1. 光源色

光源色是由光源发出的可见光的颜色，它取决于光源在可见光区域的光谱辐射分布。光源可以被分为自然光源和人造光源。在自然界中，太阳光是所有光线和色彩的根本来源。人们已经认识到太阳光由七种颜色组成——红、橙、黄、绿、青、蓝和紫。由于青、蓝光的波长较短，容易被大气中的粒子散射，因此，在晴朗的天空中，人们通常看到一片青蓝色的光；而在多雾的天气里，天空中的水汽较多，水珠的粒径大，对光的散射效果更强，导致青、紫光波无法穿透，而橙、黄光波的穿透也受到阻碍，只有波长较长的红色光波能够较好地穿透，使得雾中的阳光呈现出红色；同理，当太阳在早晨或傍晚斜射时，只有波长较长的红橙光波能有效穿透较厚的大气层，因此，清晨和黄昏时的阳光显现出红、橙或金黄色；相反，在中午时分，太阳光垂直照射地面，穿越的大气层相对较薄，允许红、橙、黄、绿、青、蓝、紫等色光全部通过，因此中午的阳光呈现白色。图3.2所示为在不同条件下，太阳光的表现效果。

雾天　　　　　　　　清晨　　　　　　　　黄昏

图3.2　太阳光的表现效果

在大自然中，光源的颜色会随着太阳照射角度、气候条件等因素的变化而改变，这导致物体表面显现的颜色也会随之变化。例如，白色的物体只有在中午直射的太阳光下才会呈现出白色；在清晨的阳光下，该物体的受光面可能会呈现出橙黄色；在夕阳的余晖中，该物体可能呈现出浅红色；在夜晚的月光下，该物体可能带有蓝绿色的色调。由此可见，光源的颜色对于物体受光面的颜色有显著影响，尤其是对于那些表面较为光滑、能够直接反射光源颜色的物体，如图3.3所示。

早晨　　　　　　　　黄昏　　　　　　　　夜晚

图3.3　白色玫瑰在不同时间段的颜色变化

2. 固有色

固有色是指物体在常态光源下呈现出来的颜色，它具有概念化的因素。例如，树叶在常态光源下为绿色，而在强烈的阳光下呈黄绿色，但人们依然会认为树叶的颜色是"绿色"，因为人们对树叶颜色的认知已形成约定俗成的概念，这种概念就是树叶的固有色是"绿色"。

虽然固有色是指物体固有的颜色，但是物体的颜色实际上受到光源的影响而并非固定不变的，因此，从某种意义上说，固有色并非一个绝对概念，只有色光和反射一定色光的各种不同材质的物体是恒定的。人们能够看到物体的颜色是由于光的作用。当光线照射到物体上，物体会根据其性质吸收和反射不同波长的光，从而显示出特定的颜色。色彩和物体构成了不可分割的整体；没有具体物体，也就无法呈现特定的颜色。

物体颜色的变化不仅与光线有关，还与物体本身的结构、质地及表面状态有关。具有柔软质地和粗糙表面的物体往往会对光进行漫反射，这意味着只有部分被反射的色光到达人的眼睛，因此，它们受周围环境颜色的影响较小，明暗对比也不太显著；而那些质地坚硬和表面光滑的物体则倾向于发生镜面反射，这种反射使周围环境的颜色对物体产生较大影响，导致明暗部分的对比鲜明，颜色的对比也更加突出。这样的强烈反射光刺激人们的视觉，使得人们对这些物体固有色的感知更为明显，如图3.4所示。

松软的面包　　　　　　　　　　　　自行车的金属部件

图3.4　不同质地和表现状态的物体对于光线的反射

3. 环境色

环境色是指在太阳光的照射下，环境所呈现的颜色。在具体环境中，物体既吸收了环境的某些色光，同时又反射某些色光，被反射出来的色光映射到其他物体上，此时其他物体就呈现出周围环境的色彩。与光源相比，环境对物体固有色的作用较小，一般情况下，物体色彩中的环境色不及光源色和固有色显著。

环境色对物体背光面的颜色影响更为明显。例如，将白色瓷杯放在铺着蓝色格子桌布的的桌面上，在蓝色桌布的反射作用下，白色瓷杯的背光面呈蓝色；如果直接将白色瓷杯放在黄色木质桌面上，则白色瓷杯的背光面呈黄色，如图3.5所示。

图3.5　白色瓷杯在不同环境条件下的表现效果

由上述可知，物体的固有颜色并非恒定不变，而是会随着外部条件的变化而变化。这种色彩的变化基于物体本身的颜色特性，而外部条件仅仅是导致变化的催化剂。因此，在观察色彩时，不仅要注意物体的固有颜色，还要考虑到照射在物体上的光源颜色和物体所处环境的颜色。此外，固有色、光源色和环境色是构成色彩关系的三个基本要素，三者相互结合、彼此作用，共同形成和谐、统一的色彩整体。在任何情况下，任何物体都会同时反映出这三个色彩要素，这三个色彩要素共同决定了物体的基础色彩，尽管它们之间可能存在强度上的差异。因此，在观察或研究任何色彩现象时，都必须将这三个色彩要素作为分析的基础。

3.1.2 色彩三要素

人们能够感知色彩，本质在于颜色信息被人的眼睛接收后传递到人的大脑，再经过生理过程转化为心理过程所反馈得到的综合产物。色彩要素是色彩本身的基本属性，是任何色彩都具有的性质，在色彩学中一般将其表示为色相、明度和饱和度。在色彩要素中对人的视觉影响最大的是色相，其次是明度与饱和度。下面简单讲解这三个色彩要素。

1. 色相

色相（Hue）又称"色调"，表示颜色的特质，是区别颜色的重要元素，决定了颜色的命名法则，如红、橙、黄、绿、青、蓝、紫等，可以表现出颜色外观的差异。色相体现的是色彩的外向性格，是色彩的灵魂，可以带给观者最直接的心理感受和心理联想。

在可见光谱中，每一色相都具有自己的波长和频率，这意味着色相可以作为识别色彩身份的一项依据。色相之所以不同，取决于色光波长的不同。波长最长的是红色，波长最短的是紫色。色彩学中通常使用色相环来表示色相，用于研究不同颜色之间的关系。红、橙、黄、绿、蓝、紫和处于其间的红橙、黄橙、黄绿、蓝绿、蓝紫、红紫，共同组成十二色相环，十二色相环包括原色、二次色和三次色，如图3.6所示。

图3.6 十二色相环

除了以颜色固有的色相命名颜色外，也有以其他方式命名颜色，如图3.7所示。

* 以植物的颜色命名：如柠檬黄、草绿、玫瑰红、橘黄等。
* 以动物的颜色命名：如孔雀蓝、象牙白、驼色、鸽子灰等。
* 以自然界物质和物体的颜色命名：如雪白、土红、土黄、天蓝、湖蓝等。
* 以颜色的深浅和明暗命名：如深绿、浅绿、暗红、深红等。
* 以习惯性叫法命名：如国防绿、曙红等。

草绿　　　　　　　孔雀蓝　　　　　　　雪白　　　　　　　曙红

图3.7 以其他方式命名颜色

基于上述方法对颜色命名，只能反映出颜色的一般外观和特征。由于地区环境不同、年龄不同、爱好不同，人们对于颜色的认识也不同，很难准确地表达出颜色之间的细微差别。如果需要在各种情况下准确地表达某种颜色，必须结合其他两种色彩要素量化颜色。计算机图形学中已经实现了色彩要素的数字编码化，使设计师能够精确、快捷、高效进行创意活动。

2. 明度

明度（Value）表示颜色的强度，可以被理解为色彩的明亮程度，一般有两种定义：一种是指物体因受白色光照射的强弱不同而产生色相的明暗。例如，蓝色由浅到深有浅蓝、深蓝、蓝黑等明度变化；另一种是指颜色本身的亮度，通常在正常强度光线照射下的色相被定义为标准色相，亮度高于标准色相的被称为该色相的"亮调"，反之则被称为该色相的"暗调"。因此，即使是同一种颜色，明度不同，表达的意义也有所不同。

此外，任何颜色都存在明暗的变化，不同颜色反射的光量不同，会产生不同程度的明暗效果。其中，黄色的明度最高，紫色的明度最低，绿、红、蓝、橙色的明度相近，为中间明度。在各种颜色中，明度最高的是白色或者接近于白色的颜色，明度最低的是黑色或者接近于黑色的颜色。

明度对比程度的不同，赋予视觉体验的情感影响也不同。高明度给人以明亮、清爽、纯净、唯美等感受；中明度给人以朴素、稳重、平凡、亲和等感受；低明度给人以压抑、沉重、浑厚、神秘等感受，如图3.8所示。

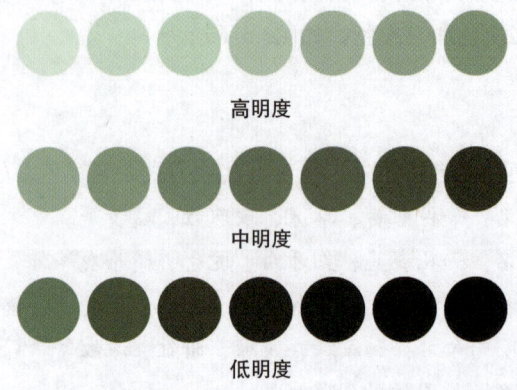

图3.8　不同明度基调的效果

在色彩三要素之中明度的独立性最强，它可以不带任何色相的特征而单独表现。例如黑、白、灰色；但色相、饱和度必须依赖一定的明度才能表现，即色相、饱和度必须与明度同时产生。

3. 饱和度

饱和度（Saturation）即颜色的纯度，是指颜色呈现的完整程度。当一种颜色其本身色素含量达到100%时，才能体现出其完整的色相特征。在这种状态下，颜色达到了饱和的程度。具体来说，就是指一种颜色中是否含有白色或者黑色的成分。如果某种颜色不含白色或者黑色的成分，即饱和度较高；如果含有较多白色或者黑色成分，饱和度就会逐渐下降。

与明度相同，饱和度的不同也会带来不同的心理感受。颜色的饱和度越高，其鲜艳程度也就越高；反之，颜色则显得陈旧或者混浊。一般而言，高饱和度颜色给人以积极、冲动、热烈、膨胀、外向、活泼等感受；低饱和度颜色给人以消极、无力、陈旧、安静、无争等感受；中饱和度颜色给人以中庸、可靠、温润等感受，如图3.9所示。

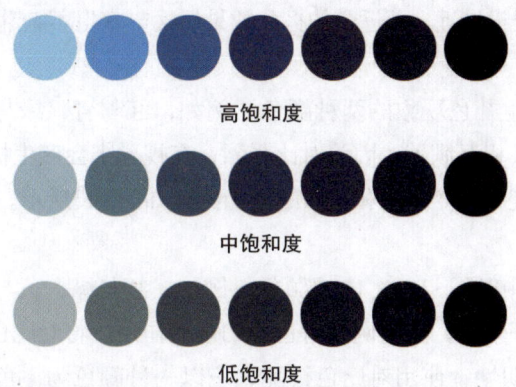

图3.9　不同饱和度的效果

饱和度表示色彩的鲜浊程度，也表示色彩的单纯程度，其取决于各种颜色波长的单一程度。如果说色相体现了色彩的外向性格，是色彩的灵魂，那么饱和度则体现了色彩的内向品格，即使是同一色相，其饱和度稍作变化，也会带来色彩性格的变化。

在相同的明度条件下，从灰色到纯色的变化可以产生不同的饱和度。也可理解为，颜色在相同的明度条件下逐渐增加纯色量而呈现出不同的效果。但严格意义上，饱和度还与颜色的穿透性有关。在最高饱和度的颜色中增加黑色，其明度、饱和度都会下降；增加白色，则明度上升、饱和度下降。

3.1.3 色彩的种类

1. 无彩色和有彩色

无彩色是指从黑色到白色的一系列中性灰色，其基本要素只有明度，不具有明确的色相和饱和度。计算机图形学将这三个色彩要素数字化了，因此，可以理解为无彩色的色相和饱和度均为零。无彩色中从白到黑，明度逐渐降低，如图3.10所示。有彩色是指除无彩色的中性色以外的各种颜色。

图3.10　无彩色的明度逐渐降低

2. 同类色、邻近色、互补色和对比色

（1）同类色

同类色是指色相相同而明度不同的颜色。例如，中黄、淡黄、深黄、大红、深红、粉红

等。同类色的搭配效果和谐、统一，层次感细腻，视觉体验宁静和舒缓，可以通过改变色彩的明度或饱和度来增加视觉兴趣，并保持整体设计的协调性，如图3.11所示。

(2) 邻近色

邻近色是指在色相环上靠近的两种颜色，如红与橙、黄与绿、蓝与紫等。邻近色在色相上差别不太大，视觉感受很接近。邻近色的搭配效果层次丰富但不杂乱，如图3.12所示。

(3) 互补色

互补色是指能够产生补色现象的两种颜色。例如，红与青、绿与品红、蓝与黄均为互补色。互补色既相互对立又相互满足，因为对比强烈，在视觉上会产生极大的隔离感，这时可以通过面积、饱和度和明度等的变化调和画面的平衡感，如图3.13所示。

(4) 对比色

对比色是指色相环中90°~180°内的颜色。例如，红与绿、黄与紫等。对比色是人的视觉感官所产生的一种生理现象，是视网膜对色彩的平衡作用。将对比色组合在一起时，彼此可以使对方达到高度的鲜明性。使用对比色搭配，应以一种颜色为主色调，使其占有较大的面积，其对比色起点缀、衬托的作用，以免使观者产生强烈的排斥感，如图3.14所示。

图3.11 同类色　　图3.12 邻近色　　图3.13 互补色　　图3.14 对比色

3.1.4 色彩的调性

除了色相、明度和饱和度这三个基本要素外，色调与色性也常常作为色彩要素用于色彩研究。色调，俗称"调子"，是对色彩结构的整体综合印象，一般包括明度基调、色相基调、纯度基调、节奏基调等。色性，则主要是指色彩的冷暖倾向。

1. 明度基调

色彩按明度可以分为以下三种明度基调（图3.15）。

* 亮色调——高明度，类似音乐中的高调。
* 中间灰色调——中明度，类似音乐中的中调。
* 暗色调——低明度，类似音乐中的低调。

2. 色相基调

色相基调即色彩按色相环结构所呈现出来的整体印象，可分为红色调、橙色调、黄色调、绿色调、蓝色调、紫色调等。在一般情况下，还可从色性的角度，也就是给人的最终感受进行区分，最常见的形式即冷暖基调，红、橙、黄是暖色，蓝色为冷色，中间的颜色为中性色，如图3.16所示。

* 暖色调：即主体色或主导色为暖色，分为绝对暖色调和偏暖色调。
* 中性色调：即主体色为中性色，分为中性偏暖色调、绝对中性色调和中性偏冷色调。
* 冷色调：即主体色为冷色，与暖色调一样，分为绝对冷色调和偏冷色调。

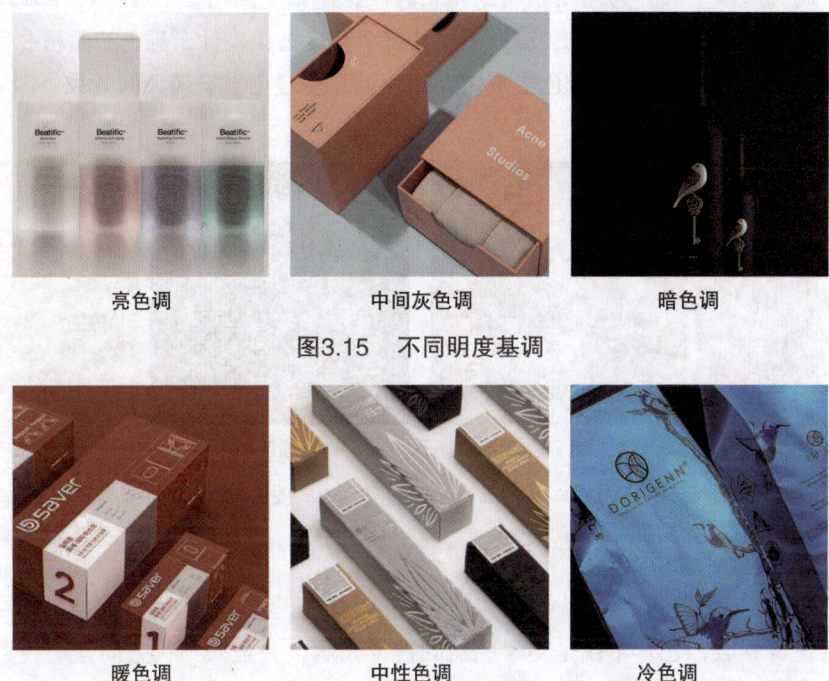

图3.15　不同明度基调

图3.16　不同色相基调

3. 纯度基调

纯度基调即色彩结构中纯度对比关系所显示的特征。它受到两个因素的影响，一是主体色彩的纯度；二是主体色彩与辅助色彩之间的纯度对比关系。如果只针对主体色彩的纯度，可将其分为12级，即0～4级为灰色调，5～8级为中色调，9～12级为鲜色调，如图3.17所示；如果结合主体色彩与辅助色彩两个因素，可将其分为10种基调，即灰强调、灰中调、灰弱调、中强调、中中调、中弱调、鲜强调、鲜中调、鲜弱调、全长调。

灰色调　　　　　　　中色调　　　　　　　鲜色调

图3.17　不同纯度基调

4. 节奏基调

色彩的面积、形状，色彩的明度、纯度、色相，以及色彩的位置、方向、趋势等，通常都处于变化的状态之中。如果给这些变化以秩序感、规律感，就会得到不同的效果，呈现出新的调性，这种调性被称为"节奏基调"。

节奏基调的形式一般分为渐变、反复和无调性，概括了运用色彩时"存在方式"对色彩效果的影响。通常，面积是调性的关键，不论从哪个角度去谈，什么颜色的面积占优，调性就偏向什么颜色。图3.18所示为受冷色影响较大的效果和受暖色影响较大的效果；图3.19所示为渐变和反复的节奏基调效果。

受暖色影响较大　　受冷色影响较大

图3.18　不同节奏基调1

渐变　　　　　　　　反复

图3.19　不同节奏基调2

3.1.5 色彩效应

在包装设计领域，色彩不仅是美学感受的视觉表达，更是人与物之间互动关系（如人与空间、人与环境、人与光色等）的直观展现。因此，对色彩的深入研究应当立足于人们的生理和心理特性，探究人的感知、认知、习惯，以及心理状态等各方面的活动规律。同时，需要理解人们对于极限和舒适度的需求。在进行产品包装设计时，应考虑如何通过色彩满足这些需求，寻求一种设计上的色彩应用，能够与人生理和心理上的需求相协调。这样的色彩运用不仅能够激发人们的情感反应，还能增强产品的附加价值，并提升人们的生活品质。

1. 色彩的生理效应

"视觉"是指物体的形状、大小、明暗和颜色等刺激人眼的视网膜，经神经中枢编码加工和整合后产生感知所获得的主观感觉。视网膜作为感光和成像的器官，由视锥细胞和视杆细胞组成。视锥细胞对强光敏感并能分辨颜色，主要在日间视觉活动中发挥作用；而视杆细胞则对弱光十分敏感，但不具备分辨颜色的能力，主要在微光或黑暗环境中发挥作用。当这些细胞受到光线的刺激时会产生电信号，通过视神经传递至人的大脑，形成人们对色彩的视觉体验。因此，色彩视觉也是一种感官体验，并伴随着色彩适应现象。人们的眼睛在某一颜色的持续影响下，视觉感受会发生变化，即视网膜某部位对产生某种颜色或色调的光线反应的强度减弱并持续一段时间，这一过程被称为"色彩适应"。在适应了某一特定颜色之后，当人们观察另一种颜色时会产生一种错觉——看到的颜色似乎带有适应颜色的补色成分，随着时间的推移，这种错觉会逐渐减少并最终消失。

色彩的生理效应主要体现在增强视觉功能和减轻眼睛疲劳等方面。在色彩视觉中，人们能够利用色相、明度和饱和度的差异多维度地识别物体（而在非色彩视觉中，人们只能依靠明度对比进行识别），这增强了人们的辨识灵敏度。当物体存在色彩上的对比时，即使其明度和饱和度对比不显著，也仍然能够获得较好的视觉体验，并且减少眼睛的疲劳感。

色彩通过视觉系统作用于大脑，进而可以影响人们的行为和身体机能等。例如，红色通常与能量和激情相关联，能够加快心率、升高血压，使脑电波呈警觉状态；蓝色则给人以平静和放松的感觉，有助于降低身体的应激反应。不同的颜色对眼睛的敏感度也不尽相同，鲜艳的颜色如黄色和红橙色更能够吸引人们的注意力，因此常用作警示色。

在设计和应用色彩时，理解色彩的生理效应至关重要。它不仅能够改善视觉效果，还能够在无形中调节人的情绪和行为，在科技、医疗、教育等多个领域有着广泛的应用。

2．色彩的心理效应

研究色彩的目的是通过色彩表达一定的感情和意义。如果不能调动情感和感受，充分运用色彩进行创作，那么面对枯燥、复杂的色彩理论，色彩体系及色彩搭配规则就失去了意义。但是，色彩本身是无所谓情感的。显然，色彩的情感其实是指发生在人与色彩之间的感应效果，也就是人们通过色彩媒介获得的生理刺激及心理反应。

色彩本质上是一种自然界的物理现象。人们之所以能够体验到色彩所引发的情感，是因为人们生活在一个充满色彩的世界中，并基于自然的色彩现象积累了丰富的视觉经验。当这些视觉经验与外界的色彩刺激产生共鸣时，便会在人们心理上激起特定的情感反应。反过来，这种由色彩引发的情感又会促使人们对色彩产生各种联想，而在设计中运用这些联想，可以更好地凸显作品的特色，更紧密地与人们生活的各个层面相联系。例如，由于色彩具有联想、启发想象及象征的作用，许多企业采用相对固定不变的色彩来设计其标志、商标和视觉识别系统等，以起到宣传企业形象的目的。

色彩的心理效应分为两种：一种是单纯性心理刺激，也被称为"直接性心理效应"，其来源于物理光对人的直接刺激；另一种心理刺激是在直接性心理效应基础上的，由单纯刺激形成强烈印象后唤起其他的知觉感受，即"间接性心理效应"，包括色彩的联想、象征及好恶等。在实际感受中，两种心理效应往往混在一起，从而引发更加复杂的情感体验。

（1）色彩的直接心理效应

当看到某种颜色时，除了会感受到其物理方面的影响，心里也会产生某种感觉，这种感觉被称为"色彩意象"。

* 冷暖感：人们对颜色的冷暖感受不是先天形成的，而是后天经验的积累。例如，每当看到火红的太阳与橙红色的火焰时，都能够感受到其发出的热量；每当身处皑皑白雪中或蓝色大海边，都会感受到凉爽等。这些感受经过一段时间的积累后就形成后天的条件反射，从而使人们在看到红色、橙色、黄色时从心里感觉到温暖；同样，当人们看到青色、蓝色、绿色、白色时，会感觉到凉意。如果要深究为什么这些颜色会使人感受到冷暖，可以从人的生理这个角度进行分析。当人们看到红色、橙色、黄色时，血压会升高，心跳也会加快，因此会产生热的心理感受；当人们看到蓝色、绿色、白

色时，血压会降低，心跳也会变慢，因此会产生冷的心理感受。
* 进退与缩胀感：从色相方面看，暖色给人以前进、膨胀的感觉，而冷色则给人以后退、收缩的感觉；从明度方面看，高明度的颜色给人以前进、膨胀的感觉，而低明度的颜色则给人以后退、收缩的感觉；从饱和度方面看，高饱和度的颜色给人以前进、膨胀的感觉，而低饱和度的颜色则给人以后退、收缩的感觉。
* 轻重与软硬感：决定颜色轻重感觉的主要因素是明度。高明度的颜色感觉轻，低明度的颜色感觉重。饱和度也能够影响颜色的轻重感，高饱和度的颜色给人感觉轻，而低饱和度的颜色则给人感觉重。同样，不同的颜色还能够给人以不同的软硬感。一般情况下，轻的颜色给人感觉较为软，而重的颜色给人感觉较为硬。
* 华丽与朴素感：从色相方面看，暖色给人以华丽的感觉，而冷色则给人以朴素的感觉。从明度方面看，高明度的颜色给人以华丽的感觉，而低明度的颜色则给人以朴素的感觉。从饱和度方面看，高饱和度给人以华丽的感觉，而低饱和度则给人以朴素的感觉。

概括而言，色彩的直接心理效应大多围绕兴奋与沉静、明亮与黯淡、柔软与坚硬、华丽与朴素等方面。了解这些基本情况，对设计用色是有实际意义的。

（2）色彩的间接心理效应

间接心理效应来源于人的基本思维能力——联想，这与人们的生活经验有着密切关系，也与人类社会的发展、文化的积累所形成的共识有着密切关系。不同民族、不同知识结构、不同环境下的联想差异是巨大的，但是由于某些约定俗成的共识，导致大部分人对色彩的间接心理效应是相似的，这被称为该颜色的"表情"。

* 红色：是一种热情奔放、活力四射的暖色，如图3.20所示。它象征着欢乐、祥和、幸福，如表示喜庆的灯笼、囍字、彩带等，也象征着危险，容易使人产生焦虑和不安，如各类警示牌的颜色、消防车的颜色等。红色是最容易引起激动、兴奋、紧张等情绪的颜色，但眼睛不适应红色光的长期刺激，容易产生疲劳。红色拥有丰富的变调手段，可以在冷暖、明暗、清晰与模糊之间广泛变化，又不破坏其自身特性。例如，朱红色可以暗示火焰般的力量；柠檬黄背景下，红色呈现出一种被控制的感觉；蓝绿色背景下，红色能够炽烈燃烧；黑色背景下，红色显得高贵而富有激情。
* 黄色：也是一种暖色，如图3.21所示。在黄色系中，金黄色象征财富与辉煌，也象征着权力和地位。黄色是各种颜色中极为容易改变的一种颜色，在黄色中少量混入其他任何一种颜色，都会使其色相发生较大程度的变化。黄色是光感强、识别性较强的颜色，明亮、突出，具有尖锐感和扩张感，但是缺乏深度。只有纯度极高的黄色能够保持其本身的光度，稍微接触黑色或紫色，就会转变色性。与暗色调相对比时，黄色呈现出一种辉煌的鼓舞感；橙色背景下的黄色，亮度会叠加；绿色背景下的黄色，由于色性接近，会显得比较协调；白色背景下的黄色会被推到从属地位，变得黯淡无光。
* 橙色：作为一种明亮而温暖的颜色，位于光谱中红色与黄色之间，是通过将红色和黄色以不同比例混合而产生的二次色，如图3.22所示。橙色通常被视为活力、热情和快乐的象征，与秋天、丰收和温馨的火炉等场景相关联。在视觉上，橙色具有极高的可

见度，常用于交通标志、警示牌和安全装备上，以确保人们的注意力集中。在设计领域，橙色可以用来吸引注意力，传达具体的信息，但由于其高能见度，过度使用或不适当场合使用也可能引起视觉疲劳或焦虑。

* 蓝色：是容易使人安静下来的颜色，在商业领域中强调科技、效率的商品或者企业形象大多选用蓝色作为标准色，如计算机、汽车、摄影器材等。蓝色有一种忧郁的气质，常被运用在感性诉求的设计作品中，用于表达一种透明、深远的气氛；蓝色又是消极、收缩、内敛的。蓝色自身拥有丰富的变调。红橙色背景下的蓝色，由于补色效果，会有发光感；黄色背景下的蓝色，如果明度相同，会产生凌厉感；黑色背景下的蓝色，给人以明亮而纯粹的力量感，如图3.23所示。

图3.20　红色　　　　图3.21　黄色　　　　图3.22　橙色　　　　图3.23　蓝色

* 绿色：是一种接近自然的颜色，象征生命、成长与和平，常用于农、林、畜牧业，如图3.24所示。在商业设计中，绿色能够传达清爽、希望、生长的感受，符合服务业、卫生保健业的形象诉求。绿色是非常适合人眼的颜色，也是能够使眼睛得到休息的颜色，平和、健康、安宁、舒适。绿色向黄色靠近时，会使人感到自然界的清新气息与青春的活力；绿色向蓝色靠近时，会呈现出冷峻、端庄的效果；当明亮的绿色混入灰色时，则传递出悲伤的情调。

* 紫色：是高贵、典雅、神秘的颜色，具有强烈的女性特征。紫色是人眼能够辨识的最弱色，容易使人产生疲劳。由于眼睛对紫色的知觉度较低，紫色能够给人带来一种神秘感。当紫色倾向淡化时，会呈现出优美的晕色；当紫色靠近蓝色时，会表现出孤独和庄重感；当紫色靠近红色时，则使人感到神圣。根据对比条件，紫色时而富于压迫性，时而富于鼓舞性。当紫色大面积出现时，能够传达清晰的恐怖感；当紫色作为明亮的点缀时，又能够荡人心神，如图3.25所示。

* 白色：给人以寒冷、严峻的感觉。通常在使用白色时会掺杂一些其他颜色，如常见的象牙白、米白、乳白、苹果白等。白色是一种较容易搭配的颜色，是永远流行的颜色之一，可以与其他任何颜色搭配使用，如图3.26所示。

* 黑色：给人以深邃、稳重的感觉，生活用品和服饰设计大多利用黑色来塑造高贵的形象。黑色也是一种永远流行的颜色，可以与其他任何颜色搭配使用，如图3.27所示。

* 灰色：给人以柔和、高雅的感觉，属于典型的中性色，也是流行色之一。在使用灰色时，多搭配其他颜色，这样可以避免单调。

在这一基础上，色彩情感还可以被赋予更广阔意义上的共性，即色彩的象征，这与民族人文的发展惯性更加密切，在东西方哲学思维体系下存在显著差异。例如，红色在东方象征喜庆、生命与幸福，在西方则表示圣餐、祭奠和危险，深红色还意味着嫉妒与暴虐；黄色在东方象征崇高、辉煌与壮丽，在西方尤其欧美却象征卑劣、绝望；白色在中国往往与丧事、悲伤相关，在欧洲却象征圣洁与喜庆。了解了这些人文背景与色彩象征，在进行设计时就不至于定位混乱了，在搜集资料、寻求设计素材时也会更加有的放矢。

图3.24　绿色　　　　图3.25　紫色　　　　图3.26　白色　　　　图3.27　黑色

3. 色彩效应的运用

色彩激发的情感共鸣不仅是一种感官体验，还体现了色彩情感效应的深层影响。这种效应使色彩不只是视觉上的元素，更是具有情感力量的存在。色彩能够触动人的情绪，唤起人的记忆和联想，甚至影响人的行为和决策。在色彩的定位、设计和应用过程中，理解和利用这种情感力量是至关重要的。设计师通过对色彩情感的深刻洞察，可以创造出更有针对性、更能引起共鸣的设计作品。这种情感共鸣的应用，使色彩不只是作为一种装饰，而且是一种有力的沟通工具，能够在消费者和商品之间建立起更强烈的情感联系。因此，色彩在包装设计中的应用，远远超出了其表面的审美价值，它关乎如何通过色彩激发正确的情感反应，从而达到预期的设计效果和市场目标。

（1）针对不同年龄阶段

不同年龄阶段的人对色彩的偏好和反应存在差异，这种差异源于个体在不同年龄阶段的心理发展和生理变化。儿童由于对世界充满好奇，喜欢简单、鲜艳的色彩；随着年龄的增长，青少年开始形成自己的个性和风格，可能会选择更加个性化或流行趋势的色彩来表达自己，色彩的选择往往反映了他们对自我认同和社交归属感的追求；成年人的色彩偏好可能会更注重实用性和舒适感，同时也会受到职业和社会角色的影响；老年人可能更喜欢温和、柔和的色彩，这些色彩可以给人带来平和、舒适的感觉，同时，对于视力下降的老年人来说，高对比度的颜色组合有助于提高视觉辨识度。

在设计不同产品的包装时，需要考虑消费者的年龄层次，针对不同年龄层次的消费者恰当地使用色彩，不仅可以充分地表达产品的个性特征，还可以迎合不同消费者的心理特点及色彩情感需求。

（2）针对不同职业

在不同职业领域中，色彩对工作者心理状态和工作效率具有一定的影响。色彩不仅是视觉上的元素，还与工作环境、品牌形象、行业特性，以及员工情绪和行为紧密相关。不同职业的工作方式和理念不同，在色彩选择上也具有不同的偏好。针对这种偏好，不同职业的相关产品包装也就形成了相应的色彩体系。例如,现代办公设备的包装设计多采用无彩色系,这种色彩性格较为成熟、冷静,与脑力劳动人士的职业特征相吻合,有助于体现职业的专业感和秩序感;在货箱的设计中可以利用色彩的重量感,减轻搬运工人心理上的重量负担。

(3) 针对不同社会形态

色彩在不同的社会和文化环境中可以影响人们的行为、情感、态度和互动。色彩不仅是视觉的组成部分,还承载着丰富的社会和文化意义,这些意义在不同的社会群体和文化背景中可以有不同的解读。

社会制度、意识形态和生活方式在不断演变,人们的审美意识和感受也随之发展和变化。每个时代的特定社会背景和文化氛围都会塑造出独特的审美标准,这些标准随着时间的推移而不断演变。历史上,某些配色可能曾被视为不和谐或不符合传统审美,但随着时间的流转和社会观念的变化,相同的配色可能会被重新评价并被认为是和谐优美的。

在装饰色彩的历史中,反传统的配色方案经常出现,它们挑战了既定的色彩规则,并最终成为新的审美趋势。例如,20世纪表现主义、立体主义和超现实主义等艺术运动都在艺术和设计中尝试了大胆和非传统的色彩应用,这些尝试不仅改变了艺术作品的风格,也影响了当时和之后的设计趋势。

色彩的审美心理受到广泛的社会心理因素的影响。流行趋势、科技进步、新艺术运动的诞生、重大的社会政治事件,甚至自然界中的异常现象,都可能引起公众情感的变化,从而影响人们对色彩的偏好和接受度。例如,环保意识的提升可能导致人们更倾向于选择对自然和地球友好的绿色;科技产品的普及可能使得金属色和现代感强烈的冷色更受欢迎。图3.28所示为金属色在包装设计中的应用,金、银等金属色具有强烈的反光能力和敏锐的特征,可以丰富空间与层次之间的变化,增强光影效果,恰当地使用会提升产品的高级感和神秘感。

图3.28　金属色在包装设计中的应用

此外,全球化和互联网的发展也加速了文化的交流和融合,使得原本地域性的色彩审美开始跨文化传播,一些原本属于特定文化的色彩搭配由于其独特性和新奇感而被全球范围内的人们所接受和喜爱。

(4) 针对不同内容物

包装内容物的材质、成分和性质可以影响其包装外观色彩的呈现。内容物的天然颜色可以提供关于产品特性和品质的视觉线索,可以传达产品的自然性和纯净感,对于健康和有机食品市场尤为重要。如果包装的内容是食品,通常还会充分考虑到颜色对味觉的影响,如图3.29所示。

图3.29　颜色对味觉的影响

- 中国传统节日的主要用色为红色,在食品包装上使用红色,能够表现喜庆、热烈的感觉。"火辣辣"是人们形容食品过于辣的词汇,在表现辣味时也常常使用红色。
* 刚出炉、散发着诱人香味的糕点通常为黄色,因此,烘焙类食品的包装多采用黄色。
* 橙黄色的水果给人以甜美的味觉回忆,橙黄色包装能够传递甜而略酸的味觉。
* 如果希望表现嫩、脆、酸等味觉,包装可以使用绿色。
* 深棕色是咖啡、巧克力等食品包装的专用色。

3.1.6 色彩的对比与调和

在包装设计中,色彩起着十分重要的作用,是包装设计中的重要环节。色彩设计与色彩绘画虽然相互关联,但也存在着显著的区别。色彩绘画的核心在于捕捉并忠实再现因光照而产生的色彩变化,要求画家具备对色彩变化的敏锐洞察力和科学认识,以及对主体色彩变化的精确呈现。色彩设计则是以色彩绘画为基础,结合设计领域的特性和需求,采用归纳、概括、总结和提炼等方法,展现物体的色彩感觉,它更加重视形式美的呈现以及色彩之间的对比和调和关系。色彩绘画偏向于感性和客观的创作活动,相对地,色彩设计则更趋于理性和主观的创作活动。在色彩设计中,设计师会将观察到的色彩经过有意识的选择、整理、提炼和转变,以实现最终的视觉效果。

色彩设计包含众多美学法则,包括色彩的对比与调和、变化与统一、节奏与韵律等。在这些美学法则中,色彩的对比与调和尤为关键。对比与调和之间存在着密切的联系和动态平衡,若色彩对比过于混乱,缺乏和谐与一致性,则有可能在观者心中引起不稳定感,导致情绪烦躁、不愉快;反之,如果在色彩配置上过度追求和谐而忽略对比,则可能因为缺乏变化而显得单调、无趣,无法充分利用色彩激发情感的潜能。色彩对比突出了色与色之间的差异性,这种差异越显著,对比效果就越强烈;而色彩调和则侧重于相似性和关联性,调和程度越高,色彩之间的对比关系就相应减弱。

1. 色彩的对比

色彩的对比是指当两种或多种颜色并置时所产生的视觉差异,主要包括以下几种类型:

* 色相对比:是指由于色相的差别而形成的对比效果。色相对比的强弱程度取决于色相之间在色相环上的距离,强弱程度随着色相间角度的增加而增加,反之则减少。色相对比包括同类色对比、邻近色对比、互补色对比、全色相对比等。其中,同类色对比

差异较弱，单纯、雅致，如图3.30所示；邻近色对比相对温和、明快，给人以和谐之感，如图3.31所示；互补色对比视觉效果醒目、有力，但高纯度的互补色对比，易产生过度刺激、幼稚等感觉；全色相对比充满活力和多样性，但容易产生杂乱感。

* 明度对比：是指色彩由于在明暗程度上的差异所形成的视觉对比。明度对比包括高明度对比、中明度对比和低明度对比等。其中，高明度对比明媚、饱满，可以产生强烈的视觉冲击力和空间感；中明度对比柔和、稳定，适用于平衡的设计效果，如图3.32所示；低明度对比沉静、厚重，适合塑造细腻、微妙的视觉效果。

图3.30　同类色对比

图3.31　邻近色对比

图3.32　中明度对比

* 纯度对比：是指不同纯度颜色之间的视觉对比关系。纯度对比包括高纯度对比、中纯度对比和低纯度对比等。其中，高纯度对比效果鲜明，色彩鲜艳、饱和；中纯度对比效果含蓄、丰富，主次分明；低纯度对比清晰度较低，适合长时间及近距离观看，如图3.33所示。

* 色温对比：是指不同色温颜色之间的视觉对比关系，如图3.34所示。色温是描述光源色彩属性的一个单位，表示光源所发出的光的色调，通常以K（开尔文）作为计量单位，根据光的颜色偏暖或偏冷分成高色温、中色温和低色温。其中，高色温在5 000 K以上，光源颜色偏蓝，给人一种清凉、冷静的感觉，即冷色调；中色温在3 000 K~5 000 K之间，光源颜色接近自然光，给人一种舒适、平和的感觉；低色温在2 700 K以下，光源颜色偏红，给人一种温暖、温馨的感觉，即暖色调。

* 比例对比：是指不同颜色所占面积或比例的比较关系。色彩的比例对比通常涉及主体色、辅助色和强调色。其中，主体色作为设计的基础，占据最大比例，其选择直接影响到整体设计的氛围和风格；辅助色用于补充和增强主体色，通常占据较小比例，但起丰富视觉效果的作用；强调色是设计中用来吸引注意力的颜色，其比例应该是最小的，但却是最能抓住观者眼球的。图3.35所示为同系列包装中不同主体色、辅助色和强调色的设计效果。

图3.33　低纯度对比

图3.34　色温对比

图3.35　比例对比

2. 色彩的调和

色彩的调和是指在配置两种或多种颜色时，通过色相、明度、纯度和面积等方面的微妙差异，形成和谐、统一的效果。色彩调和是相对于色彩对比而言的，它涉及色彩之间的相互关系，以及它们在作品中所占的比重，能够减少色彩之间的对比强度，使整体色彩配置呈现出规律性和条理性。因此，色彩调和与色彩对比是互相依存的关系：没有对比，也就没有调和；没有调和，对比就会显得过于强烈。色彩调和的目的是从和谐的角度处理色彩关系中的稳定性与变化性，进而使色彩组合产生审美上的愉悦感。

色彩调和主要包括以下两种类型：

* 类似色调和：是指性质接近的色彩相配置，在纯度和明度上进行改变，使其达到有深浅浓淡的层次变化，以形成统一、协调的效果。
* 对比色调和：是指性质相差较远的色彩，特别是互补色，通过某些特定规律进行配置，以形成统一、协调的效果。

色彩调和是一个复杂而富有创造性的过程，要达到视觉上的和谐感，可以加入间隔色或缓冲色，例如中性色（如灰色、白色、黑色）平衡鲜艳色彩之间的冲突；或者通过色彩的渐变过渡产生秩序感，实现平滑的色彩转换；又或者重复使用特定颜色，以建立节奏感和统一性；还可以控制不同色彩所占的面积和比例，通常主体色占较大面积以确立整体色彩倾向的支配地位，辅助色和强调色占较小面积，属于从属地位。图3.36所示为几种色彩调和的应用。

加入间隔色

通过色彩渐变实现平滑的色彩转换

控制不同色彩所占面积和比例

图3.36　色彩调和

3.1.7 色彩搭配

正确地选择和运用色彩，才能完整、准确地表达出设计想要的意境。色彩运用得好，可以使观者赏心悦目；反之，则使观者产生厌恶的情绪。在处理色彩时，往往需要考虑几种颜色的搭配关系，因此，色彩表现不仅包括正确地选择单色，还包括正确地搭配多色。一件优秀的设计作品，色彩通常是鲜明、纯正的。在设计实践中，色彩的运用应该有主有次、有强有弱、有虚有实、有远有近，能够体现出色彩的韵律和节奏，并使作品表现出应有的调子和倾向性。

* 在搭配色彩时，可以从颜色的面积着手。面积小的颜色往往在明度上偏亮或者在色调上偏暖，从而营造出突出的效果；面积大的颜色在作品整体饱和度方面占有绝对优势，能够获得主导地位，成为作品的主体色，影响作品的整体基调，因此，在选择主体色时需要特别注意。

※ 在搭配色彩时，也可以从颜色的差异性方面考虑。如果搭配的颜色差异过小，作品会显得色调贫乏、不够生动；但搭配的颜色差异过大，又会使作品显得突兀、不协调。可以在相互搭配的颜色中加入另外一种颜色，以调整这些颜色的色素比例，从而获得较为协调的效果。例如，一件作品具有红、绿、蓝三种颜色，可以在这三种颜色中均加入黄色、灰色或者其他某一种颜色。总而言之，综合使用不同色相、明度、饱和度的颜色，才能够表达出各种丰富的视觉感受。在统一中求变化，在变化中求统一，这是颜色搭配的原则与基准。

细微的颜色变化可以使人产生无限联想，加上组合搭配就会使其传达的信息更加丰富、微妙。如果想得到更好的作品效果，就要依赖于个人的艺术修养、自我感觉，以及经验与想象力。下面就几种常见的色彩搭配进行讲解。

1. 红色的常见搭配

红色与少量黄色搭配，会使其表现的暖色感升级，产生浮躁、不安的心理感受。由于红色与黄色均属于暖色系，当这两种颜色搭配使用时，常给人以红红火火、蓬勃向上、兴旺、积极、发展、热烈、高贵的感觉。

红色与少量蓝色搭配，会使其表现的暖色感降低，产生静雅、温和的心理感受。

红色与少量白色搭配，会使其明度提高，产生柔和、含蓄、羞涩的心理感受。

红色与少量黑色搭配，会使其明度与纯度同时降低，产生沉重、质朴、厚重的心理感受。在搭配使用红色与黑色时，二者均可以作为主体色使用。其中，红色给人以喜悦、乐观、兴奋、激情的感觉，而黑色给人以庄重、沉默、压抑的感觉。两种颜色相互搭配能够进行有效的衬托，从而产生极强的视觉冲击力。

图3.37所示为红色的几种常见搭配。

2. 黄色的常见搭配

黄色与少量红色搭配，会使其倾向于橙色，产生活泼、甜美、敏感的心理感受。

黄色与少量蓝色搭配，会使其倾向于一种稚嫩的绿色，产生娇嫩、柔润的心理感受。

黄色与少量白色搭配，会使其明度降低，产生轻松、柔软的心理感受。

图3.38所示为黄色的几种常见搭配。

图3.37　红色的几种常见搭配

图3.38　黄色的几种常见搭配

3. 绿色的常见搭配

绿色与少量黑色搭配，可以产生稳重、老练、成熟的心理感受。

绿色与少量白色搭配，可以产生洁净、清爽、幼嫩的心理感受。

绿色与少量黄色搭配，作为邻近色，共同构成大自然的色彩，可以产生健康、清新的心理感受。

绿色与少量黑色搭配，黑色可以强化绿色的深邃和丰富性。

绿色与少量橙色搭配，可以提升活力和热情，唤起能量感。

图3.39所示为绿色的几种常见搭配。

4．蓝色的常见搭配

蓝色与少量白色搭配，由于蓝色与海洋、天空的颜色相近，常给人以博大、智慧、深远、冷静的感觉，白色的加入可以强化这一感觉。

蓝色与少量黄色搭配，激烈、明快，具有极强的瞩目性。

蓝色与少量紫色搭配，可以产生深邃、神秘的心理感受。

蓝色与少量深红色搭配，可以产生优雅、有深度的心理感受。

图3.40所示为蓝色的几种常见搭配。

图3.39　绿色的几种常见搭配　　　　　　图3.40　蓝色的几种常见搭配

5．紫色的常见搭配

紫色中的红色成分较多时，会使其压抑感与华丽感并存。另外，不同的表现手法与搭配技巧产生的效果也不同。

紫色与少量黑色搭配，会使其感觉趋于沉闷、悲伤和恐怖。

紫色与少量白色搭配，会明显提高其明度，使其产生优雅、别致、娴静的心理感受。

图3.41所示为紫色的几种常见搭配。

6．非彩色的常见搭配

由于非彩色系颜色不含有感情色彩在内，因此，无论黑、白、灰色中的任何一种颜色与其他有彩色颜色搭配，均能够得到引人注目的视觉效果。

图3.42所示为非彩色的几种常见搭配。

7．多色搭配

在一件设计作品中，所应用的颜色种类通常不多于三种或者四种。在面积大小相当的情况下，颜色种类过多，看上去类似于多色马赛克效果，这样会使作品显得花里胡哨、缺乏重点，使观者找不到主次，无法辨清重点。但如果一定要在作品中表现这样的颜色效果，可以考虑使用纯色将纷乱的颜色元素勾绘出来，以塑造整体感，这也是教堂五颜六色的窗户玻璃看上去很和谐、美观的原因，如图3.43所示。

图3.41　紫色的几种常见搭配　　　　　图3.42　无彩色的几种常见搭配

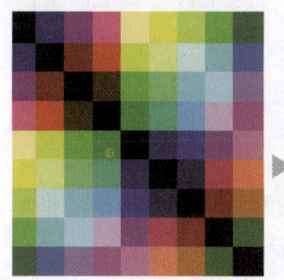  

图3.43　多色搭配

3.2 计算机色彩理论

3.2.1 使用计算机表现色彩

使用计算机表现色彩存在着客观的数理基础。例如，如果只有两种颜色，即白色、黑色，可以分别用"1"和"0"表示它们。如果一幅图像的某一点是白色，将它记录为"1"并存储起来；反之，如果某一点是黑色，则记录为"0"并存储起来。当需要重现这幅图像时，计算机根据该点的代号"1"或者"0"，将其显示为白色或者黑色。这里列举的示例较为简单，但使用计算机表现两种颜色与表现千万种颜色的基本原理是相同的。

1．颜色位数

需要在使用计算机的过程中了解什么是颜色位数，这有助于判断颜色的显示数量。

正如所知，计算机对数据的处理是二进制的，"0"和"1"是二进制中所使用的数字。如果要显示两种颜色，最少可以用1位表示，一种对应"0"，另一种对应"1"；如果要显示四种颜色，至少需要用2位表示，这是因为2×2=4。依此类推，要显示256种颜色则需要8位，而以24位显示颜色，则可以得到通常意义上千万层级的"真彩色"，24位色已经能够如实地反映色彩世界的真实状况，虽然自然界中的颜色远远不止24位色所包括的颜色，但是人眼所能分辨出的颜色仅限于此。32位色通常与24位色所能表现的颜色数量相同，但增加了额外的8位用于透明度通道（Alpha Channel），使图像可以拥有半透明效果。

2. 色深与动态范围

色深（color depth），即色位深度，是指在某一分辨率下，每一个像素可以有多少种色彩来描述，单位是bit。典型的色深是8 bit、16 bit、24 bit和32 bit。数值越高，可以获得的颜色越多，作品的颜色也就越丰富。

动态范围是指图像能够显示的最暗和最亮部分之间的亮度差异范围。它描述了一幅图像中可以呈现的不同亮度级别的量度。简单来说，动态范围就是从图像中最暗的阴影部分到最亮的高光部分的光量强度分布范围。该范围越大，成像质量越高，图像中所能表现的层次就越丰富，色彩空间也就越广。在计算机中，图像的动态范围分别用整数与浮点数两种方式进行计算，整数的动态范围远远小于浮点数。

3.2.2 色彩模型

1. 色彩空间

在人们生活的世界中到底有多少种颜色呢？从艺术角度来讲，很显然，人们生活的世界中存在着无数种颜色，这与人们与生俱来的超级硬件——眼睛和大脑有关。人的眼睛可以接收和感受无数种颜色，作为超级计算处理单元的大脑可以正确地分析和辨别这些颜色。

那么如何让计算机进行正确的计算呢？这时引出了一个新的概念——色彩模型。

色彩模型是使用一组值（通常使用三个、四个数值或者颜色成分）描述或表示颜色的抽象数学模型。例如，光三原色模式（RGB）和印刷四分色模式（CMYK）都是色彩模型。RGB色彩模型中包含所有可以在显示器中显示的颜色，并且将这些颜色一一对应地用数字标号，这样计算机就可以通过色彩的标号找到相应的颜色并显示出来。通过构建这种色彩与数字的关系，创建了RGB色彩模型。同理，CMYK色彩模型中包括颜料可以表现的所有颜色。因此，在使用平面设计软件制作印刷物时要使用CMYK色彩模型。如果使用的是RGB色彩模型，很多颜色无法在现实中通过颜料的混合而产生，那么就会出现一个问题——印刷物打印出来的颜色与在计算机显示器中显示的颜色不同，如图3.44所示。通常情况下在进行制作时，平面设计软件会提示颜色的超出范围，这个范围指的是超出CMYK色彩模型所包含的颜色范围，也就是色域。

人们经过科学研究认为，在自然界中存在着千万种颜色，而人眼能够识别的颜色高达八万多种。显然只是用语言和文字是无法对颜色进行准确描述的，即使是同一色名，不同的人理解起来也有很大差异。于是在色彩科学中以色彩三要素为基准，发明了系统化、标准化的颜色表示法。人们建立起多种色彩模型，以一维、二维、三维甚至四维空间坐标来表示颜色，这种坐标系统所能定义的色彩范围被称为"色域"。

色域是用色彩模型中基色独立参数为坐标系构成的、用以描述具体颜色的多维空间。不同的色彩模型所使用的独立参数不同，也就构成了不同的色彩空间。换言之，在色彩模型和一个特定的参照色彩空间之间加入一个特定的映射函数，会在参照色彩空间中出现一个明确的区域——色域，并且与色彩模型一起被定义为一个新的色彩空间。例如，Adobe RGB和sRGB就是两个基于RGB模型的不同的绝对色彩空间。图3.45所示为色彩空间比较，可以看出，不同的色彩空间所能描述的颜色的丰富程度是不同的。

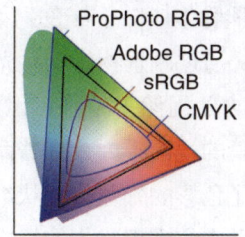

图3.44　色彩模型比较　　　　图3.45　色彩空间比较

了解这些原理，就不难理解在使用打印设备、显示设备及数字软件进行色彩处理的时候，为什么色彩效果会出现偏差，从而可以有针对性地降低和修正这些偏差。

2．三原色

理论上，可见光谱中的大部分颜色都可以由三种基本色光按照不同的比例混合而成。这三种基本色光的颜色就是红（Red）、绿（Green）、蓝（Blue），被称为"色光三原色"。色光三原色以相同的比例混合，达到一定的强度后呈现白色；如果三种光的强度均为零，则呈现黑色。

在打印、印刷、油漆、绘画等依靠介质表面的反射被动发光的情况下，物体所呈现的颜色是光源中被颜料吸收后剩余的部分，其成色原理被称为"减色原理"，减色原理被广泛应用于各种被动发光的场合。在减色原理中的颜料三原色分别是青（Cyan）、品红（Magenta）和黄（Yellow）。在美术创作中作为常识经常提到的色彩三原色，是指红、黄、蓝，给人以实际的色彩感受，不像减色原理中的颜料三原色过于追求科学理论上的精确性，不符合实际使用。图3.46所示为色光三原色与颜料三原色。

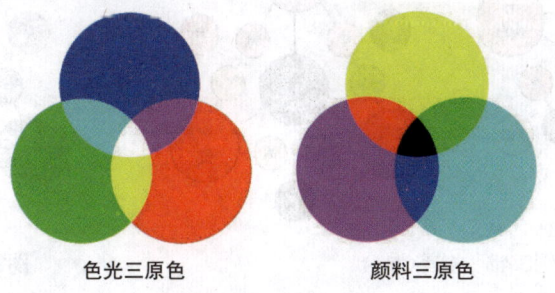

色光三原色　　　　　　颜料三原色

图3.46　三原色

3．加色混合和减色混合

（1）加色混合

人们见到的颜色（如苹果红色），其实都是在一定条件下才出现的颜色。这些条件可以简单地归纳为光线、物体反射和眼睛。光和色是并存的，没有光，就没有颜色。可以说，色彩是物体反射光线到人们眼内所产生的知觉。很早以前，科学家就发现光的色彩强弱变化是可以通过数据来描述的，这被称为"波长"。人们能看见的光的波长，范围为380～780 nm。随着

75

波长由短到长，出现的颜色由紫到红。不同波长的光所反射的强度是不同的，只要测量物体所反射的波长的分布，就可以确定该物体是什么颜色。例如，如果物体在700～760 nm波长范围内有较多的反射，则该物体倾向于红色；如果物体在500～700 nm波长范围内有较多的反射，则该物体倾向于绿色。通过测量物体反射光量的方法，可以精确地推定物体的颜色是否相同。

测量光量反射的方法固然很精确，但并不好用，这是因为人的眼睛并非以波长认知颜色的。如前所述，人眼睛的视网膜内分布着两种细胞——杆状细胞和椎状细胞。这些细胞对光线表现出反应，便形成了色彩的知觉。杆状细胞是一种灵敏度很高的接收系统，能够分辨极微小的亮度差别，从而协助人们辨识物体的层次，但是不能分辨颜色。椎状细胞较不灵敏，但是有分辨颜色的能力。因此，在亮度很弱的情况下，物体看起来都是灰白的，因为此时椎状细胞不能发挥作用，只有杆状细胞在工作。

椎状细胞对光量的反应是不同的。当一束光线射到视网膜上时，椎状细胞灵敏度最大的值分别位于波长为红色、绿色及蓝色的三个区域。也就是说，人的眼睛只需以不同强度和比例将红、绿、蓝三色组合起来，便能产生任何色彩的知觉，因而红、绿、蓝色可以说是人眼的三基色。利用这三种色光的相加叠合，基本上就可以模拟出自然界中出现的各种颜色，这就是光学三原色原理，这种产生颜色的方式也被称为"加色混合"，如图3.47所示，屏幕显像和摄影就是这种混色方法的具体应用。

（2）减色混合

色料三原色（黄、品红、青色）按照一定的比例混合可以得到各种颜色，理论上三原色等量混合可以得到黑色，因为色料越混合越灰暗，所以被称为"减色混合"，如图3.48所示。减色混合的原理是利用透射及反射作用，对波长范围较广的某一光源所发出的复合光进行减波。水彩、油画、印刷等彩色颜料的混合及彩色滤镜的组合，都是减色混合。

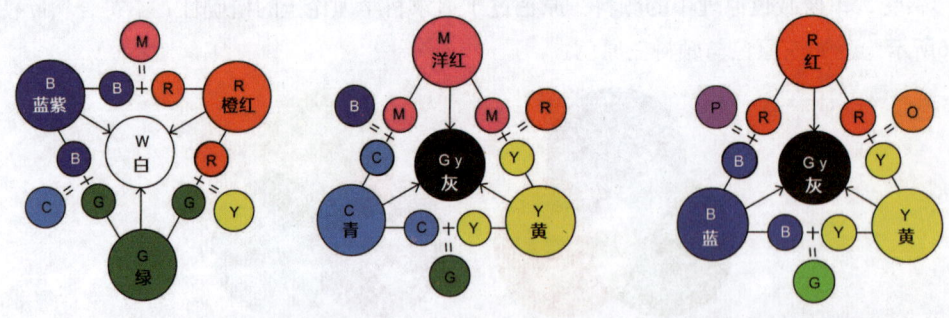

图3.47　加色混合　　　　　　　　　　图3.48　减色混合

4. 间色、复色和补色

三原色是配色、用色的理论基础。传统绘画中，艺术家需要熟知色彩搭配的相关方法，以及如何巧妙地运用颜料，才能创作出震撼人心的佳作。在数字时代，设计师可以利用数字软件提供的色彩工具进行创作，这大大提高了工作效率，但这并不代表可以抛弃基本的色彩理论。

* 间色。红+黄=橙，黄+蓝=绿，红+蓝=紫。得到的橙、绿、紫色，正好是色相环上的原色，因此被称为"间色"。间色的色相明确，纯度较高，变化较丰富。

* 复色。红+橙=橙红，橙+黄=橙黄，黄+绿=柠檬色，绿+蓝=蓝绿色，紫+红=紫红

色，……如此往复，可以配出更多的颜色，这些新出现的颜色被称为"复色"。复色一般同时含有三原色及间色，看起来纯度较低，比较朴素。
* 补色。如果两种颜色相混合产生灰色或黑色，被称为"补色"。补色在色相环上处于对角状态，运用补色能够为作品带来强烈的对比效果，如图3.49所示。

图3.49 补色

5. 色彩的显色系统

色彩的显色系统是指依据实际色彩的集合给予系统的排列和称呼而组成的色彩体系，如芒塞尔表色系统、奥斯特瓦德表色系统、日本色彩研究会表色系统、法国PIN表色系统等。

显色系统的理论依据是将现实中的色彩按照色相、明度、纯度三种基本性质进行系统的组织。例如，将明度等级作为垂直中心轴、将纯度等级作为半径长度，用圆周角表示色相顺位，然后定出各种标准色标并标出符号，作为物体的比较标准。通常用三维空间关系来表示明度、色相与纯度的关系，获得立体的结构，被称为"色立体"。这样，所有颜色都可以在该系统中对号入座，并获得准确的标号。目前比较通用的色立体有三种：芒塞尔色立体、奥斯特瓦尔德色立体、日本色彩研究所色立体，其中应用最广泛的是芒塞尔色立体。图3.50所示为芒塞尔色立体和色彩体系。

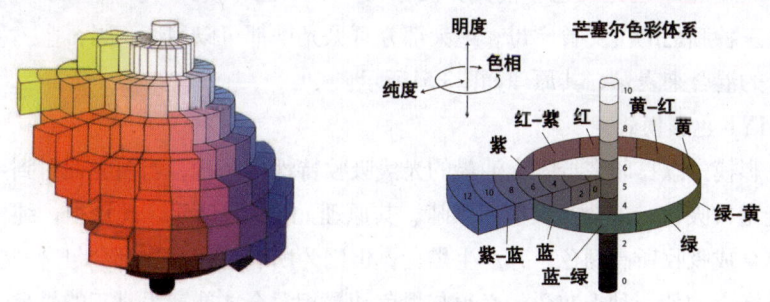

图3.50 芒塞尔色立体和色彩体系

6. 色彩模式

除了前面提到的RGB和CMYK色彩模型，作为色彩的抽象数学模型还包括HSB、Lab、Index等模型。可以将这些色彩模型理解为色彩系统进一步精确与细化的体现，其构成原理是基本相同的。人们能够在数字化领域实现的颜色种类越多，所能够呈现出来的颜色效果就越接近大自然与现实世界，创作实践也就更加不受拘束。

每个人的个体情况与审美趣味不同，对颜色的感觉也不尽相同。例如，一个有红绿色盲的人无法区分红色和绿色；而提到"墨绿色"，由于不同人对颜色有不同的感受，在表现该颜色时也各不相同。如果要与不同人协同工作，必须将每一种颜色量化，使其在任何时间、任何情况下都显示相同的颜色。以墨绿色为例，如果以（R=34，G=112，B=11）定义该颜色，那么即使使用不同平台并且由不同人操作，也可以得到一致的颜色。只是由于不同的人所使用的软件或者显示器不同，该颜色看上去可能会略有差异，但如果排除这些客观因素，这种由数据定义颜色的方法保证了不同的人可以得到相同的颜色。

要准确地定义一种颜色，必须通过色彩模式来实现。色彩模式不仅能够影响显示的颜色数量，还能够影响图像文件的大小。正确的色彩模式可以提供一种将颜色转换成数字数据的有效途径，从而使颜色在多种操作平台或者媒介中得到一致的描述。选择不同的色彩模式，决定了在表现色彩时采取何种定义方法。例如，RGB色彩模式以红、绿、蓝等三种颜色的颜色值定义颜色；CMYK色彩模式以印刷时所使用的青、洋红、黄、黑等墨量定义颜色；HSB色彩模式以色相、饱和度、亮度等数值定义颜色。不同的定义方法适用于不同的工作领域，因此，掌握各种色彩模式理论，有助于在工作中准确定义颜色。

（1）RGB色彩模式

可以用丰富的计算机语言表达自然界多彩的颜色变化。正如所知，基本色光由红、绿、蓝色构成，计算机也正是通过调和这三种颜色来表现其他成千上万种颜色的。计算机屏幕中的最小单位是像素，每个像素的颜色都由这三种基色决定。通过改变每个像素上每个基色的亮度，可以产生不同的颜色。例如，将三种基色的亮度都调整为最大，就产生了白色；将三种基色的亮度都调整为最小，就产生了黑色；如果将某一种基色的亮度调整到最大，而将其他两种基色的亮度调整到最小，则可以得到亮度最大的基色本身；如果将这些基色的亮度调整为不同的数值，就可以调和出其他各种颜色。从某种角度上说，计算机可以处理并再现任何颜色。

这种基于三种基本色光的色彩模式，被称为"RGB色彩模式"。R、G、B分别是红色、绿色和蓝色这三种颜色的英文首字母。绝大部分可见光谱都可以用红、绿、蓝三种色光按照不同比例和强度的混合来表示，其原理如图3.51所示。

（2）CMYK色彩模式

CMYK色彩模式以打印在纸张上油墨的光线吸收特性为基础，当白光照射到半透明的油墨上时，部分光谱被吸收，部分被反射回眼睛，其原理如图3.52所示。理论上，纯青色、洋红和黄色色素能够合成吸收所有颜色，并产生黑色，但因为所有打印油墨都会包含一些杂质，这三种油墨实际上产生的是一种土灰色，必须与黑色油墨相混合才能产生真正的黑色，因此，将这些油墨混合起来进行印刷称为"四色印刷"。

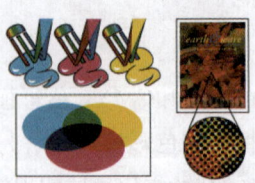

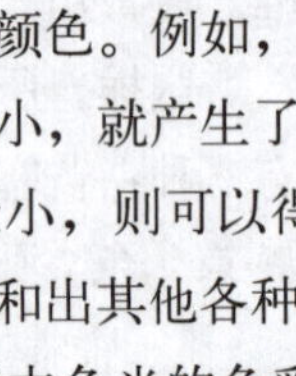

图3.51　RGB色彩模式原理 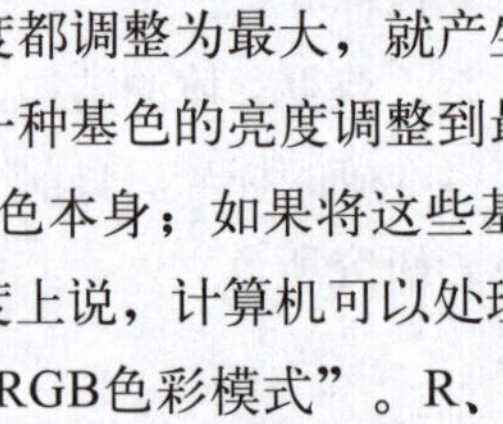　　　图3.52　CMYK色彩模式原理

在CMYK色彩模式中，每个像素的每种印刷油墨都会被分配一个百分比值。较亮（高光）颜色分配较低的印刷油墨颜色百分比值，较暗（阴影）颜色分配较高的印刷油墨颜色百分

比值。例如，在CMYK图像中要表现纯白色，四种颜色的颜色值都会是0%。尽管 CMYK 是标准色彩模式，但是其准确的颜色范围仍然随印刷和打印条件的变化而变化。

(3) HSB色彩模式

HSB色彩模式是基于人类对颜色的感觉确立的，其原理如图3.53所示。它描述了颜色的三个基本特征，这三个基本特征分别是色相、饱和度和亮度。其中，饱和度和亮度以百分比值（0%~100%）表示，色相以角度（0°~360°）表示。

(4) Lab色彩模式

Lab色彩模式是在1931年国际照明委员会（英语：International Commission on Illumination，法语：Commission Internationale de l'Eclairage，采用法语简称为"CIE"）制定的颜色度量国际标准的基础上建立的。1976年这种色彩模式被重新修订并命名为"CIELab"，如图3.54所示为Lab色彩模式的原理。Lab色彩模式由亮度或者光亮度分量（L）和两个色度分量组成，这两个色度分量即a分量（从绿到红）和b分量（从蓝到黄）。

Lab色彩模式基于人眼对颜色的感觉，其数值描述的是正常视力的人能够看到的所有颜色。因为 Lab 描述的是颜色的显示方式，而不是设备（如显示器、桌面打印机或数码相机等）生成颜色所需的特定色料的数量，所以 Lab 被视为与设备无关的颜色模式，不管使用什么设备（如显示器、打印机、计算机或者扫描仪等）创建或者输出图像，Lab 产生的颜色都能够保持一致。色彩管理系统使用 Lab 作为色标，将颜色从一个色彩空间转换到另一个色彩空间。

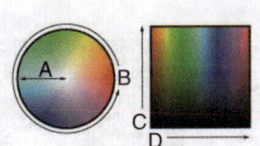

A—饱和度；B—色相；C—亮度；D—所有色相

图3.53　HSB色彩模式原理

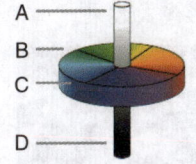

A—亮度=100（白色）；B—绿色到红色色度分量；C—蓝色到黄色色度分量；D—亮度=0（黑色）

图3.54　Lab色彩模式原理

(5) 位图色彩模式

位图色彩模式的图像也被称为"黑白图像"或者"1位图像"，因为其位深度为1。因为位图图像由1位像素的颜色（黑色或者白色）组成，所以需要的磁盘空间最少。图3.55所示为使用"半调网屏"方法设置的位图色彩模式效果。

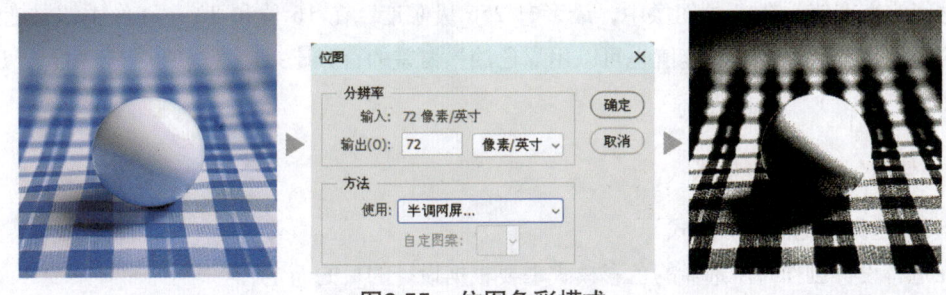

图3.55　位图色彩模式

(6) 索引色彩模式

索引色彩模式是单通道色彩模式，使用256种颜色表现图像，但只能应用有限的编辑。当将一幅其他色彩模式的图像转换为索引色彩模式时，Photoshop会构建一个颜色表（CLUT），用于存放并索引图像中的颜色。如果原图像中的某种颜色没有出现在颜色表中，Photoshop会选取已有颜色中最相近的颜色或者使用已有颜色模拟该颜色。通过限制调色板中颜色的数量，可以减小索引色彩模式图像文件的大小，同时保持视觉上图像的品质基本不变，因此，索引色彩模式的图像常用于网页。如图3.56所示为选择"色谱"颜色表的索引色彩模式效果。

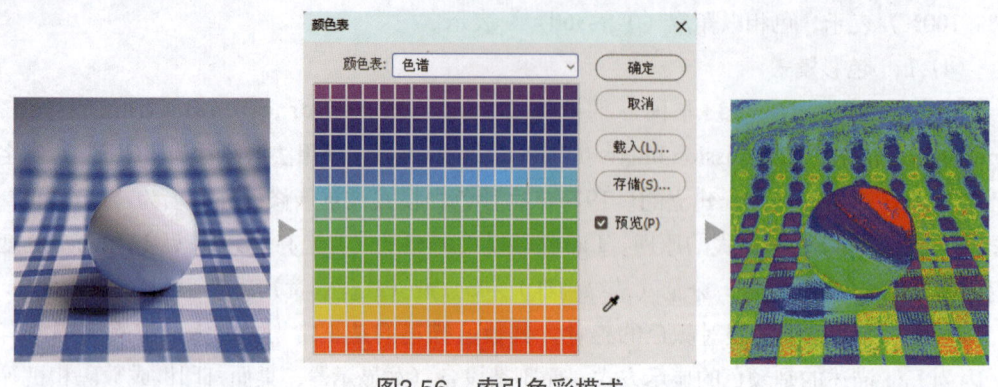

图3.56　索引色彩模式

(7) 双色调色彩模式

双色调色彩模式使用两至四种彩色油墨创建双色调（两种颜色）、三色调（三种颜色）和四色调（四种颜色）灰度图像。这些图像是8 b/p（位/像素）的灰度、单通道图像。图3.57所示为双色调色彩模式效果。

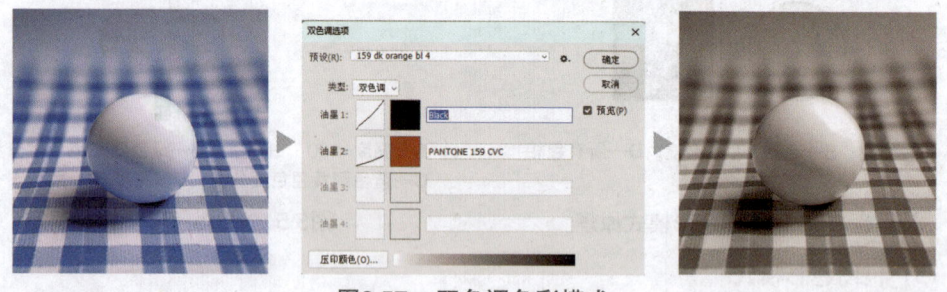

图3.57　双色调色彩模式

(8) 灰度色彩模式

灰度色彩模式使用灰度级模拟颜色的层次。图像的每个像素都有一个0（黑色）～255（白色）之间的亮度值。在8位图像中，最多有256级灰度；在16位和32位图像中，灰度的级数比8位图像要大得多。灰度值也可以用黑色油墨覆盖的百分比来度量（0%等于白色，100%等于黑色）。

7. 使用与转换色彩模式

(1) 选择合适的色彩模式

在进行设计创作时所选择的色彩模式需要根据设计的目的而定。

* 如果设计的成品要在纸上打印或者印刷，最好使用CMYK色彩模式，这样在屏幕上看见的颜色与输出打印的颜色或者印刷的颜色比较接近。

* 如果设计的成品用于屏幕演示，最好使用RGB色彩模式，因为RGB色彩模式的颜色更鲜艳、更丰富，并且图像只有三个通道，数据量比较小。
* 如果成品是灰色的，则使用灰度色彩模式比较好，因为即使是用RGB或者CMYK色彩模式实际制作，虽然在视觉上都是灰色的，但很可能在印刷时会由于灰平衡使灰色产生色偏。

（2）转换色彩模式

在工作中往往需要转换色彩模式，因为不同的色彩模式有不同的色域及表现特点，一般会选择与作品要求及其输出途径最为匹配的色彩模式。将图像从一种色彩模式转换为另一种色彩模式，可能会永久性地损失图像中的某些颜色值。例如，将RGB色彩模式转换为CMYK色彩模式时，CMYK色域之外的RGB颜色值会经调整落入CMYK色域之内，换言之，其对应的RGB颜色信息可能丢失。

在转换色彩模式前，应执行以下操作，以避免转换色彩模式所引起的不必要损失。

* 在原来的色彩模式下进行尽可能多的编辑工作，然后再进行转换。
* 在转换之前保存一个备份。
* 在转换之前拼合图层，因为当色彩模式更改时，图层间的混合模式相互影响的效果可能会发生改变。

（3）RGB色彩模式与CMYK色彩模式的转换

当由RGB色彩模式转换到CMYK色彩模式时，肉眼就能够在屏幕中观察到某些局部的颜色产生了明显的变化，通常是一些鲜艳的颜色会变成较暗淡的颜色。这是因为有些在RGB色彩模式下能够表示的颜色在转换为CMYK色彩模式后，就超出了CMYK所能表达的颜色范围，于是这些颜色被相近的颜色所替代，从而使这些颜色所在的区域发生了较为明显的变化。如果希望在RGB色彩模式下查看是否有颜色超出了用于印刷的CMYK色域，可以执行"视图"→"色域警告"命令，此时如果有颜色超出色域，则图像中的相应颜色会显示为灰色，如图3.58所示。

图3.58　色域警告

3.3 包装设计中的色彩实践

3.3.1 色彩设计的实践因素

1．色彩的功能性

"色彩的功能性"是指色彩在各种应用和环境中所扮演的角色，以及色彩对人们行为和心理的影响。色彩不仅仅是视觉艺术中的一个元素，它还具有实际的作用和意义。色彩的功能性包括社会象征功能、审美功能和实用功能。

（1）社会象征功能

色彩在形式美中蕴含着深邃的意境，具有很强的象征性。在中世纪前后诞生了所谓的"色彩的抽象概念"，并进一步诞生了色彩的符号象征意义。只有当色彩形成抽象概念，与物质载体和制造技术脱离关系后，其符号象征意义才真正深入人心。色彩的象征性往往带有群体认同的特征。作为社会和文化标识的一种形式，色彩可以传达特定的社会意义，表示特定的社会地位和社会角色，是一个民族历史与文化长期积淀形成的心理结构。

不同文化中对色彩的使用和偏好与其历史传统、宗教信仰和社会价值观等密切相关，不同时代的社会文化赋予色彩不同的意义，这是色彩社会意识形态的体现，是文化传承的一种方式。色彩在社会生活中可以用来标识不同的团体或社会阶层，表示社会身份，也强调了某种归属感。色彩深深地植根于人类的文化、社会和个人经验之中，成为沟通和表达的重要语言。例如，中国自古就有以色彩象征权力和伦理的传统，图3.59所示为明朝官员品服的服色，其中，一品至四品为绯袍，五品至七品为青袍，八品至九品为绿袍。

不同的人对不同的色彩，可以表现出不同的好恶。这种对色彩的倾向和选择受到多种因素的影响，包括国家、民族、个人兴趣、年龄、性格和知识层次等，并具有显著的时间性，即在特定的历史时期，人们可能会特别偏爱某些颜色。因此，在产品包装设计中，要充分考虑目标受众的色彩偏好和情感联想，这有助于创作出更具吸引力、可以产生强烈共鸣的作品。设计师需要深入探究目标受众的文化背景、个性特征和社会环境，以便更好地理解和应用色彩，从而挖掘其潜力，创作出更具感染力和影响力的设计作品。图3.60所示为同一品牌系列风味咖啡的包装设计，不同色彩组合体现出不同国家、民族的文化风貌。

图3.59　明朝官员的服饰

图3.60　咖啡包装

（2）审美功能

色彩在实际运用中不受自然色彩的限制，不拘泥于模仿，而是强调色彩形式的灵活、简洁、概括，突显装饰表达力，以达到丰富的视觉美感形式，从而对人们的心理产生积极的影响，使人们的人生体验更为丰富，内心情感更为饱满。

不同色彩在色相、明度、纯度等方面存在差异，拥有各自特有的个性语言。随着色彩的色相、明度、饱和度和色温等发生变化，同一色彩和不同色彩之间相互作用，可以产生多种功能效果，衍生出丰富的色彩联想和深刻的情感寓意，进而传递出文化内涵、意象、心理感受和价值取向等更为高级的审美信息。人们的思维方式受到各自民族文化的强烈影响，而不同的社会环境、教育背景等因素也导致个体之间以及不同民族之间在色彩认知上存在显著差异。尽管如此，人类在对色彩的认知和情感反应上仍表现出一定程度的共通性。为了在设计实践中有效地利用这种共通性，需要精心选择和搭配色彩，以实现设计美学与功能的统一，作品外观与内在的统一，以及色彩与作品要传达的内容、营造的氛围和引发的情感之间的协调统一，确保色彩的表现力、视觉影响力和心理作用得到充分的发挥，从而为人们的视觉和心灵带来愉悦感和审美享受，并有效提高设计作品的说服、指认、信息传递、审美等视觉效能。

色彩的审美功能体现在色彩的表情性和象征性两方面。它们共同构成了色彩在视觉艺术和设计中的核心审美功能，使色彩成为深层意义的载体和情感交流的桥梁，能够于无声处传达情感和思想，从而触动人心，实现审美的沟通，触发更广泛的思考和对话。可以根据产品固有的色彩个性和属性，运用形象化的色彩，使消费者对产品包装产生色彩的记忆，进而对产品的内容及特征做出正确判断。例如，同一品牌的酱料包装利用不同的色彩组合表示不同产品种的口感，如图3.61所示。

图3.61 酱料包装

（3）实用功能

色彩的实用功能一般分为视觉识别实用功能和产品识别实用功能。其中，视觉识别实用功能以易辨别、醒目为主，较少考虑美观和社会习俗，目的在于强化实际功能；产品识别实用功能是以不同色彩识别各种物品，形式各有不同，色彩附着于造型，为设计作品带来心理象征、视觉审美和功能识别。

在产品包装设计中，色彩是识别产品品牌的重要元素之一，恰如其分的色彩搭配可以增强品牌的辨识度，有助于品牌形象的建立和推广，使消费者在众多竞品中快速识别出特定品牌的产品。鲜艳或对比明快的色彩能够迅速吸引消费者的眼球，特别是在琳琅满目的零售环境中，有效的色彩应用可以使产品脱颖而出，直接影响消费者的购买决策，如突出促销信息等。色彩也可以用于区分产品不同的功能部件，指示不同的功能或状态。色彩还可以用来传达产品的特性，如使用绿色可以暗示产品的天然或环保属性，而金色或银色则可能与高品质有关。图3.62所示为某能量饮料的包装设计，产品的标志采用渐变色，形式简约，不同功能口味使用不同渐变色的标志设计。

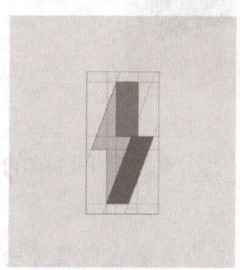  

图3.62 使用色彩指示产品功能

2. 色彩的流行性

色彩是精神世界的产物。从历史学、人类学和语言学的角度看，只有当原始人类开始将其在自然环境中观察到的颜色划分为若干个相互独立的色系，并对这些色系命名时，色彩的概念才真正出现。可以说，色彩的诞生是一种物理现象，一种生理现象，也是一种文化现象。在不同社会里，色彩诞生的年代和进程有很大的差距，与纬度、气候、现实和象征需要，以及审美观念等都有密切关系，每种色彩诞生的年代也不尽相同。

所谓"流行色"（fashion color），通常是指在一定的地区和时期内，社会上流行的某些带有倾向性的色彩，即时髦的色彩。色彩的流行并非随机现象，任何流行色的出现都有着时代性与远瞻性，带着对社会现象的深度思考，反映了社会的变迁和文化趋势，是人们生活世界中的重大事件或问题的体现，对社会时代风尚产生了深远的影响，能够使个体与环境形成共振。例如，在20世纪60年代，全球经济在第二次世界大战后复苏，这一时期流行的是浓烈大胆、明艳醒目的色彩，反映了当时社会的乐观和对未来的积极态度。

色彩的流行也与人们的内心需求有关。人们寻求刺激、渴望变化、追逐时尚，以实现身心满足、完善自我，并寄托对未来的美好期盼。一旦某种流行色满足了人们的审美需求，人们便会产生新的需求，渴望色彩的变化和创新，这就是色彩流行的奥秘所在。

一般而言，色彩的流行大致分为三个阶段：出于对新鲜事物的渴望，人们的心理推动新颜色的流行；大众开始接受这些颜色，并积极地将其推广开来；出于习惯心理或从众心理，人们会继续追随流行趋势。流行色的特点是流行快而周期短，并具有一定的循环性。某个时期，某些颜色成为当时社会的主流偏好，设计师在进行设计活动时便不免会倾向于选择那些受大众青睐的颜色。

现代产品包装的色彩表现时常受到流行文化的影响。流行文化不仅改变了消费者的美学观念和消费观念，也促使设计师积极适应和追随这些变化，及时将流行元素融入作品的设计活动中，并努力创造新的流行视觉焦点，从而唤起人们对个性和多样化生活的潜在追求，如图3.63所示。

图3.63　现代产品包装的色彩表现

色彩未来的流行趋势受到包括社会、文化、技术和环境等诸多因素的影响。基于目前的发展，可以预见一些可能的趋势。

* 可持续性与环保：全球环境保护意识的提升，使可持续性和环保成为未来色彩趋势的

重要主题。这可能表现为使用更多自然和有机颜料，并在设计中更多考虑环保因素。
* 新技术：新技术的发展将极大地影响色彩的使用和表达方式。例如，随着虚拟现实和增强现实技术的普及，可能会看到更多用于虚拟空间的色彩设计。
* 个性化与定制化：随着消费者对个性化和定制化需求的增加，未来的色彩趋势可能会更加注重个人化的色彩选择和搭配。
* 跨界融合：不同领域的交叉和融合可能会导致新的色彩趋势的出现。例如，艺术、科技、时尚和设计之间的交叉，可能会产生新的色彩语言和表达方式。
* 全球化与本土化：在全球化的背景下，不同文化的交流和融合会影响色彩趋势的发展。同时，为了保持独特性和多样性，本土化的色彩趋势也会得到重视。
* 情感与心理健康：研究表明，色彩对人的情感和心理状态有重要影响。因此，未来的设计可能会更加注重如何通过色彩来调节人们的情绪和提升心理健康。

3.3.2 色彩设计的实践要求

产品包装的色彩设计是一项复杂而系统的工程。要想通过独特的色彩形象在市场中占据优势，提升产品的竞争力，就必须全面观察和理解产品的特性，综合考虑并融合美学要求、设计概念、市场营销、品牌战略、流行趋势等多方面因素。此外，还需要进行策略性的管理和规划，以确保色彩设计能够有效吸引消费者，提升产品的市场表现。

1. 满足目标市场需求

目标市场识别在产品包装的色彩设计中扮演着关键角色，它要求设计师具备跨文化敏感性和较高的市场洞察力，能够深入理解目标市场的文化背景、消费者心理和市场趋势。通过研究文化差异、消费者情感反应、流行趋势、品牌形象，以及年龄、性别、社会和经济等因素，选择吸引并符合目标市场偏好的色彩，从而增强产品的吸引力，提升品牌识别度，推动销售，并通过色彩的对比和强调，突出产品包装上的特定信息。

（1）与产品的功能需求相统一

产品包装的色彩设计应考虑与产品的功能需求相统一，以提高消费者的使用感，向消费者传达产品的性质和用途，使消费者可以简单、快捷地识别产品，这样有利于产品功能的充分发挥。某些产品可能需要特定的颜色提供保护，如使用深色以避免光照对产品造成损害。还要确保色彩设计符合全部适用的法规和标准，如食品安全标准可能会要求特定的颜色编码。对于注重可持续性的品牌，要选择环保的包装材料和印刷工艺，包括使用环保的颜料和墨水等，同时也要考虑生产成本，某些颜色可能需要昂贵的材料或印刷工艺。图3.64所示为医疗用品对颜色的应用，其中，白色表示专业、干净、秩序，绿色表示生命、健康、安全，以白色为主体色，辅以绿色，整体色调搭配稳定、和缓、明快。

（2）注重目标市场的心理诉求

产品包装的色彩设计应注重目标市场的心理诉求，与同一时代的审美习惯相符，立足于色彩的民族化、大众化。相对于同类竞品，摆脱单一思维定式，在易被消费者接受的范围内适度创新，体现出色彩的个性化和多样化。要进行多维度的权衡，科学判断，最终做出适合的色彩选择。例如，如果消费者对某产品色彩创新和变化的接受程度较高，可以考虑增加较为新奇的色彩；如果消费者对某产品的色彩认知较保守，仅接受传统和业内通用颜色，则该产品在颜色创新上的空间较小。可以选择能够激发特定情绪反应的颜色，例如使用温暖的颜色刺激购买欲望，或使用柔和的颜色释放轻松和安心的感觉。图3.65所示为使用色彩凝重的包装。

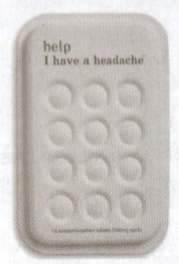 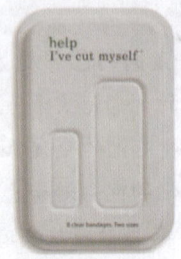 

图3.64　满足产品的功能需求　　　　　　　图3.65　满足目标市场的心理需求

(3) 与产品环境相协调

产品包装的色彩设计还应与环境相协调。色彩设计的环境性协调包括物质性环境色彩协调和人文环境色彩协调。如果产品使用的客观空间环境（即物质性环境）相对炎热，产品包装可以选择明度较高、纯度较低的颜色，以产生清凉、沉静的视觉印象，以增强消费者对产品的亲近感。如果产品在诸如超市、专卖店或在线平台等零售环境售卖，产品包装的色彩应与竞品形成视觉上的区隔。在特定季节和节日里往往会形成特定的色彩趋势，如冬季的温暖色调，适时调整包装色彩，可以增加产品的吸引力。色彩设计的人文环境色彩协调则更侧重于色彩在社会文化背景下的应用和解读，强调色彩与人类社会之间的和谐关系，这涉及对社会习俗、历史传统，以及文化价值观、个性自我等的深入理解和尊重。在不同文化中，颜色具有特定的象征意义和情感联想，在进行产品包装的色彩设计时要符合目标市场的文化偏好和审美标准，考虑到流行趋势、适宜场合和个人风格的影响，以确保设计作品不仅可以吸引注意力，还可以传递正确的信息，引起共鸣，并满足个性化需求。对文化敏感的色彩表现，是设计成功和被市场广泛接受的关键。图3.66所示为宜家包装盒的色彩设计，以蓝色为主体色，辅以黄色，这两种颜色在产品包装和店铺环境中都有一致性的应用，不仅反映了宜家家居产品现代、简约的风格，也激发了消费者对家居生活的积极想象，使消费者能够进行清晰的品牌识别。

图3.66　宜家包装的色彩设计

(4) 与时代相呼应

产品包装的色彩设计应适应时代潮流中审美趋势的发展、技术的进步和社会文化的变迁。随着社会价值观的演变、流行色彩的更新，消费者对包装色彩的预期也在变化，这要求设计师更具备前瞻性，采用环保、可持续的色彩策略，融入新知识、新技术，平衡全球化和本土化的不同文化需求，以实现既符合时代精神又具有持久竞争力、更新颖的包装效果。

* 随着时间的推移，人们对美的追求和偏好会发生变化。例如，过去可能流行艳丽、繁复的色彩搭配，而现在可能更倾向于简洁、纯净的风格。色彩虽然具有一定的共通性，但在一定程度上仍受到国家、地区、民族、文化等特有因素的影响，要充分掌握色彩偏好的发展规律、特性，使色彩的作用得以充分发挥。
* 新技术的发展，如数字印刷、3D打印和增强现实（AR）等技术，使包装设计可以实现更高精度和更丰富的特殊效果。其中，数字印刷技术可以实现渐变、金属光泽和荧光效果等，渐变效果平滑的色彩过渡可以营造视觉上的深度和层次感，金属光泽则通过模拟金属表面强调高端奢华感，荧光效果则能够在紫外线下发光，常用于夜光贴纸或特殊促销的包装；3D打印技术允许创建复杂的包装形状和结构；增强现实（AR）技术则能够将虚拟信息叠加到实际包装上，放大信息内容维度，为消费者提供更具有沉浸感的互动体验，如图3.67所示。

图3.67　亚马逊AR体验包装盒

* 社会的价值观和文化观念在不断发展变化。例如，随着环保意识的提高，产品包装更多考虑可持续性和环境友好性，采用绿色或自然色调的色彩设计。在某些情况下，包装色彩还可以体现社会文化的包容性等，传递品牌价值和文化理念，成为促进社会进步和环境可持续性的力量。
* 市场环境和消费者需求在不断变化，品牌更新换代有助于品牌保持时代感和市场相关性。在这个过程中，产品包装色彩的更新是关键的一环，因为它直接关系到品牌形象的传达和消费者对品牌的认知。在进行品牌更新时，要确保色彩的变化与品牌的整体战略相符合，要考虑到现有消费者的忠诚度和对品牌的既有认知，并能够在所有触点上一致传达品牌信息，同时吸引新的消费者。品牌通过重新设计标志的核心色彩，引入新的色彩元素，或者调整现有的色彩方案，突出品牌的新属性或新的价值主张，延申并更新其视觉识别，从而在不同文化和市场中保持清晰的识别度，如图3.68所示。

图3.68　星巴克品牌色彩的变化

* 随着消费者群体的年轻化和多元化，产品包装的色彩设计需要更加多样化、更加新颖，以满足不同年龄、文化和背景的消费者不断变化的需求和偏好。年轻消费者对新鲜的色彩和新奇的创意有着更高的期望，这要求设计师不仅要跟踪每个季节和年度的流行色彩趋势，还要预见未来的色彩方向，以便在竞争激烈的市场中保持领先。设计师不能仅满足于现有产品包装的色彩设计，而应不断探索和尝试新的配色方案、色彩组合和装饰技术，还需要考虑如何将流行色彩融入品牌的长期视觉识别中。

2. 与材料完美结合

产品包装的色彩设计不仅能够影响消费者的情感和购买决策，还能够与包装材料相互作用，增强产品的视觉吸引力和品牌识别度。根据消费者不同的心理需求和产品不同的设计方向，在深入剖析和研究各种材料工艺特性的基础上，以科学的态度、合理的方式挑选适宜的材料，巧妙平衡色彩与功能、材料、工艺等元素的关系，打造出能够激发不同经济和情感价值的包装设计。将原木剖开作为包装外盒，整体采用原木色调，充满原生态味道，如图3.69所示。

* 纸制包装：通常可以采用各种印刷技术，如柔版印刷、丝网印刷或烫金，这种包装允许使用鲜艳的色彩和复杂的图案。同时，纸张的质感和颜色也可以作为设计的一部分，例如，使用米色或牛皮纸可以营造一种自然和环保的感觉，如图3.70所示。

图3.69　包装色彩与材料相结合

图3.70　纸质体现自然和环保感

* 塑料包装：塑料包装通常较为坚固，可以使用注塑或热成型技术制造出各种形状和颜色的容器。透明塑料材料可以使内部产品的颜色显示出来，利用这一点可以强调产品本身的颜色或添加吸引注意的色彩标签，如图3.71所示。不透明的塑料则提供了更多的色彩选择自由度，可以通过染色工艺实现几乎任何颜色的效果。

* 金属包装：金属包装如铝罐或金属盒可以采用特殊的涂装工艺，使表面呈现不同的颜色，如图3.72所示。金属光泽本身是一种强烈的视觉效果，可以通过在金属表面添加彩色图案或标签来增强这一效果。金属质感也可以与色彩相结合，营造高端或复古的品牌印象。

* 玻璃包装：玻璃包装允许利用其透明特性展示产品的真实颜色，同时也可以在玻璃表面添加标签或涂层来提供额外的色彩。着色玻璃可以产生独特的颜色效果，如绿色或棕色瓶身，这些颜色可以与品牌特色相关联。玻璃的光泽和反射特性也可以与色彩搭配使用，以增强包装的视觉深度和复杂性，如图3.73所示。

图3.71　塑料强调产品本身的颜色

图3.72　金属采用特殊涂装工艺

* 纺织品包装：纺织品包装（如布袋或编织袋等）可以采用染色或印花的方式来添加色彩，如图3.74所示。天然纤维（如棉或麻等）可以提供自然的色泽和纹理，而人造纤维则可以提供更多的色彩选择。纺织品的柔软质感与色彩的结合，可以营造温暖和舒适的品牌形象。

图3.73　玻璃增强视觉深度和复杂性

图3.74　纺织品通过染色或印花添加色彩

此外，产品包装的可持续性涉及材料的选择和生命周期管理，设计师需要探索使用可回收或生物降解材料来减少包装废弃物对环境的影响。其中，色彩设计可以指示材料的可回收性。例如，使用绿色标识可回收塑料。

产品包装的色彩设计相对于其他方面更为灵活多变，并且成本较低。同一产品包装色彩的不同变化，可以带来截然不同的视觉感受。因此，产品包装的色彩设计不应是孤立的环节，而应该是整个产品开发过程中不可或缺的组成部分。设计师应遵循色彩设计的基本原则，综合考虑审美标准、生态环境保护、社会文化背景和消费者的个性特征等，采用适合的设计方法，确保产品包装的色彩与产品的功能和特性相得益彰，这样不仅可以提高产品的附加价值、提升品牌形象，还可以增加产品的经济效益，并满足消费者对产品实用性和情感需求的双重期待。

3.4 课后练习

一、填空题

1. _____是由光源发出的可见光的颜色，取决于光源在可见光区域的光谱辐射分布。
2. 在色彩三要素之中_____的独立性最强，它可以不带任何色相的特征而单独表现。

3. 视网膜某部位对产生某种颜色或色调的光线反应的强度减弱并持续一段时间，这一过程被称为"_____"。

二、选择题（多选）

1. 无彩色是从黑色到白色的一系列中性灰色，其基本要素只有（　　），不具有明确的（　　）和（　　）。

　　A. 明度　　　　　　　　　　　　　B. 色相
　　C. 对比度　　　　　　　　　　　　D. 饱和度

2. 选择不同的色彩模式，决定了在表现色彩时采取何种定义方法。例如，（　　）色彩模式以红、绿、蓝等三种颜色的颜色值定义颜色；（　　）色彩模式以印刷时所使用的青、洋红、黄、黑等墨量定义颜色；（　　）色彩模式以色相、饱和度、亮度等数值定义颜色。

　　A. Lab　　　　　　　　　　　　　B. RGB
　　C. CMYK　　　　　　　　　　　　D. HSB

3. （　　）是指在某一分辨率下每个像素可以有多少种色彩来描述，单位是（　　）。

　　A. bit　　　　　　　　　　　　　B. 色域
　　C. 位　　　　　　　　　　　　　D. 色深

三、简述题

1. 试分析某品牌产品包装的色彩表现。
2. 试阐述色相、明度和饱和度在产品包装色彩表现中的作用。
3. 试举例说明不同包装材料的色彩应用。

第4章

文字设计

◎ **本章导读**

本章主要讲解使用Photoshop进行文字设计。文字设计是包装设计中的一个重要环节,具有吸引消费者眼球,提高商品诉求力,赋予商品外观审美价值的作用。

* 奶酪文字
* 水花文字
* 黄金文字
* 折叠文字
* 装饰感文字
* 未来感文字

◎ **数字资源**

"素材文件\第4章\"目录下。

◎ **素质目标**

在进行包装设计时,要摒弃技术成见,加强对技巧的学习及对能力的培养,以便更合理地实现设计效果,进而为消费者创造更健康的生活方式。

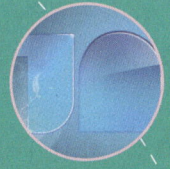

4.1 奶酪文字

设计效果：奶酪文字设计，如图4.1所示。

设计思路：本例将文字制作成类似奶酪的效果。设计时要抓住奶酪的特点才能做到形神兼备。首先输入文字，利用图层蒙版制作奶酪文字的大致轮廓，然后复制图层制作奶酪文字的厚度，再调整顶层文字的颜色，最后制作奶酪文字的高光和投影。

图4.1　奶酪文字

项目制作步骤

01 新建文档，在"图层"面板中单击"创建新图层"按钮，新建图层，将其命名为"圆点"；设置前景色为橘黄色（#ff9c43），按Alt+Delete组合键填充前景色；选择"椭圆选框工具"，随意绘制椭圆选区，按Delete键删除选区内容，效果如图4.2所示。

02 选择"横排文字工具"，在工具选项栏中设置合适的字体和字体大小，文字颜色为黑色，输入文字"hello"，效果如图4.3所示，将文字图层拖至"圆点"图层的下方，隐藏文字图层。

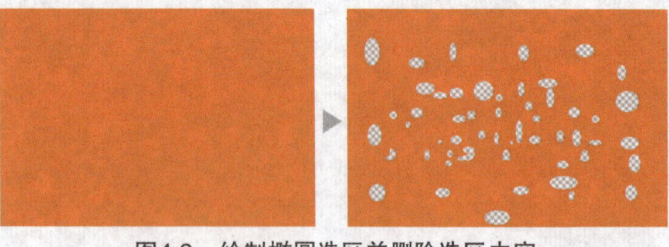

图4.2　绘制椭圆选区并删除选区内容 　　　　　图4.3　输入文字

03 选择"圆点"图层，按住Ctrl键单击文字图层的图层缩览图，载入文字选区；单击"图层"面板中的"添加图层蒙版"按钮，为"圆点"图层添加图层蒙版，文字效果和单独显示图层蒙版的效果如图4.4所示。

图4.4　添加图层蒙版

04 复制"圆点"图层，将其命名为"圆点 副本"，右击"圆点 副本"的图层蒙版，在弹出的菜单中选择"应用图层蒙版"命令；复制"圆点 副本"图层，选择"移动工具"，将图层中的文字向上移动1 px，向左移动2 px。

05 执行"图像"→"调整"→"亮度/对比度"命令，在打开的"亮度/对比度"对话框中设置

"亮度"为52，如图4.5所示，调整文字的亮度。

06 使用相同的方法，多次复制"圆点 副本"图层，适当移动文字的位置，并利用"亮度/对比度"命令调整文字的亮度，"亮度"数值不断增加，直至奶酪文字显示出立体感，效果如图4.6所示。

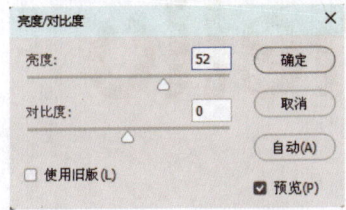

图4.5 调整文字的亮度　　　　　　　　图4.6 复制图层、调整文字位置和亮度

07 再次复制"圆点 副本"图层，执行"滤镜"→"杂色"→"添加杂色"命令，在打开的"添加杂色"对话框中设置"数量"为12%，勾选"高斯分布"和"单色"；执行"滤镜"→"模糊"→"动感模糊"命令，设置"角度"为-43°，"距离"为12 px，效果如图4.7所示。

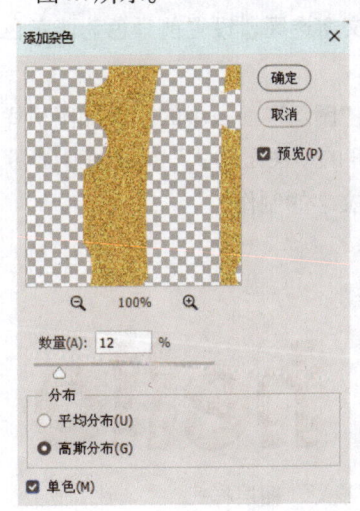
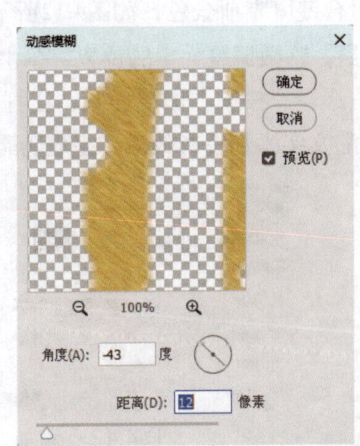

图4.7 添加"添加杂色""动感模糊"滤镜的效果

添加"杂色"和"动感模糊"滤镜，可以使文字边缘产生类似涂抹、划痕的效果，使奶酪文字看上去更真实。但乳酪的表面还是过于生硬，缺少柔滑感，下面继续调整。

08 在"图层"面板中单击"添加图层样式"按钮，在弹出的菜单中选择"斜面和浮雕"命令，在打开的"图层样式"对话框中参照图4.8所示设置参数，"阴影"颜色值为#614509，为奶酪文字添加"斜面和浮雕"图层样式。

09 多次复制添加了图层样式的奶酪文字图层，向上和向左适当移动文字的位置，效果如图4.9所示，制作奶酪文字的厚度。

10 继续多次复制"圆点 副本"图层，适当移动文字的位置，并利用"亮度/对比度"命令调整文字的亮度，"亮度"数值不断增加，效果如图4.10所示，制作奶酪文字的层次感。

⓫ 再次复制添加了图层样式的奶酪文字图层，向上和向左适当移动文字的位置，隐藏图层样式效果，效果如图4.11所示。

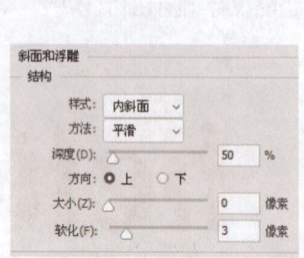 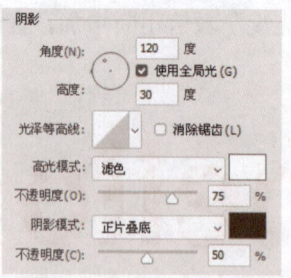 

图4.8 添加"斜面和浮雕"图层样式

图4.9 制作奶酪文字的厚度

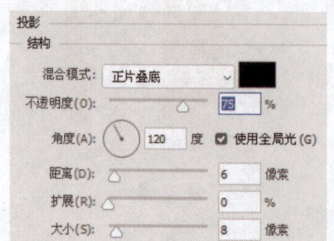

图4.10 制作奶酪文字的层次感

图4.11 隐藏图层样式效果

⓬ 再次复制"圆点 副本"图层，将其命名为"顶层"；载入文字选区，设置前景色为淡黄色（#fbf2b6），按Alt+Delete组合键填充前景色，如图4.12所示。

⓭ 按Ctrl+Alt+E组合键盖印图层，略微调整文字的位置；单击"图层"面板中的"添加图层样式"按钮，在弹出的菜单中选择"投影"图层样式，在打开的"图层样式"对话框中参照图4.13所示设置参数，为奶酪文字添加投影效果，完成奶酪文字的制作。

图4.12 复制图层并填充前景色　　　　　图4.13 添加"投影"图层样式

4.2 水花文字

设计效果：水花文字设计，如图4.14所示。

设计思路：本例将文字制作成水花飞溅的效果。首先利用图层样式制作文字的立体效果，再利用图层混合模式和素材制作水花效果。

▶ 项目制作步骤

❶ 打开素材文件"1.jpg"，如图4.15所示，将其作为水花文字的背景，将文件另存为"水花

图4.14 水花文字

文字.PSD"；在"图层"面板中单击"创建新组"按钮，创建图层组，将其命名为"A"；单击"创建新图层"按钮，在"A"图层组中新建图层。

02 选择"横排文字工具"，在工具选项栏中设置合适字体和字体大小，文字颜色为白色，在背景的合适位置输入文字"A"，效果如图4.16所示。

图4.15　背景素材　　　　　　　图4.16　输入文字

03 选择文字图层，执行"图层"→"图层样式"→"渐变叠加"命令，为文字图层添加"渐变叠加"图层样式，渐变颜色值为#0a39b1和#12c8ef；在"图层样式"对话框中选择"描边"选项，为文字图层添加"描边"图层样式，"描边"颜色值为#2293f2；在"图层样式"对话框中选择"斜面和浮雕"选项，为文字图层添加"斜面和浮雕"图层样式，参照图4.17所示设置参数。

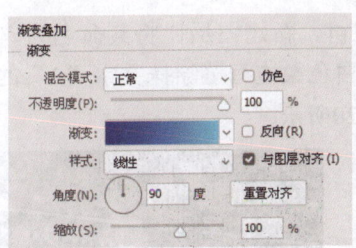 

"渐变叠加"图层样式参数设置

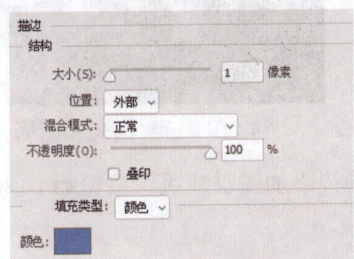 

"描边"图层样式参数设置

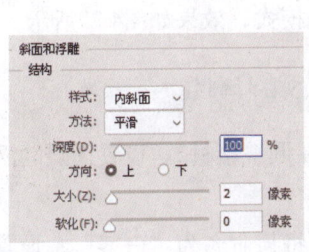 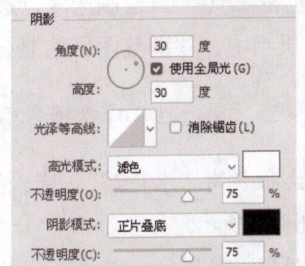 

"斜面和浮雕"图层样式参数设置

图4.17　为文字图层添加图层样式

04 在"图层"面板中单击"创建新图层"按钮🗀,新建图层;载入文字选区,填充选区为黑色;执行"滤镜"→"杂色"→"添加杂色"命令,在打开的"添加杂色"对话框中参照图4.18所示设置参数;将该图层的图层混合模式设置为"滤色",效果如图4.19所示,为文字添加水花溅起的效果。

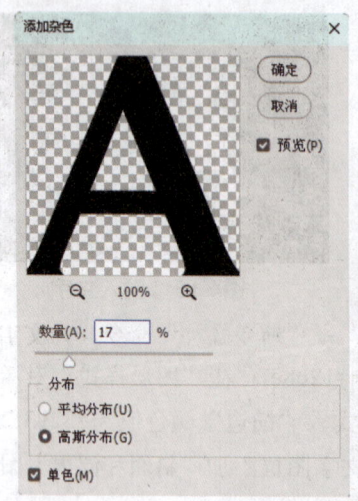

图4.18　水花溅起的文字效果

05 在"图层"面板中单击"创建新图层"按钮🗀,新建图层,将其命名为"光影";选择"画笔工具"✏️,结合使用黑色柔边画笔和白色柔边画笔涂抹文字"A"的高光和阴影;设置图层的"不透明度"为86%,效果如图4.20所示。

图4.19　设置图层混合模式　　　　　图4.20　绘制高光和阴影

06 载入文字"A"选区,单击"图层"面板中的"添加图层蒙版"按钮▢,为文字添加图层蒙版,效果如图4.21所示,制作文字的明暗光影。

07 在"图层"面板中单击"创建新组"按钮🗀,创建图层组,将其命名为"水花1";打开素材文件"2.png",选择"矩形选框工具"▢绘制选区,选择所需图形,并将其拖入"水花文字.PSD"文件的"水花1"图层组中,并调整图层的混合模式,效果如图4.22所示。

添加水花素材的参考过程如图4.23所示,也可以根据自己的喜好制作水花效果。

08 使用相同的方法,创建新组,将其命名为"水花2",拖入并调整素材2,设置图层的混合模式,制作另一组水花,效果如图4.24所示。

09 在"图层"面板中单击"创建新图层"按钮🗀,新建图层,将其命名为"白雾";设置景色为白色，选择"画笔工具"，参照图4.25所示设置工具选项栏参数，在文字"A"上绘制水花溅起时的水雾效果，完成水花文字"A"的制作。

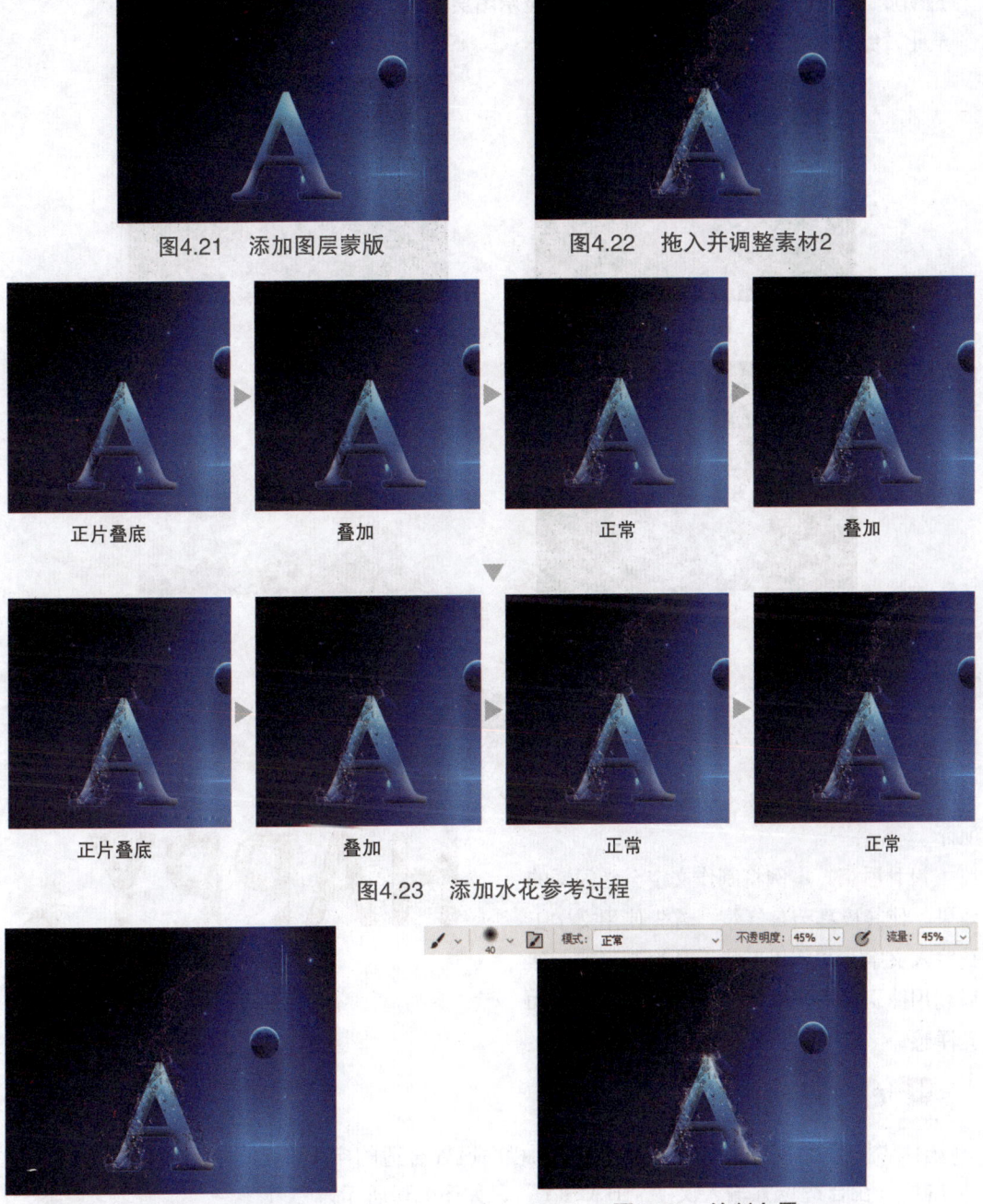

图4.21　添加图层蒙版　　　　　　图4.22　拖入并调整素材2

正片叠底　　　　叠加　　　　正常　　　　叠加

正片叠底　　　　叠加　　　　正常　　　　正常

图4.23　添加水花参考过程

图4.24　制作另一组水花　　　　　　图4.25　绘制白雾

⑩ 使用相同的方法，制作文字"R""T"，效果如图4.26所示。
⑪ 按住Ctrl键单击"A""R""T"图层组，复制图层组并按Ctrl+E组合键合并图层组，将合并后得到的图层命名为"倒影"；按Ctrl+T组合键执行自由变换操作，垂直翻转合并的文字"ART"，并将其移至合适位置，效果如图4.27所示。

97

12 单击"图层"面板中的"添加图层蒙版"按钮 ▢，为文字倒影添加图层蒙版；选择"画笔工具" ✎，在图层蒙版中使用黑色柔边画笔适当涂抹文字倒影；设置"倒影"图层的"不透明度"为61%，文字倒影效果和单独显示图层蒙版的效果如图4.28所示。至此，完成水花文字的制作。

图4.26 制作"R""T"

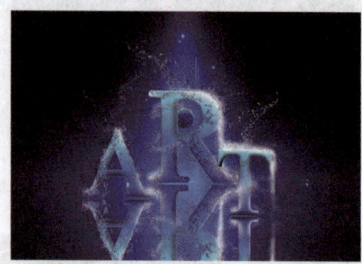

图4.27 垂直翻转文字

图4.28 制作倒影

4.3 黄金文字

设计效果： 黄金文字设计，如图4.1所示。

设计思路： 本例将制作文字金光闪烁的效果，使其极具节日气氛。首先使用文字工具输入文字，并使用形状工具绘制形状，然后利用图层样式使文字和形状产生立体感和光泽感。

图4.29 黄金文字

项目制作步骤

01 选择"横排文字工具" T，在工具选项栏中设置合适的字体和字号，将文字颜色设置为白色，在合适位置输入文字"HAPPY"，如图4.30所示。

图4.30 输入文字

02 执行"图层"→"图层样式"→"投影"命令，参照图4.31所示设置参数，为文字添加"投影"图层样式。

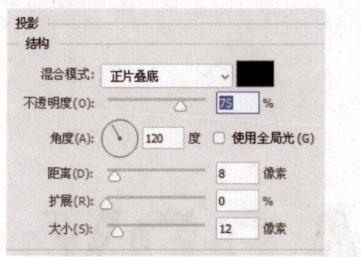 

图4.31　添加"投影"图层样式

03 在"图层样式"对话框中选择"图案叠加"选项，参照图4.32所示设置参数，展开图案拾色器，单击按钮，在弹出的菜单中选择"导入图案"命令，导入素材文件"2.pat"，选择该图案，为文字添加"图案叠加"图层样式。

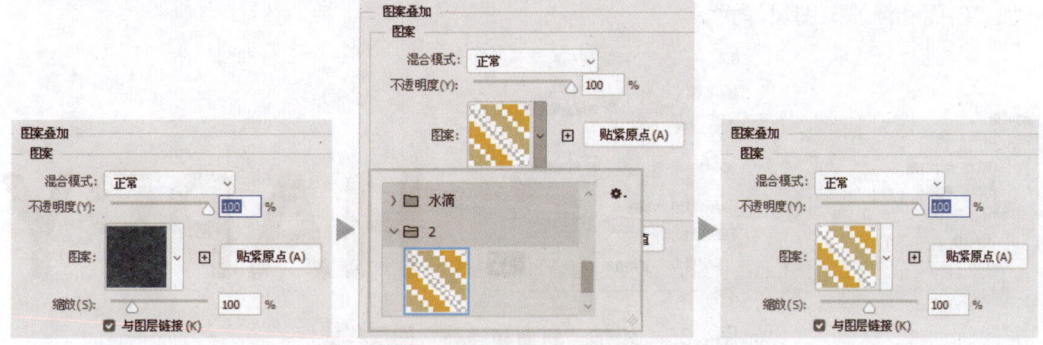

图4.32　添加"图案叠加"图层样式

04 在"图层样式"对话框中选择"渐变叠加"选项，参照图4.33所示设置参数，渐变颜色值为#cc9900、#ffcc33（"位置"为25%）、#cc9900（"位置"为50%）、#ffcc33（"位置"为75%）和#cc9900，将其存储为渐变预设，为文字添加"渐变叠加"图层样式。

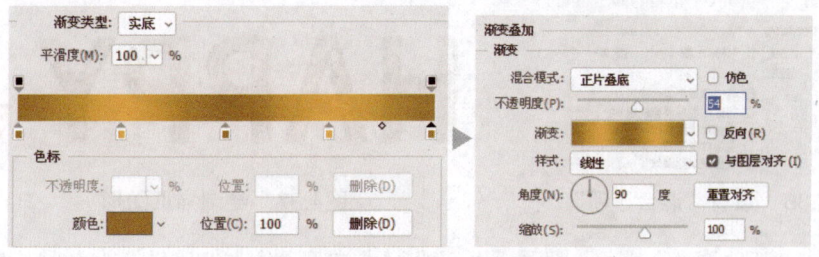

图4.33　添加"渐变叠加"图层样式

05 在"图层样式"对话框中选择"描边"选项,参照图4.34所示设置参数,调用之前存储的渐变预设,为文字添加"描边"图层样式。

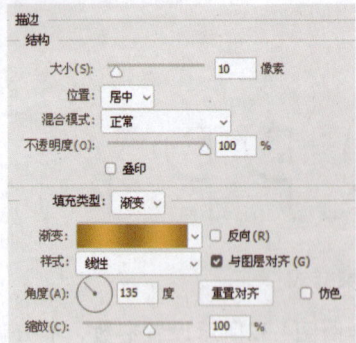

图4.34 添加"描边"图层样式

06 在"图层样式"对话框中选择"斜面和浮雕"选项,参照图4.35所示设置参数,为文字添加"斜面和浮雕"图层样式。

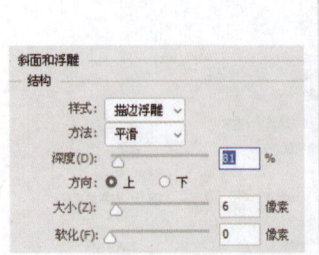 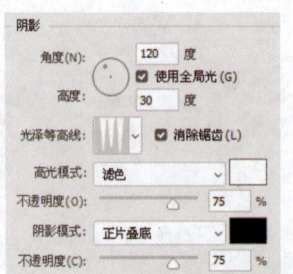

图4.35 添加"斜面和浮雕"图层样式

07 在"图层样式"对话框中选择"混合选项"选项,参照图4.36所示设置参数。

08 设置前景色为红色(#fd0a1b),新建图层,将其命名为"猫爪";选择"自定形状工具" 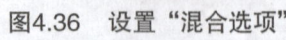,在工具选项栏中选择"像素"选项,在"形状"下拉列表中选择"爪印(猫)"选项,在合适位置绘制猫爪图形,效果如图4.37所示。

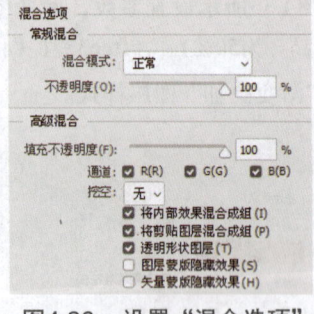

图4.36 设置"混合选项"　　　　图4.37 绘制猫爪图形

- 将内部效果混合成组:将图层的混合模式应用于修改不透明像素的图层效果,如内发光、光泽、颜色叠加和渐变叠加。
- 将剪贴图层混合成组:将基底图层的混合模式应用于剪贴蒙版中的所有图层;取消选择此选项(默认是选中的),可保持原有混合模式和组中每个图层的外观。

- 透明形状图层：将图层效果和挖空效果限制在图层的不透明区域；取消选择此选项（默认是选中的），可在整个图层内应用这些效果。
- 图层蒙版隐藏效果：将图层效果限制在图层蒙版所定义的区域。
- 矢量蒙版隐藏效果：将图层效果限制在矢量蒙版所定义的区域。

09 使用相同的方法，为猫爪所在图层添加图层样式，并设置混合选项，如图4.38至图4.42所示。其中，"图案叠加"图层样式中导入了素材文件"3.pat"；"描边"图层样式调用了之前存储的渐变预设。

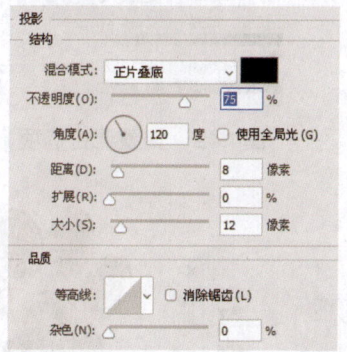

图4.38　添加"投影"图层样式

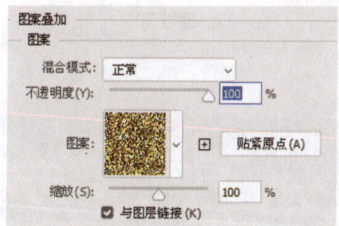

图4.39　添加"图案叠加"图层样式

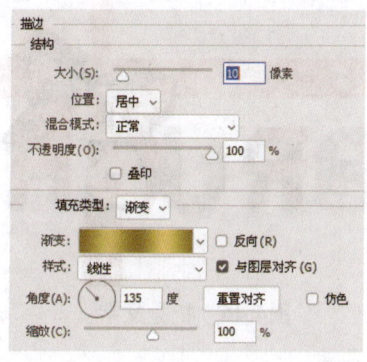

图4.40　添加"描边"图层样式

10 如果感觉猫爪的金属效果不理想，可以选择"猫爪"图层，此时在图层名称右侧显示"指示图层具有高级混合选项"和"指示图层效果"两个图标。右击"指示图层效果"图标，在弹出的菜单中选择"缩放效果"命令，在打开的"缩放图层效果"对话框中设置"缩放"数值，调整图层效果，如图4.43所示。

至此，完成黄金文字的制作。

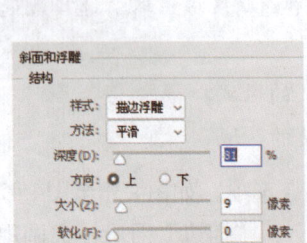
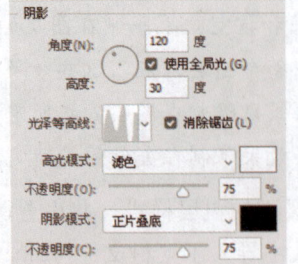
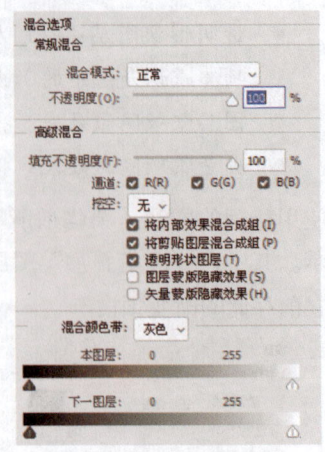

图4.41　添加"斜面和浮雕"图层样式　　　　图4.42　调整混合选项

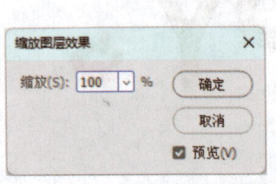

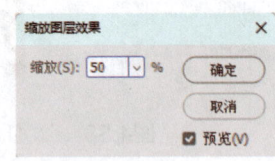

缩放100%　　　　　　　　　　　　　　缩放50%

图4.43　缩放图层效果

4.4 折叠文字

设计效果： 折叠文字设计，如图4.44所示。

设计思路： 本例将文字制作成纸张折叠的效果。首先使用形状工具将文字的不同部分绘制为不同形状，并将其组合起来；然后为文字添加图层蒙版，制作丝带遮挡住文字的效果。

图4.44　折叠文字

项目制作步骤

01 新建文档，将其存储为"折叠文字.PSD"；在"图层"面板中单击"创建新组"按钮，创建新组，将其命名为"B"。

02 选择"矩形工具"，在工具选项栏中选择"形状"选项，设置"填充"为蓝色（#008aff），在合适位置绘制纵向的矩形形状。

03 继续使用"矩形工具"，绘制横向的矩形形状；使用"钢笔工具"绘制折角形状，右击，在弹出的菜单中选择"建立选区"命令，载入折角选区。

04 单击"图层"面板中的"添加图层蒙版"按钮 ◻,添加图层蒙版,制作折角效果;继续使用"钢笔工具" ⌖ 绘制折角形状并载入选区,制作其他折角,效果如图4.45所示。

图4.45 绘制矩形形状并制作折角效果

05 使用相同的方法,制作文字"B"的其他部分,效果如图4.46所示。

06 复制最初绘制的纵向的矩形形状图层,执行"图层"→"图层样式"→"渐变叠加"命令,在打开的"图层样式"对话框中参照图4.47所示设置参数,渐变颜色值为#0763ba和#009cff,为复制的纵向矩形形状图层添加"渐变叠加"图层样式。

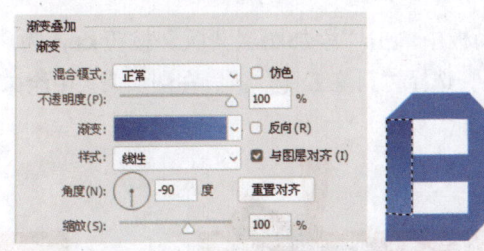

图4.46 文字"B"　　图4.47 添加"渐变叠加"图层样式

07 在"图层"面板中单击"添加图层蒙版"按钮 ◻,为复制的纵向矩形形状图层添加图层蒙版;设置前景色为黑色,选择"画笔工具" ⌖,在图层蒙版中涂抹,绘制纵向矩形形状的明暗效果,效果如图4.48所示。

08 继续添加"渐变叠加"图层样式和图层蒙版,为文字"B"制作其他折叠效果,效果如图4.49所示。

图4.48 绘制明暗效果　　图4.49 绘制其他明暗效果

09 使用相同的方法,分别创建新组"R""U""S""H",使用"矩形工具" ▭ 绘制矩形形状,根据自己的喜好设置文字颜色,添加"渐变叠加"图层样式和图层蒙版制作文字的折叠和明暗效果,效果如图4.50所示。

图4.50 制作其他文字效果

10 将所有文字图层组编组,将图层组命名为"文字";按Ctrl+Alt+E组合键盖印"文字"图层组,将其命名为"投影",将"投影"图层拖入"文字"图层组的最下方;执行"图层"→"图层样式"→"投影"命令，在打开的"图层样式"对话框中参照图4.51所示设置参数，为文字添加投影效果。

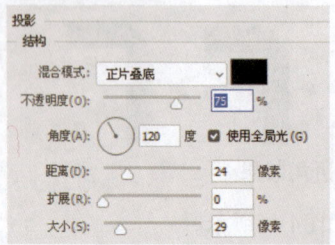 

图4.51 添加"投影"图层样式

11 打开素材文件"1.jpg"，将其拖入"折叠文字.PSD"文件，将素材1所在图层移至"图层"面板的最下方，效果如图4.52所示。

12 在"图层"面板中单击"添加图层蒙版"按钮，为"文字"图层组添加图层蒙版；设置前景色为黑色，选择"画笔工具"，在图层蒙版中涂抹，绘制文字被丝带遮挡的效果，效果如图4.53所示。

图4.52 拖入并调整素材1　　　　　　　图4.53 添加图层蒙版并涂抹

13 在所有图层的上方新建图层，载入素材1的选区，按Shift+F6组合键，打开"羽化选区"对话框，适当调整"羽化半径"数值，然后填充选区为黑色；将黑色素材1向右下方略微移动；调整图层的"不透明度"为53%，效果如图4.54所示。

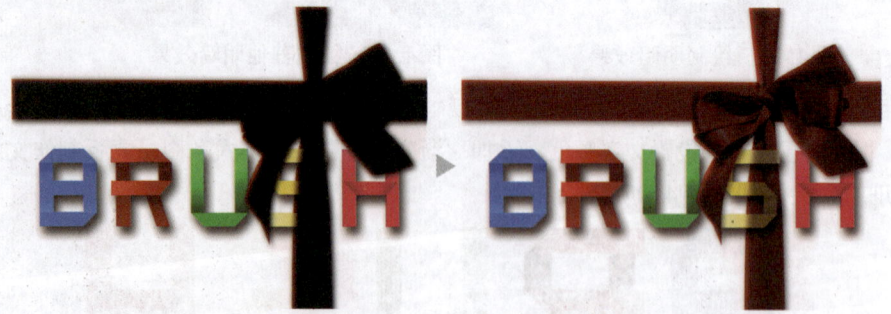

图4.54 填充选区、移动并设置图层不透明度

14 载入折叠文字选区，单击"图层"面板中的"添加图层蒙版"按钮，为黑色素材1图层添加图层蒙版；选择"画笔工具"，在图层蒙版中涂抹，绘制丝带的投影效果。文字效果和单独显示图层蒙版中的效果如图4.55所示。

至此，完成折叠文字的制作。

第4章 文字设计

图4.55 添加图层蒙版并涂抹

4.5 装饰感文字

设计效果： 装饰感文字设计，如图4.56所示。

设计思路： 文字是图形的一种。本例将文字制作为极富装饰感的图形效果。首先利用图层样式制作立体文字效果；然后创建渐变填充图层并导入素材，制作彩色文字效果。

图4.56 装饰感文字

项目制作步骤

01 打开素材文件"1.jpg"，将其另存为"装饰感文字.PSD"。

02 选择"横排文字工具" T ，在工具选项栏中设置合适的字体和字体大小，文字颜色为白色，在合适位置输入文字"H"，效果如图4.57所示。

03 选择文字图层，执行"图层"→"图层样式"→"投影"选项，为文字图层添加"投影"图层样式，参照图4.58所示设置参数；在"图层样式"对话框中选择"渐变叠加"选项，渐变颜色值为#和#，为文字图层添加"渐变叠加"图层样式，参照图4.59所示设置参数。

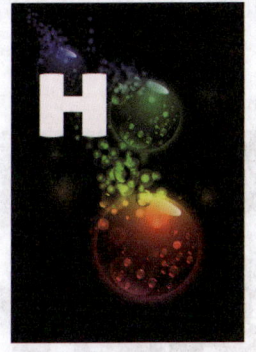 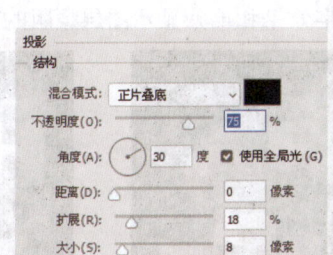 

图4.57 输入文字"H"　　　　图4.58 添加"投影"图层样式

04 使用相同的方法，输入其他文字，复制、粘贴文字"H"的图层样式，效果如图4.60所示。

05 打开素材文件"2.png"，将其拖入"装饰感文字.PSD"文件，按Ctrl+T组合键执行自由变换操作，调整素材2的大小和位置，效果如图4.61所示。

06 在"图层"面板中单击"创建新的填充或调整图层"按钮 ，在弹出的菜单中选择"渐

105

变"命令,在打开的"渐变填充"对话框中参照图4.62所示设置参数,渐变颜色值为#ff2a9c("位置"为11%)、#c660c3("位置"为51%)和#2dd4cc("位置"为81%),创建"渐变填充1"图层。

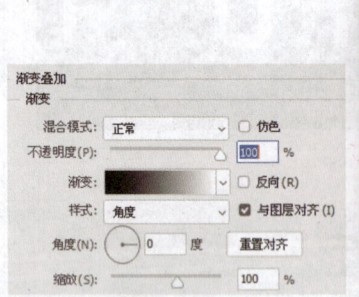

图4.59 添加"渐变叠加"图层样式　　　　图4.60 制作其他文字效果

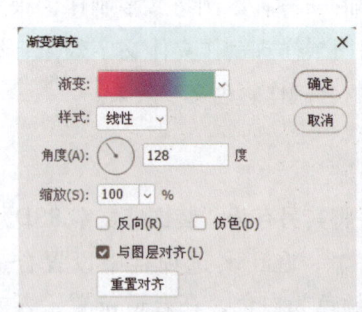

图4.61 拖入并调整素材2 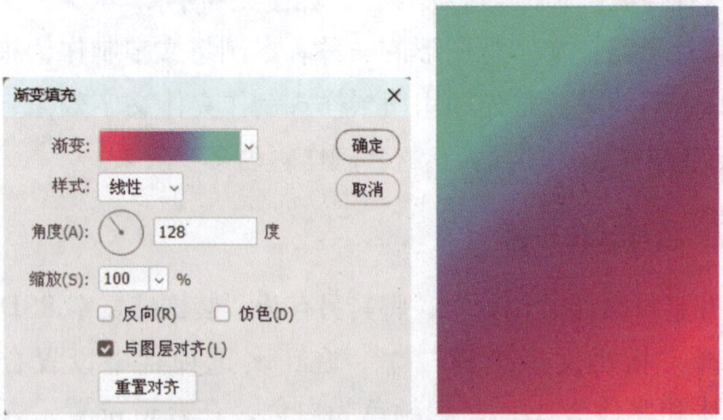　　　　图4.62 创建"渐变填充1"图层

07 设置"渐变填充1"图层的混合模式为"柔光",效果如图4.63所示。

08 此时文字颜色不够艳丽,按Ctrl+J组合键复制"渐变填充1"图层,强化渐变填充效果,得到"渐变填充1拷贝"图层,效果如图4.64所示;如果不希望背景颜色过于艳丽,按住Ctrl键单击文字图层"H",载入文字"H"的选区,按住Ctrl+Shift组合键单击其他文字图层,加选文字选区,然后单击"渐变填充1拷贝"图层的图层蒙版,填充选区为黑色,按Ctrl+I组合键反相图层蒙版,文字效果和单独显示图层蒙版的效果如图4.65所示。

图4.63 设置混合模式　图4.64 复制渐变填充图层　　图4.65 调整图层蒙版

09 使用相同的方法,创建"渐变填充2"图层,渐变颜色值为#9000da("位置"为10%)、

106

#f9e249（"位置"为53%）和#960898（"位置"为80%），设置图层混合模式为"柔光"，然后载入文字选区、调整图层蒙版，调整文字的颜色，如图4.66所示。

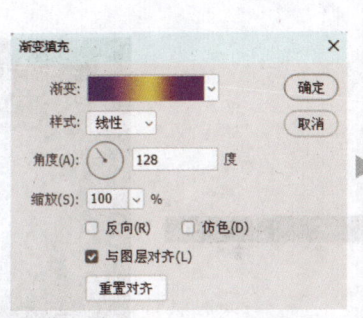

图4.66　创建"渐变填充2"图层

10 复制"渐变填充2"图层两次，效果如图4.67所示。

11 打开素材文件"3.png"，将其拖入"装饰感文字.PSD"文件。按Ctrl+T组合键执行自由变换操作，调整素材3的大小和位置，效果如图4.68所示。

至此，完成装饰感文字的制作。

图4.67　复制"渐变填充2"图层两次　　　　图4.68　拖入并调整素材3

4.6 未来感文字

设计效果： 未来感文字设计，如图4.69所示。

设计思路： 本例将文字制作为具有未来高科技视觉意象的效果。首先使用形状工具绘制文字形状，然后利用渐变填充制作晶莹剔透的质感。

▶ 项目制作步骤

01 新建文档，将其存储为"未来感文字.PSD"；在"图层"面板中单击"创建新的填充或调整图层"按钮，在弹出的菜单中选择"渐变"命令，在打开的"渐变填充"对话框中参照图4.70所示设置参数，渐变颜色值为#9ce4ff、

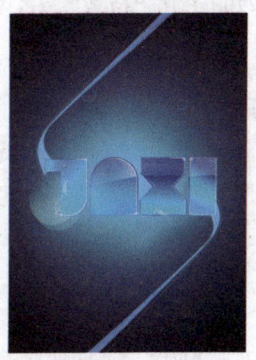

图4.69　未来感文字

107

#00547f（"位置"为44%）和#0a1122（"位置"为83%），创建"渐变填充1"图层。

02 设置前景色为蓝色（#86c4e7），选择"画笔工具"，在径向渐变中心的合适位置随意涂抹，效果如图4.71所示。

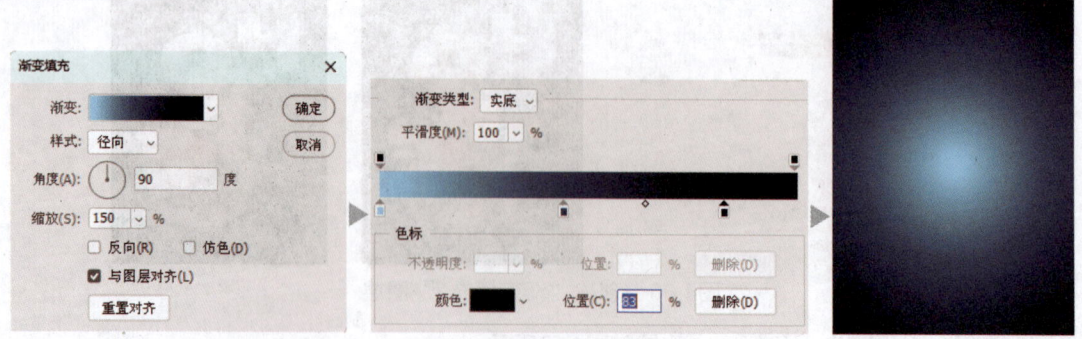

图4.70　创建渐变填充图层

03 选择"钢笔工具"，在工具选项栏中选择"形状"选项，设置"填充"为"渐变"，渐变颜色值为#59abff和#0b4cb6，在合适位置绘制渐变形状，设置图层的"不透明度"为40%，效果如图4.72所示。

图4.71　随意涂抹

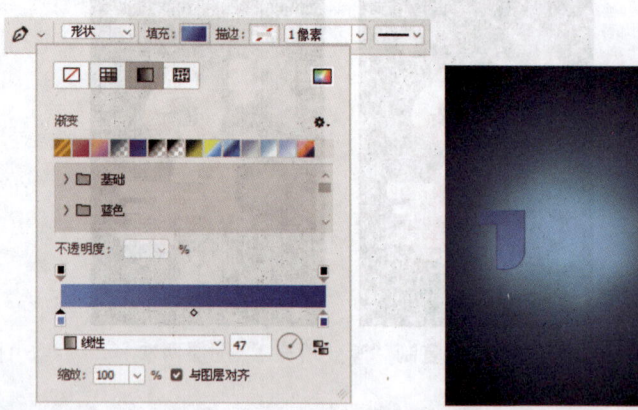

图4.72　绘制渐变形状

04 复制渐变形状图层，按Ctrl+T组合键执行自由变换操作，将形状略微缩小；双击复制得到的形状图层的图层缩览图，在打开的"渐变填充"对话框中修改渐变颜色值为#79deff、#79deff（"位置"为51%）和#56d5ff（"位置"为98%），参照图4.73设置参数。

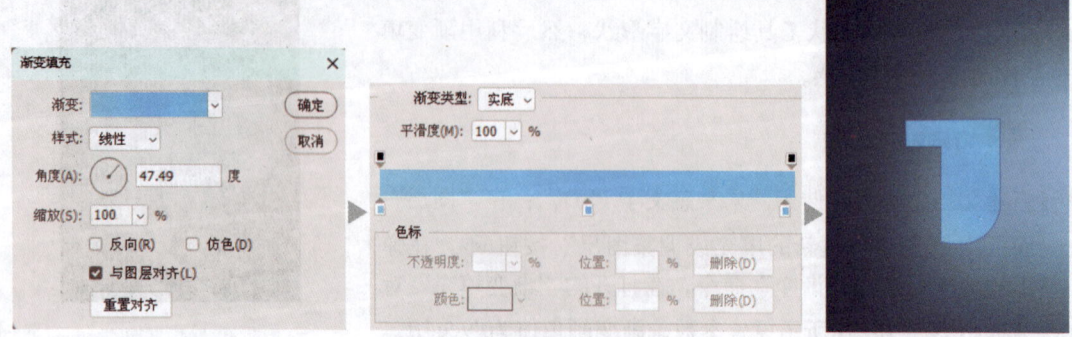

图4.73　修改渐变填充设置

05 在"图层"面板中单击"添加图层样式"按钮 fx，在弹出的菜单中选择"内阴影"命令，参照图4.74所示设置参数，为文字形状图层添加"内阴影"图层样式。

06 在"图层"面板中单击"添加图层蒙版"按钮，为文字形状图层添加图层蒙版；设置前景色为黑色，选择"画笔工具"，在图层蒙版中涂抹，绘制文字的明暗效果，效果如图4.75所示。

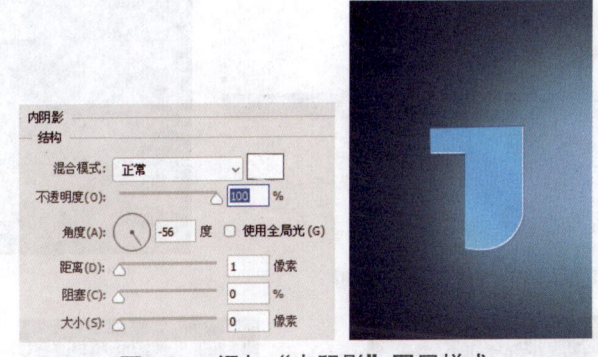

图4.74 添加"内阴影"图层样式

图4.75 添加图层蒙版并涂抹

07 使用相同的方法，绘制第二个渐变文字形状，渐变颜色值为#24abe4（"位置"为44%）、#4991db（"位置"为70%）和#2c5093（"位置"为93%），效果如图4.76所示。

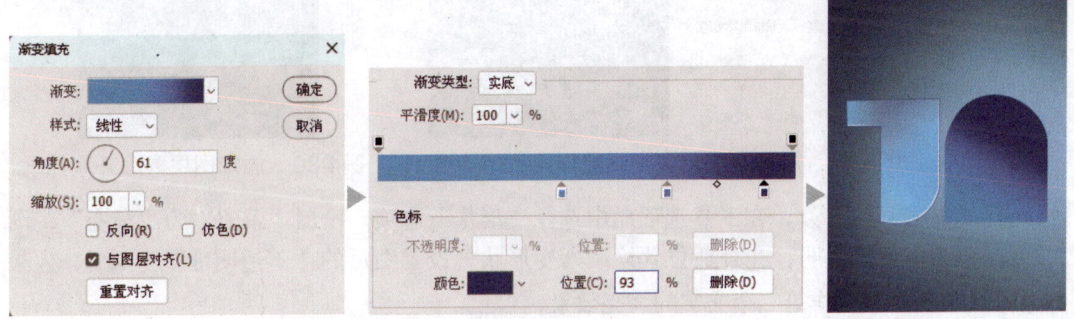

图4.76 绘制第二个渐变文字形状

08 在"图层"面板中单击"添加图层蒙版"按钮，为文字形状图层添加图层蒙版；设置前景色为黑色，选择"画笔工具"，在图层蒙版中涂抹，绘制文字的明暗效果，效果如图4.77所示。

09 复制第二个渐变文字形状图层，按Ctrl+T组合键执行自由变换操作，将形状略微缩小；删除原图层蒙版，双击复制得到的形状图层的图层缩览图，在打开的"渐变填充"对话框中修改渐变颜色值为#52baf0、#35b4e3（"位置"为47%）和#3772bb，参照图4.78设置参数。

10 在"图层"面板中单击"添加图层样式"按钮 fx，在弹出的菜单中选择"内阴影"命令，参照图4.79所示设置参数，为文字形状图层添加"内阴影"图层样式。

图4.77 添加图层蒙版并涂抹

11 在"图层"面板中单击"添加图层蒙版"按钮 ▢，为文字形状图层添加图层蒙版；设置前景色为黑色，选择"画笔工具" ✎，在图层蒙版中涂抹，修饰文字的明暗效果，效果如图4.80所示。

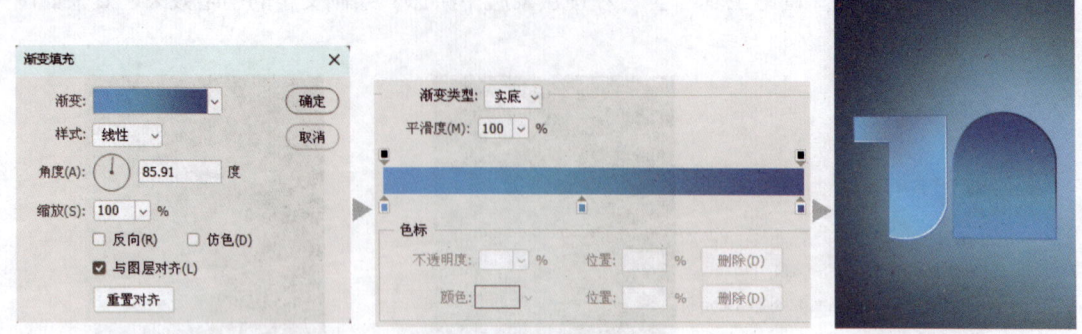

图4.78 修改渐变填充设置

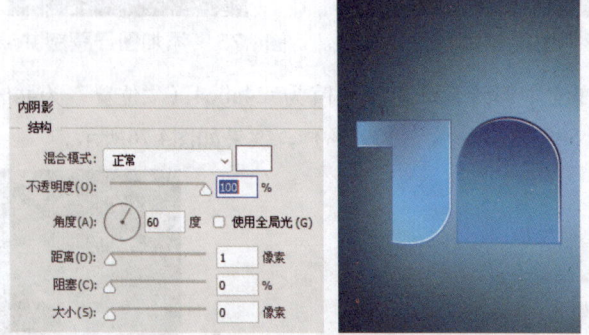 

图4.79 添加"内阴影"图层样式　　图4.80 添加图层蒙版并涂抹

12 选择"钢笔工具" ✎，在工具选项栏中选择"形状"选项，设置"填充"为"渐变"，渐变颜色为白色至透明，在合适位置绘制渐变形状，设置图层的"不透明度"为60%，效果如图4.81所示，制作第二个文字的高亮效果。

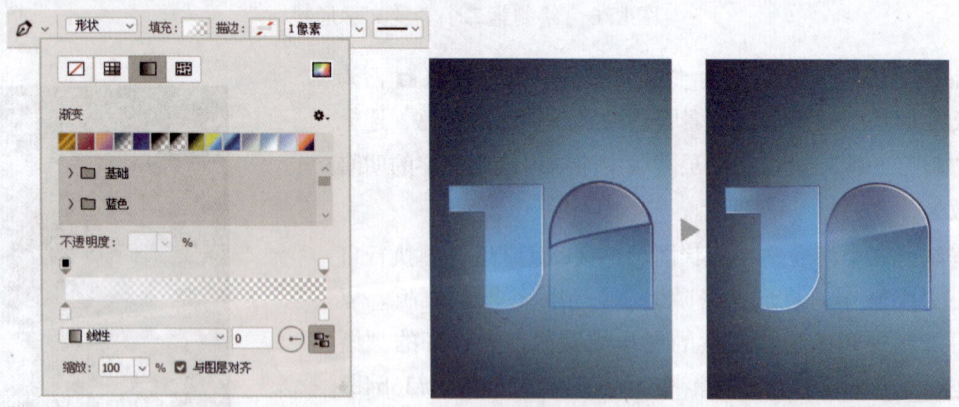

图4.81 绘制渐变形状

13 使用相同的方法，绘制第三个渐变文字形状，渐变颜色值为#50baf1和#286fb2，效果如图4.82所示。

14 复制第三个渐变文字形状图层,按Ctrl+T组合键执行自由变换操作,将形状略微缩小;双击复制得到的形状图层的图层缩览图,在打开的"渐变填充"对话框中修改渐变颜色值为#52b2de("位置"为1%)、#5ed3ff("位置"为18%)、#4da4d6("位置"为49%)和#094aa1("位置"为87%),参照图4.83设置参数。

图4.82 绘制第三个文字形状

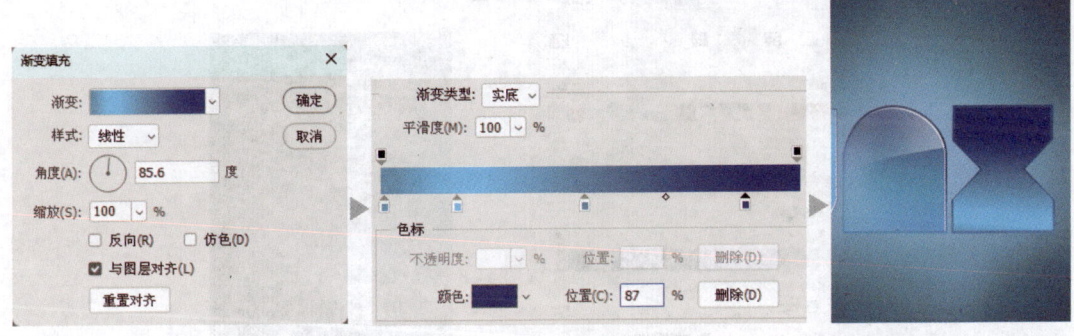

图4.83 修改渐变填充设置

15 在"图层"面板中单击"添加图层样式"按钮 fx,在弹出的菜单中选择"内阴影"命令,参照图4.84所示设置参数,为文字形状图层添加"内阴影"图层样式。

16 选择"钢笔工具" ,在工具选项栏中选择"形状"选项,设置"填充"为"渐变",渐变颜色为白色至透明,在合适位置绘制渐变形状,设置图层的"不透明度"为71%,效果如图4.85所示,制作第三个文字的高亮效果。

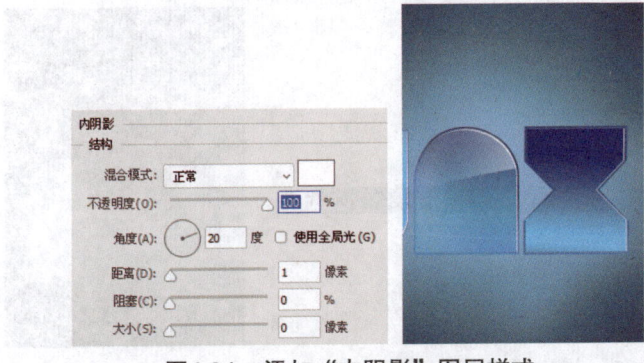

图4.84 添加"内阴影"图层样式

图4.85 绘制渐变形状

17 在"图层"面板中单击"添加图层蒙版"按钮 ，为高亮形状图层添加图层蒙版；设置前景色为黑色，选择"画笔工具" ，在图层蒙版中涂抹，修饰文字的高亮效果，文字效果和单独显示图层蒙版的效果如图4.86所示。

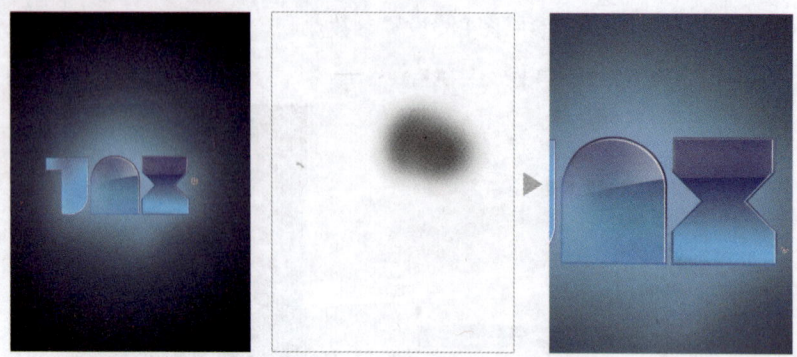

图4.86 修饰文字的高亮效果

18 使用相同的方法，绘制第四个渐变文字形状，渐变颜色值为#44ace2、#1198e6（"位置"为35%）、#1c438a（"位置"为77%），设置图层的"不透明度"为71%，效果如图4.87所示。

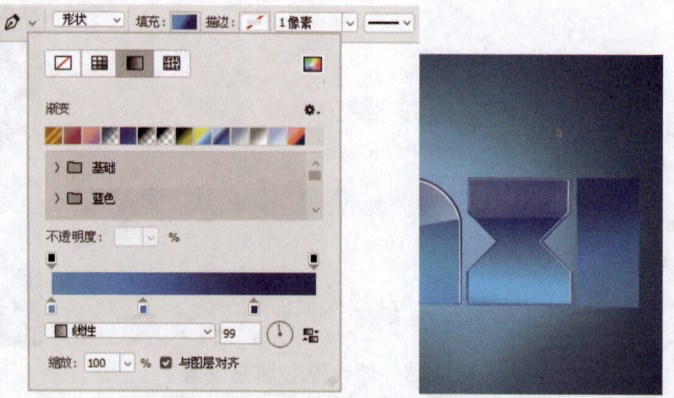

图4.87 绘制第四个文字形状

19 复制第四个渐变文字形状图层，按Ctrl+T组合键执行自由变换操作，将形状略微缩小；双击复制得到的形状图层的图层缩览图，在打开的"渐变填充"对话框中修改渐变颜色值为#80c3f7、#77d1f3（"位置"为18%）、#39acdc（"位置"为43%）和#2653b9（"位置"为64%），参照图4.88设置参数。

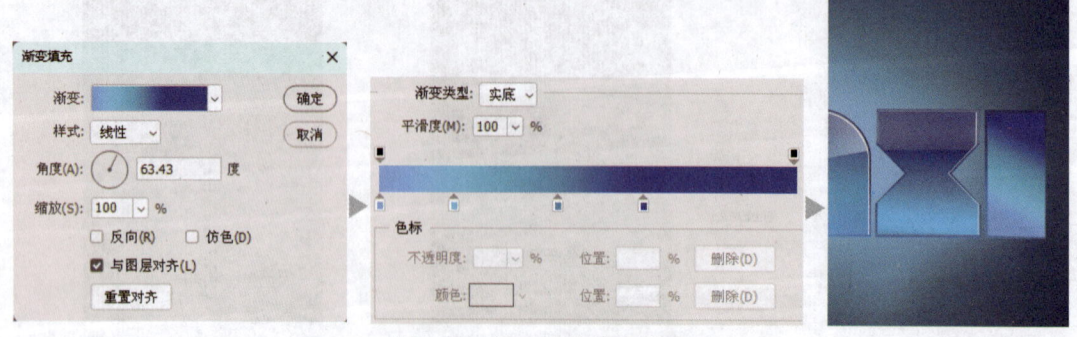

图4.88 修改渐变填充设置

第4章 文字设计

20 在"图层"面板中单击"添加图层样式"按钮 fx，在弹出的菜单中选择"内阴影"命令，参照图4.89所示设置参数，为文字形状图层添加"内阴影"图层样式。

21 使用相同的方法，选择"钢笔工具" ⌀，在工具选项栏中选择"形状"选项，设置"填充"为"渐变"，渐变颜色为白色至透明，在合适位置绘制渐变形状，设置图层的"不透明度"为39%，效果如图4.90所示，制作第四个文字的高亮效果。

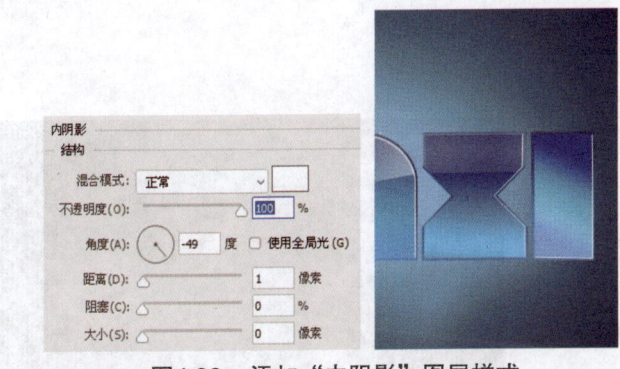

图4.89　添加"内阴影"图层样式　　　　图4.90　绘制渐变形状

22 选择所有文字形状图层，将其拖至"图层"面板中的"创建新组"按钮 ▢ 上，将其编组，将图层组命名为"文字"；选择"钢笔工具" ⌀，在工具选项栏中选择"形状"选项，设置"填充"为白色，在合适位置绘制文字高光的形状，效果如图4.91所示。

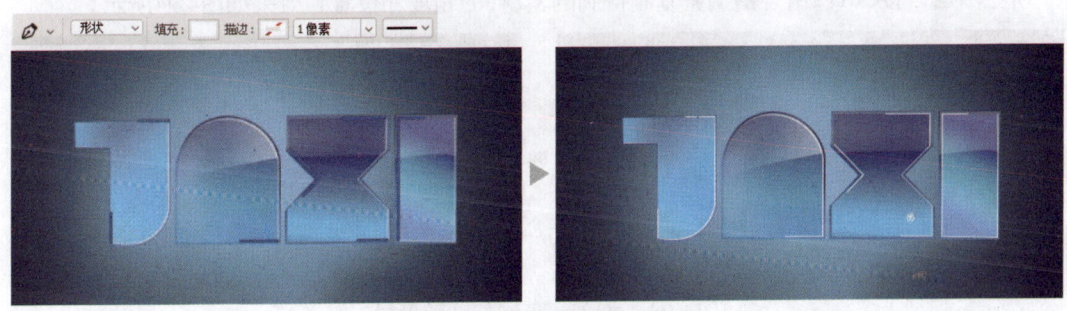

图4.91　绘制文字高光的形状

23 在"图层"面板中单击"添加图层蒙版"按钮 ▢，为高光形状图层添加图层蒙版；设置前景色为黑色，选择"画笔工具" ✎，在图层蒙版中涂抹，修饰文字的高光效果，文字效果和单独显示图层蒙版的效果如图4.92所示。

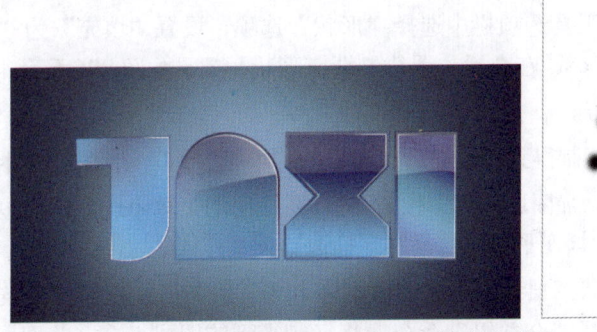

图4.92　修饰文字的高光效果

113

24 设置前景色为白色,选择"画笔工具" ,在工具选项栏中展开画笔预设选取器,单击按钮 ,在弹出的菜单中选择"导入画笔"命令,在打开的"载入"对话框中选择素材文件"1.abr",将其载入为画笔预设,使用导入的画笔在合适位置绘制高光的亮点,效果如图4.93所示。

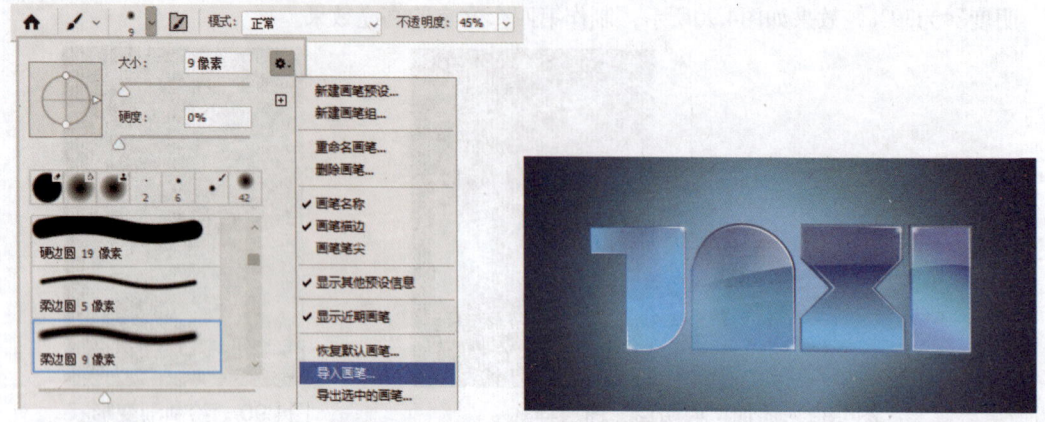

图4.93 绘制文字高光的亮点

25 打开素材文件"3.png",将其拖入"未来感文字.PSD"文件;按Ctrl+T组合键执行自由变换操作,调整素材3的角度和位置,设置素材3所在图层的"不透明度"为56%;复制素材3所在图层,按Ctrl+T组合键调整复制得到的素材3的角度和位置,效果如图4.94所示。

图4.94 拖入、复制并调整素材3

26 选择"画笔工具" ,在工具选项栏中展开画笔预设选取器,单击按钮 ,在弹出的菜单中选择"导入画笔"命令,在打开的"载入"对话框中选择素材文件"2.abr",将其载入为画笔预设;设置前景色为蓝色(#92caee),使用导入的画笔在合适位置绘制装饰圆点,设置图层的"不透明度"为30%,效果如图4.95所示。

27 选择"钢笔工具" ,在工具选项栏中选择"形状"选项,设置"填充"为"渐变",渐变颜色值为#92caee和#2f91e8,在合适位置绘制渐变形状,效果如图4.96所示,将形状图层移至"文字"图层组的下方。

28 复制渐变形状图层,设置复制得到的渐变形状图层的"填充"为0%,效果如图4.97所示。

29 在"图层"面板中单击"添加图层样式"按钮 ,在弹出的菜单中选择"描边"命令,参照图4.98所示设置参数,为渐变形状图层添加"描边"图层样式。

30 将渐变形状图层和描边形状图层编组,将图层组命名为"线条";复制"线条"图层组,右击,在弹出的菜单中选择"合并组"命令,将复制得到的图层组合并为图层;按Ctrl+T

114

组合键执行自由变换操作，垂直翻转形状并将其移至合适位置，效果如图4.99所示。

31 选择"椭圆工具" ○ ，在工具选项栏中选择"形状"选项，设置"填充"为白色，按住 Shift键在合适位置绘制正圆形状；设置正圆形状图层的图层混合模式为"柔光"，"不透明度"为50%；单击"图层"面板中的"添加图层蒙版"按钮 ◻ ，为正圆形状图层添加图层蒙版，选择"画笔工具" ✏ ，使用黑色柔边画笔在图层蒙版中涂抹，修饰正圆形状，效果如图4.100所示。

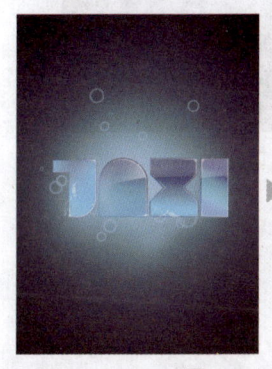  

图4.95 绘制装饰圆点　　　　　　　　　　　图4.96 绘制渐变形状

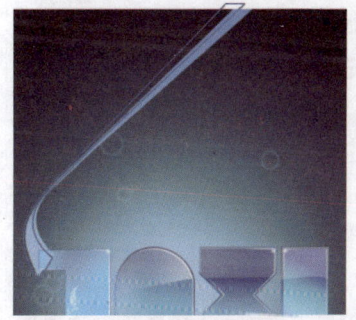 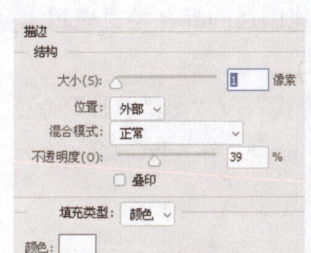

图4.97 复制图层并调整图层属性　　　　　图4.98 添加"描边"图层样式

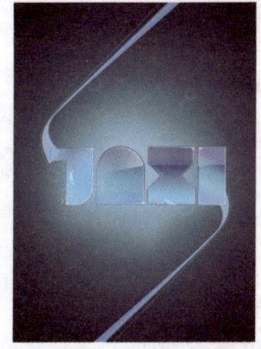 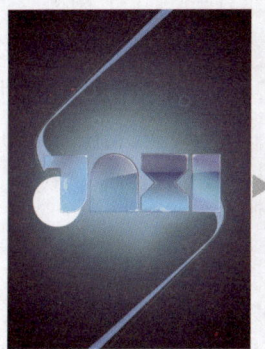 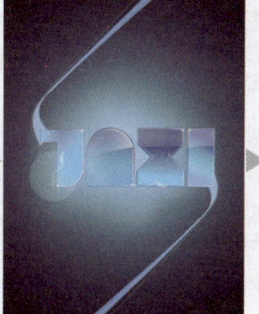 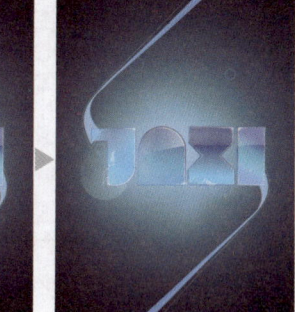

图4.99 复制并调整形状　　　　　图4.100 绘制并调整正圆形状

32 复制正圆形状图层，将复制得到的正圆形状移至合适位置；设置该形状图层的图层混合模式为"正常"，"不透明度"为31%，在图层蒙版中重新涂抹，效果如图4.101所示。

33 在"图层"面板中单击"创建新的填充或调整图层"按钮 ◐ ，在弹出的菜单中选择"自然饱和度"命令和"亮度/对比度"命令，调整整体颜色，效果如图4.102所示。

至此，完成未来感文字的制作。

图4.101　复制并调整正圆形状

图4.102　调整整体颜色

4.7 课后练习

一、填空题

1. _____ 用于将基底图层的混合模式应用于剪贴蒙版中的所有图层。

2. 将内部效果混合成组：将图层的混合模式应用于修改不透明像素的图层效果，如内发光、_____、_____和_____等。

3. 执行"图层"→"图层样式"→"图案叠加"命令，展开_____，单击按钮✱，在弹出的菜单中选择"导入图案"命令，导入PAT文件。

二、选择题（多选）

1. 如果为图层添加了图层样式，则图层名称右侧显示（　　）图标；如果为图层设置了"图层蒙版隐藏效果"，则图层名称右侧显示（　　）图标。

　A. 指示图层部分锁定　　　　　　　　B. 指示图层具有高级混合选项

　C. 指示图层效果　　　　　　　　　　D. 指示图层蒙版链接到图层

2. 透明形状图层用于将（　　）和（　　）限制在图层的不透明区域。

　A. 图层效果　　　　　　　　　　　　B. 图层混合模式

　C. 挖空效果　　　　　　　　　　　　D. 形状

3. 使用形状工具绘制形状，然后（　　），载入选区。

　A. 按Ctrl+Enter组合键　　B. 在"路径"面板中展开面板菜单，选择"建立选区"命令

　C. 按Alt+Enter组合键　　D. 右击，在弹出的菜单中选择"建立选区"命令

三、简述题

1. 试设计火焰质感的文字。

2. 试设计冰块质感的文字。

3. 试设计丛林质感的文字。

第5章

图形设计

◎ **本章导读**

本章主要讲解使用Photoshop进行图形设计。图形设计是平面设计中最关键的环节，是指运用合适的表现方法设计图形展现独特创意，并赋予图形深刻的内涵。简而言之，图形设计就是用视觉艺术的手法将概念语言翻译成图形语言的设计实践过程。

* 缤纷主题图形
* 神秘主题图形
* 喜庆主题图形
* 时尚主题图形
* 拼贴主题图形

◎ **数字资源**

"素材文件\第5章\"目录下。

◎ **素质目标**

在进行包装设计时，要审美定位更高层次的价值取向，为达成有意义的艺术成果付出积极、主动的努力。

5.1 缤纷主题图形

项目： 缤纷主题图形设计，如图5.1所示。

设计思路： 本例为色彩丰富、亮丽的缤纷主题图形设计，制作比较复杂，但步骤相对单一。首先使用形状工具绘制基本形状，然后使用图层样式制作发光效果，以及花瓣装饰，最后输入文字。

▶ **项目制作步骤**

01 打开背景素材"背景.jpg"，效果如图5.2所示。

图5.1　缤纷主题图形

02 选择"椭圆工具" ○，在工具选项栏中选择"形状"选项，设置"填充"为白色，按住Shift键绘制正圆形状，如图5.3所示（为清楚显示图形，此处载入白色正圆选区）。

图5.2　背景素材

图5.3　绘制圆角矩形

03 执行"图层"→"图层样式"→"外发光"命令，参照图5.4所示设置参数，为正圆形状添加"外发光"图层样式，"外发光"颜色值为#ea3730，如图5.9所示；在"图层"面板中设置图层的"填充"为0%。

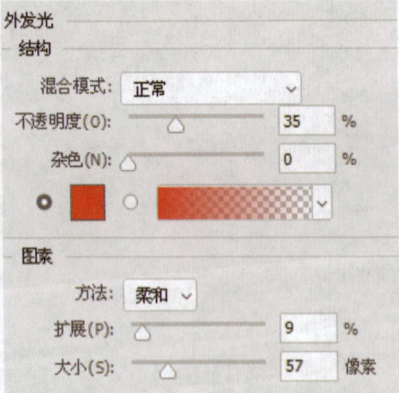

图5.4　添加"外发光"图层样式

04 新建图层，选择"椭圆选框工具" ○，按住Shift键在刚刚制作的正圆形状中绘制一个稍小的正圆选区，并填充为白色，如图5.5所示。

05 执行"图层"→"图层样式"→"外发光"命令,为白色正圆图形添加"外发光"图层样式,"外发光"颜色值为#e64034;选择"颜色叠加"选项,为白色正圆图形添加"颜色叠加"图层样式,颜色值为#ff0000;选择"内发光"选项,为白色正圆图形添加"内发光"图层样式,设置"内发光"颜色值为#c73b2a;选择"内阴影"选项,为白色正圆图形添加"内阴影"图层样式,设置"内阴影"颜色值为#720505。效果如图5.6所示,各图层样式参数设置如图5.7所示。

图5.5 绘制并填充正圆选区

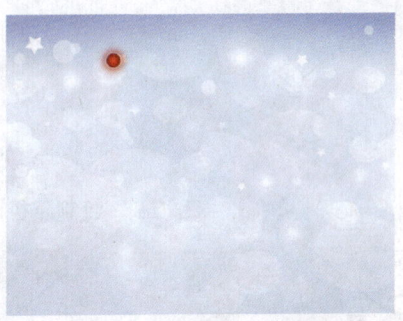

图5.6 添加图层样式效果

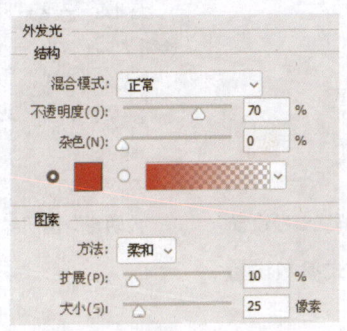

"外发光"图层样式参数设置

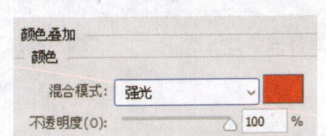

"颜色叠加"图层样式参数设置

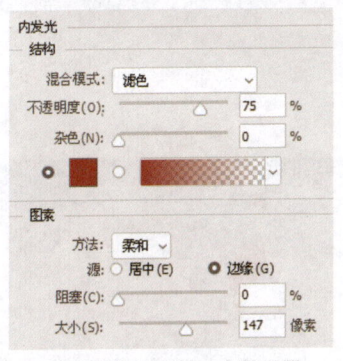

"内发光"图层样式参数设置

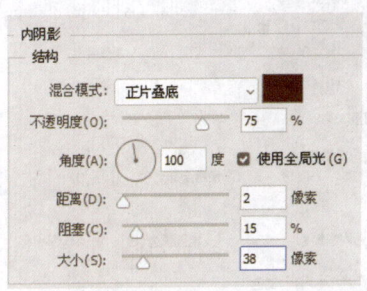

"内阴影"图层样式参数设置

图5.7 图层样式参数设置

06 新建图层,选择"钢笔工具" ,在工具选项栏中选择"路径"选项,在合适位置绘制路径;按Ctrl+Enter组合键,将路径转换为选区,并填充为白色,如图5.8所示。

07 执行"图层"→"图层样式"→"外发光"命令,为白色图形添加"外发光"图层样式,设置"外发光"颜色值为#ff7f00;选择"颜色叠加"选项,为白色图形添加"颜色叠加"

119

图层样式,颜色值为#ff7f00;选择"内阴影"选项,为白色图形添加"内阴影"图层样式,"内阴影"颜色值为#d86a00;选择"斜面和浮雕"选项,为白色图形添加"斜面和浮雕"图层样式。各图层样式参数设置如图5.9、图5.10所示,效果如图5.11所示。

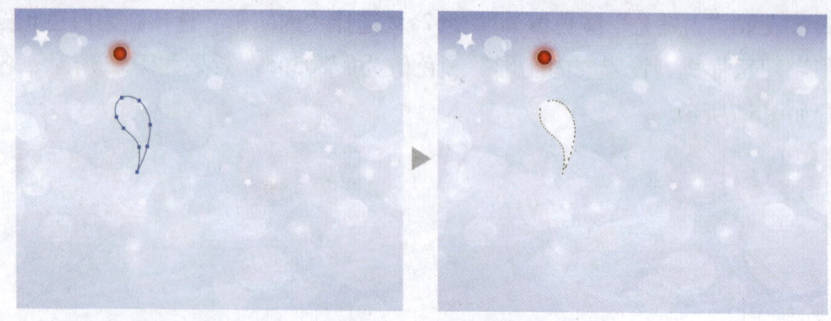

图5.8　绘制路径、转换为选区并填充选区

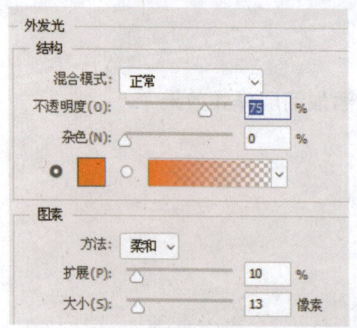

"外发光"图层样式参数设置

"颜色叠加"图层样式参数设置

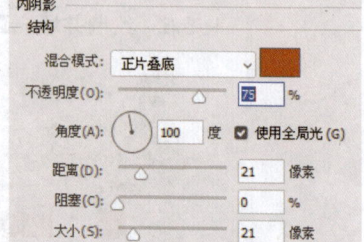

"内阴影"图层样式参数设置

图5.9　图层样式参数设置

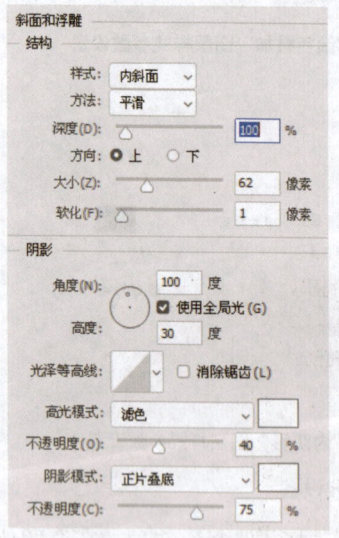

图5.10　"斜面和浮雕"图层样式参数设置

图5.11　添加图层样式效果

08 使用相同的方法,绘制其他图形,适当调整图形的颜色、大小、角度和位置,并添加图层样式,如图5.12所示。

至此,完成缤纷主题图形的制作。

图5.12　绘制其他图形

5.2 神秘主题图形

项目：神秘主题图形设计，如图5.13所示。

设计思路：本例为华丽繁复风格的神秘主题图形设计。首先使用形状工具绘制形状，并使用图层蒙版、图层属性混合图像；然后使用路径、"描边路径"功能和锚点工具调整路径；最后利用变换功能，调整图像的大小、角度和位置。

图5.13　神秘主题图形

项目制作步骤

01 新建黑色背景文档，设置前景色为#ae206b，选择"椭圆工具"，在工具选项栏中选择"形状"选项，按住Shift键在合适位置绘制如图5.14所示的正圆形状。

02 按D键，将前景色和背景色恢复为默认的黑、白色；在"图层"面板中单击"添加图层蒙版"按钮，为形状图层添加图层蒙版；选择"渐变工具"，在工具选项栏中单击"径向渐变"按钮，在工具选项栏中单击渐变色条，在打开的"渐变编辑器"对话框中选择"前景色到背景色渐变"，在图层蒙版中拖动绘制渐变。渐变效果和单独显示图层蒙版的效果如图5.15所示。

图5.14　绘制形状　　　图5.15　渐变效果和单独显示图层蒙版的效果

03 复制该形状图层，将复制得到的形状向左下角拖动，如图5.16所示。

04 按Ctrl+T组合键变换形状，按Shift+Alt组合键等比例缩小形状，如图5.17所示，按Enter键确认操作。

05 使用相同的方法，继续复制形状图层，结合"移动工具" 和自由变换操作，调整所有形状的大小、角度和位置，如图5.18所示。

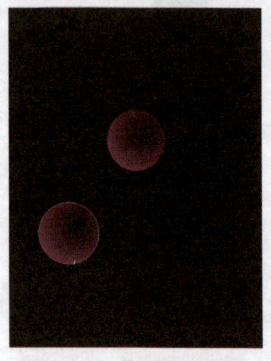 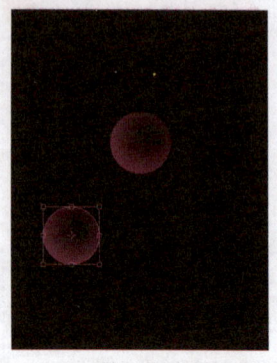 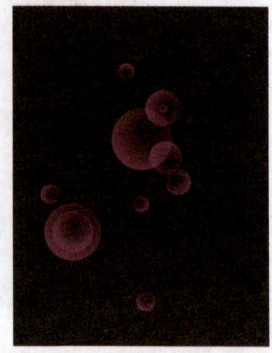

图5.16　拖动复制形状　　　　图5.17　等比例缩小形状　　　　图5.18　复制并变换形状

06 选择其中一个形状，双击其图层缩览图，在打开的对话框中设置颜色为白色，单击"确定"按钮，效果如图5.19所示。

07 复制该白色形状所在形状图层，结合"移动工具" 和自由变换操作，调整所有形状的大小、角度和位置，效果如图5.20所示。

08 选择最右侧的白色形状所在图层为当前操作图层，单击其蒙版缩览图，设置前景色为白色，按Alt+Delete组合键填充前景色；设置前景色为黑色，选择"画笔工具" ，在工具选项栏中设置合适的画笔大小和"不透明度"数值，在图层蒙版中涂抹，设置该形状图层的"不透明度"为23%，效果如图5.21所示。

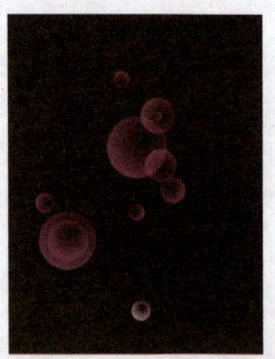 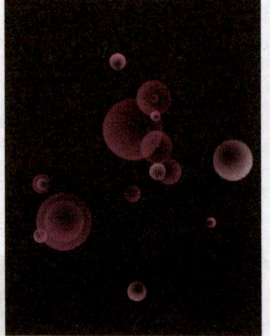 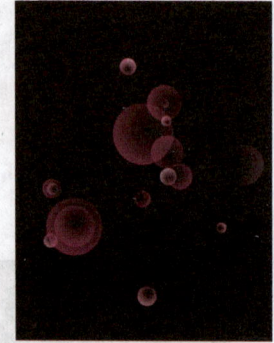

图5.19　调整形状的颜色　　　　图5.20　复制并变换形状　　　　图5.21　调整形状

09 继续调整其他图层的"不透明度"数值，选择除"背景"图层外的所有图层，按Ctrl+G组合键编组，将图层组命名为"圆"。

10 设置前景色的颜色值为#ae206b，选择"横排文字工具" ，在工具选项栏中设置合适的字体和字号，输入文字"Sunday"，效果如图5.22所示；复制文字图层，将复制得到的图层隐藏起来作为备用。

11 在"图层"面板中单击"添加图层蒙版"按钮 ，为文字图层添加图层蒙版；设置前景色为黑色，选择"画笔工具" ，在工具选项栏中设置合适的画笔大小和"不透明度"数值，在文字图层的图层蒙版中涂抹。文字效果和单独显示图层蒙版的效果如图5.23所示。

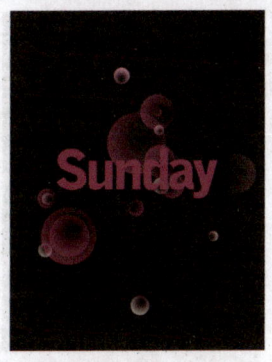
图5.22　输入文字

图5.23　文字效果和单独显示图层蒙版的效果

⓬ 显示复制的文字图层，选择该图层，右击，在弹出的菜单中选择"转换为形状"命令，设置图层的"填充"为"0%"；单击"图层"面板中的"添加图层样式"按钮 ，在弹出的菜单中选择"描边"命令，参照图5.24所示设置参数，"描边"颜色值设置为3ae206b，为文字形状添加"描边"图层样式。

⓭ 右击描边文字形状的图层名称，在弹出的菜单中选择"转换为智能对象"命令，将其转换为智能对象图层。智能对象图层的显示效果如图5.25所示。

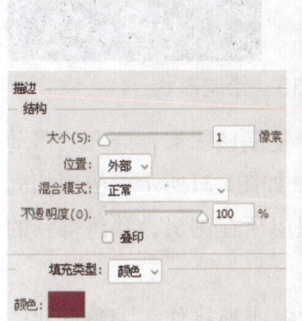

图5.24　添加"描边"图层样式

图5.25　智能对象图层的显示效果

之所以将形状图层转换为智能对象图层，是因为需要一个只有文字描边的图层，从而可以通过添加图层蒙版并进行涂抹的方法得到想要的线条效果。

⓮ 单击"图层"面板中的"添加图层蒙版"按钮 ，为该图层添加图层蒙版，使用合适的黑色画笔涂抹。文字效果和单独显示图层蒙版的效果如图5.26所示。

⓯ 新建图层，选择"椭圆工具" ，在工具选项栏中选择"路径"选项，按住Shift+Alt组合键，在字母"S"的外侧绘制如图5.27所示的正圆形路径。

⓰ 设置前景色的颜色值为#ae206b，选择"画笔工具" ，在工具选项栏中设置合适的画笔大小和"不透明度"数值；切换到"路径"面板，单击"用画笔描边路径"按钮 ，效果如图5.28所示；选择"橡皮擦工具" ，在工具选项栏中设置合适的画笔大小，擦除曲线的右下部分，效果如图5.29所示。

123

17 选择"钢笔工具" ，在工具选项栏中选择"形状"选项，在曲线底部的端点处绘制如图5.30所示的形状；复制该形状图层，将复制得到的形状图层作为备用。

图5.26 添加图层蒙版后的调整效果　　　　图5.27 绘制路径

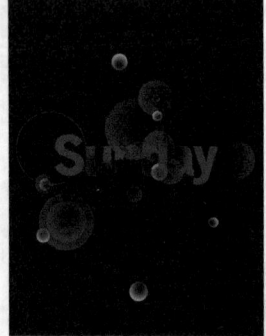
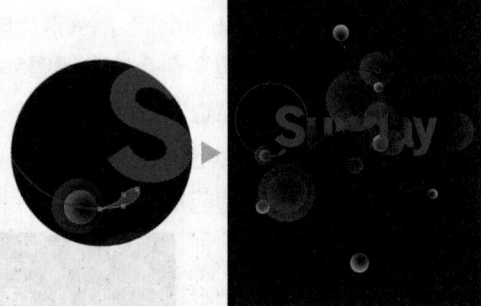

图5.28 描边路径　　图5.29 擦除部分曲线　　　　图5.30 绘制形状

18 选择曲线图层和刚绘制的形状图层，按Ctrl+E组合键合并图层；复制该图层，结合"移动工具" 和自由变换操作，调整图形的大小、角度和位置，效果如图5.31所示；使用相同的方法，多次复制并变换图形，效果如图5.32所示；合并所有图形所在图层，并将得到的图层重命名为"曲线"。

19 选择步骤17复制的形状图层，结合"路径选择工具" 和自由变换操作，调整形状的角度和位置，效果如图5.33所示。

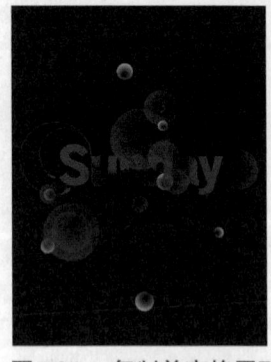

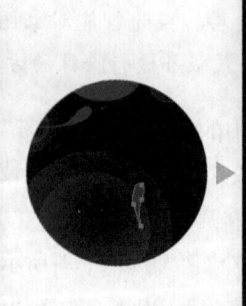

图5.31 复制并变换图形　图5.32 多次复制并变换图形　　图5.33 调整形状

20 按住Alt键，使用"路径选择工具" 移动复制该形状，结合"路径选择工具" 和

"转换点工具" 调整形状的大小、位置和角度；使用相同的方法，多次复制形状，结合"路径选择工具" 和"转换点工具" 调整形状的大小、位置和角度，效果如图5.34所示。

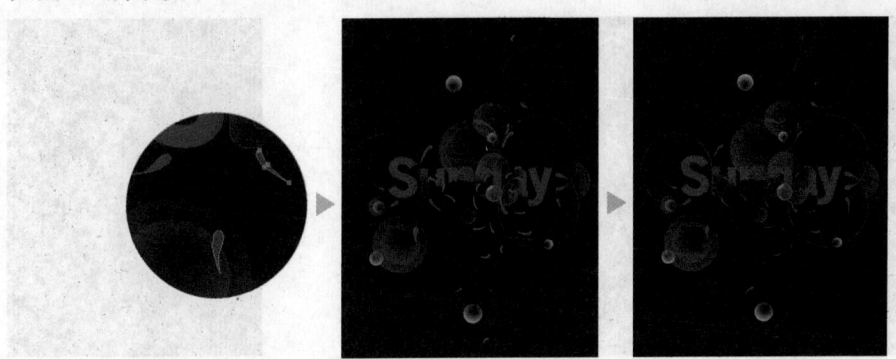

图5.34　多次复制并变换形状

21 设置前景色的颜色值为#ae206b，选择"直线工具"，在工具选项栏中选择"形状"选项，设置"形状宽度"为2 px，在字母"d"附近合适的位置绘制直线形状，效果如图5.34所示；添加图层蒙版并使用合适的黑色画笔进行涂抹，使直线分成几段。直线效果和单独显示图层蒙版的效果如图5.35所示。

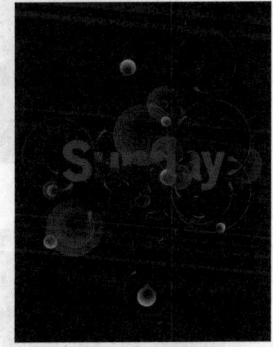

图5.34　绘制直线形状　　　　图5.35　直线效果和单独显示图层蒙版的效果

22 复制较长的直线形状两次，使用"移动工具" 将复制得到的两个较长的直线形状分别向右侧移动至合适的位置，效果如图5.36所示；删除两个直线形状图层原来的图层蒙版，重新添加图层蒙版，并使用合适的黑色画笔进行涂抹，效果如图5.37所示。

23 设置前景色的颜色值为#ae206b，结合"钢笔工具"、"椭圆工具" 和"直接选择工具"，在合适的位置绘制圆点和不规则形状，效果如图5.38所示。

24 隐藏除圆点和不规则形状所在图层和"背景"图层外的所有图层，效果如图5.39所示；单击"图层"面板中的"添加图层蒙版"按钮，为形状图层添加图层蒙版，并使用合适的黑色画笔进行涂抹，显示所有图层，效果如图5.40所示。

25 使用相同的方法，在字母"u"的右下方绘制三个正圆形状，效果如图5.41所示；新建图层，结合"钢笔工具" 和"转换点工具"，沿直线形状位置的三个半圆形状绘制如图5.42所示的弧形路径。

125

26 选择"画笔工具" ，在工具选项栏中设置合适的画笔大小和"不透明度"数值；切换到"路径"面板，单击"用画笔描边路径"按钮 ，效果如图5.43所示；使用相同的方法，绘制更多线条，效果如图5.44所示。将绘制的图形编组，将图层组命名为"线条和文字"。

图5.36　移动复制直线形状　　图5.37　添加图层蒙版并涂抹　　图5.38　绘制圆点和不规则形状

图5.39　隐藏部分图层　　　　图5.40　添加图层蒙版并涂抹

图5.41　绘制正圆形状　　　　图5.42　绘制弧形路径　　　　图5.43　描边路径

27 设置图层组"线条和文字"的混合模式为"正常"；单击"图层"面板中的"创建新的调整或填充图层"按钮 ，在弹出的菜单中选择"色相/饱和度"命令，在图层组"线条和文字"中的最上层创建"色相/饱和度"调整图层，如图5.45所示。

28 在"图层"面板中单击"添加图层蒙版"按钮 ，为"色相/饱和度"调整图层添加图层蒙版，使用合适的黑色画笔在图层蒙版中涂抹。图形效果和单独显示图层蒙版的效果如图5.46所示。

至此，完成神秘主题图形的制作。

第5章 图形设计

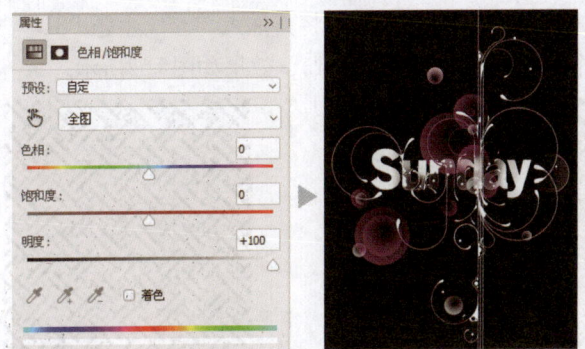

图5.44　绘制更多线条　　　　　图5.45　创建"色相/饱和度"调整图层

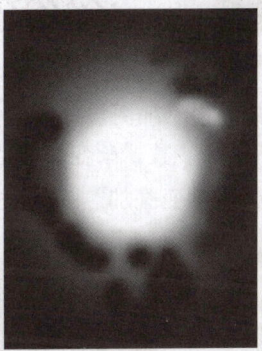

图5.46　添加图层蒙版并涂抹

5.3 喜庆主题图形

设计效果： 喜庆主题图形设计，如图5.47所示。

设计思路： 本例为撞色风格的喜庆主题图形设计，视觉冲击力较强。首先使用形状工具绘制形状，设置图层混合模式等以混合图像；然后添加图层样式，制作渐变、发光等效果；最后通过"色相/饱和度"调整命令调整图像的色彩。

▶ 项目制作步骤

[01] 新建文档，将其存储为"喜庆主题.PSD"；选择"矩形工具"，在工具选项栏中选择"形状"选项，设置"填充"的颜色值为#a1c61b，绘制如图5.48所示的矩形形状。

图5.47　喜庆主题图形

[02] 打开素材文件"1.png"，将其拖入"喜庆主题.PSD"文件；按Ctrl+T组合键执行自由变换操作，按住Shift键缩小素材1，效果如图5.49所示。

[03] 设置素材1所在图层的混合模式为"变亮"，"不透明度"为10%，效果如图5.50所示。

[04] 打开素材文件"2.png"，将其拖入"喜庆主题.PSD"文件；按Ctrl+T组合键执行自由变换操作，按住Shift键缩小素材2，效果如图5.51所示。

127

05 打开素材文件"3.png",将其拖入"喜庆主题.PSD"文件;按Ctrl+T组合键执行自由变换操作,按住Shift键缩小素材3,效果如图5.52所示。

图5.48　绘制矩形形状　　　图5.49　拖入并调整素材1　　　图5.50　设置图层属性

06 在"图层"面板中单击"添加图层样式"按钮 fx,在弹出的菜单中选择"渐变叠加"命令,参照图5.53所示设置参数,渐变颜色值设置为#ff6e02、#ffff00("位置"为50%)和#ff6d00,为素材3添加"渐变叠加"图层样式,如图5.54所示。

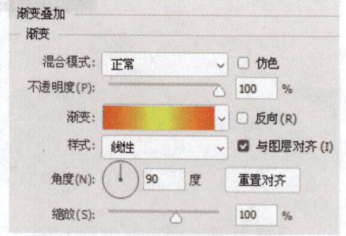

图5.51　拖入并调整素材2　　　图5.52　拖入并调整素材3　　　图5.53　图层样式参数设置

07 打开素材文件"4.png",将其拖入"喜庆主题.PSD"文件;按Ctrl+T组合键执行自由变换操作,按住Shift键缩小素材4,效果如图5.55所示。

08 按Ctrl+Alt+T组合键执行变换并复制操作,向左下方45°拖动复制得到的素材4,效果如图5.56所示。

图5.54　添加图层样式　　　图5.55　拖入并调整素材4　　　图5.56　自由变换并复制素材4

09 按Ctrl+U组合键执行"色相/饱和度"命令，在打开的对话框中参照图5.57所示设置参数，调整复制得到的素材图像的颜色。

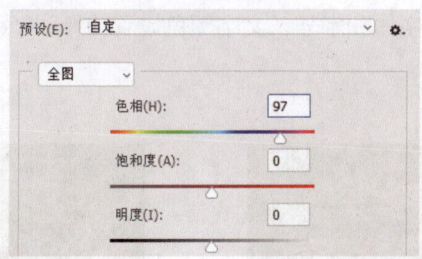 

图5.57　调整图像的颜色

10 按Ctrl+Alt+Shift+T组合键执行再次变换并复制操作，效果如图5.58所示，使用"色相/饱和度"命令进行调色。

11 使用相同的方法，继续执行以上操作，参照图5.59所示对素材图像进行排列，并调整素材图像的颜色。

图5.58　再次变换、复制素材图像并调色　　　图5.59　再次变换、复制素材图像并调色

12 按住Shift键选择所有素材4及其复制图像所在图层，按Ctrl+E组合键合并图层。

13 选择该合并图层，单击"图层"面板中的"添加图层样式"按钮 *fx*，在弹出的菜单中选择"外发光"命令，参照图5.60所示设置参数，"外发光"颜色值设置为#ffffbe，为合并图层添加"外发光"图层样式。

14 打开素材文件"5.png"，将其拖入"喜庆主题.PSD"文件；使用相同的方法，变换并复制素材5，然后合并图层，如图5.61所示。

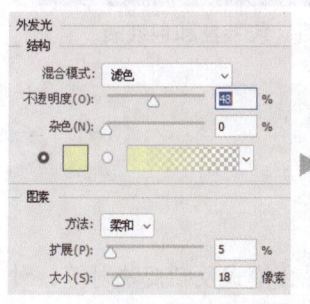  

图5.60　添加图层样式　　　　　　　　　图5.61　拖入并调整素材5

15 在素材4所在图层的图层名称上右击，在弹出的菜单中选择"拷贝图层样式"命令；然后在素材5所在图层的图层名称上右击，在弹出的菜单中选择"粘贴图层样式"命令，效果如图5.62所示。

16 打开素材文件"6.png",将其拖入"喜庆主题.PSD"文件;按Ctrl+T组合键执行自由变换操作,按住Shift键缩小素材6,效果如图5.63所示。

17 选择"直排文字工具" T,设置合适的字体和字号,文字颜色设置为#b8005d,在合适位置输入文字,效果如图5.64所示。

至此,完成喜庆主题图形的制作。

图5.62　复制、粘贴图层样式　　图5.63　拖入并调整素材6　　图5.64　输入文字

18 使用相同的方法,绘制矩形形状,拖入并调整素材,然后添加装饰图案和文字并调整颜色,制作其他效果,如图5.65所示。

可以利用制作的喜庆主题图形作为包装盒、包装袋的系列外观设计,如图5.66所示。

图5.65　制作效果　　　　　　　　图5.66　包装盒和包装袋

5.4 时尚主题图形

设计效果:时尚主题图形设计,如图5.67所示。

设计思路:本例为时尚气息浓郁的图形设计。首先运用图层混合模式及渐变映射等,对图形颜色的整体基调进行细节处理;然后添加图层样式,制作渐变、描边等效果,并使用形状工具绘制形状。

▶ 项目制作步骤

01 新建文档,将其存储为"时尚主题.PSD";新建图层,设置前景色的颜色值为#ee2186,选择"渐变工具" ，在工具选项栏中单击渐变色条，在打开的"渐变编辑器"对话框中选择"前景色到透明渐变"，在文件中从上至下拖动绘制线性渐变，效果如图5.68所示。

02 复制渐变图层，按Ctrl+T组合键执行自由变换操作，缩小并旋转渐变，将其移至图5.69所示的位置。

图5.67 时尚主题图形　　　　图5.68 拖动填充渐变　　　　图5.69 复制并调整渐变

03 按Ctrl+U组合键执行"色相/饱和度"命令，在打开的对话框中设置参数，如图5.70所示；设置图层的"填充"为53%，如图5.71所示。

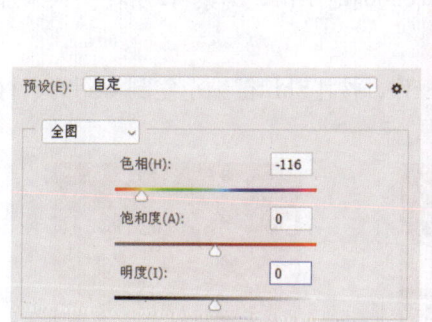

图5.70 调整图像的颜色　　　　图5.71 调整图层属性

04 复制蓝色渐变图层，按Ctrl+T组合键执行自由变换操作，旋转渐变并将其移至图5.72所示的位置。

05 设置前景色为白色，选择复制的蓝色渐变图层，单击"图层"面板中的"锁定透明像素"按钮 ，按Alt+Delete组合键填充前景色；设置图层的"填充"为30%，效果如图5.73所示。

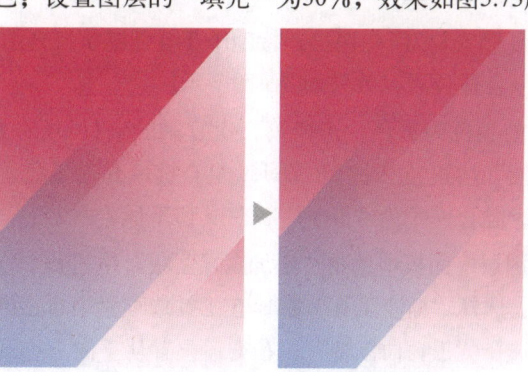

图5.72 复制并旋转渐变　　　　图5.73 填充前景色并调整图层属性

131

06 打开素材文件"1.png",将其拖入"时尚主题.PSD"文件;按Ctrl+T组合键执行自由变换操作,缩放并旋转素材1,并将其移至图5.74所示的位置;设置素材1所在图层的混合模式为"叠加",效果如图5.75所示。

07 打开素材文件"2.png",将其拖入"时尚主题.PSD"文件;按Ctrl+T组合键执行自由变换操作,按住Shift键缩小并旋转素材2,然后将其移至合适位置,效果如图5.76所示。

图5.74　拖入并调整素材1　　　图5.75　设置图层混合模式　　　图5.76　拖入并调整素材2

08 在"图层"面板中单击"添加图层样式"按钮 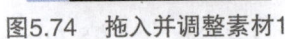,在弹出的菜单中选择"渐变叠加"命令,参照图5.77所示设置参数,渐变颜色值设置为#fecb00和#ffffff,为素材2所在图层添加"渐变叠加"图层样式。

09 复制素材2所在图层,按Ctrl+T组合键执行自由变换操作,按住Shift键缩小复制得到的素材2,并将其移至合适位置,效果如图5.78所示。

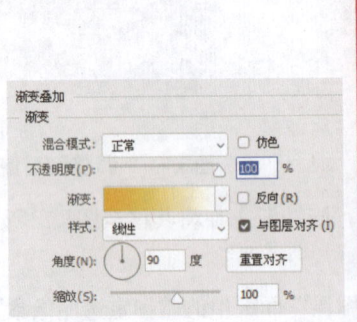

　　　图5.77　为素材2添加图层样式　　　　　　图5.78　复制并变换素材2

10 再次复制素材2所在图层,按Ctrl+T组合键执行自由变换操作,缩放并旋转该图像,然后将其移至合适位置,效果如图5.79所示。

11 设置前景色为黑色,选择第二次复制的素材2所在图层,单击"图层"面板中的"锁定透明像素"按钮 ▣,按Alt+Delete组合键填充前景色,如图5.80所示;设置图层的"填充"为25%,混合模式为"叠加",将其移至原素材2所在图层的下方,效果如图5.81所示。

12 在"图层"面板中单击"添加图层蒙版"按钮 ▣,为第二次复制的素材2所在图层添加图层蒙版;选择"渐变工具" ▣,在工具选项栏中单击渐变色条,在打开的"渐变编辑器"对话框中选择"黑,白渐变",在合适位置从下向上拖动绘制渐变,渐变效果和单独显示图层蒙版的效果如图5.82所示。

图5.79 再次复制并调整素材2　　图5.80 填充前景色　　图5.81 调整图层顺序

图5.82 再次复制并调整素材2　　图5.80 填充前景色　　图5.81 调整图层顺序

13 设置前景色为白色,选择"自定形状工具" ✿ ,在工具选项栏中选择"形状"选项,在"形状"下拉列表中选择"靶心"选项,在合适位置绘制靶心形状,效果如图5.83所示。

图5.82 添加图层蒙版　　图5.83 绘制靶心形状

14 设置靶心形状图层的混合模式为"柔光","填充"为47%,效果如图5.84所示。

15 连续复制靶心形状图层两次,分别按Ctrl+T组合键执行自由变换操作,按住Shift键缩小靶心形状,并将其移至图5.85所示的位置。

16 设置较小靶心形状图层的"填充"为100%;设置较大靶心形状图层的"填充"为60%,图层混合模式为"正常",双击该形状图层的图层缩览图,在弹出的"拾色器(纯色)"对话框中设置颜色值为#6da1eb,效果如图5.86所示。

17 打开素材文件"3.png",将其拖入"时尚主题.PSD"文件;按Ctrl+T组合键执行自由变换操作,按住Shift键缩小并旋转素材3,然后将其移至图5.87所示的位置。

133

图5.84　设置图层属性　　　　　　图5.85　复制并调整靶心形状

18 设置素材3所在图层的"填充"为43％，如图5.88所示；复制该图层，按Ctrl+T组合键执行自由变换操作，按住Shift键缩小素材3，然后将其移至图5.89所示的位置。

图5.86　设置图层属性　　　图5.87　拖入并调整素材3　　　图5.88　设置图层属性

19 再次复制素材3所在图层，设置该图层的"填充"为100％；设置前景色为黑色，单击"图层"面板中的"锁定透明像素"按钮，按Alt+Delete组合键填充前景色；按Ctrl+T组合键执行自由变换操作，按住Shift键缩放素材3，然后将其移至图5.90所示的位置。

20 执行"编辑"→"变换"→"垂直翻转"命令，然后执行"编辑"→"变换"→"扭曲"命令，扭曲变换素材3，并将其移至图5.91所示的位置。

图5.89　复制并调整素材3　　图5.90　再次复制并调整素材3　　图5.91　变换素材3

21 连续复制素材3所在图层两次，按Ctrl+T组合键执行自由变换操作，调整复制得到的素材3的大小和位置，效果如图5.92所示。

22 按住Ctrl键选择第二次、第三次、第四次复制得到的素材3所在图层，按Ctrl+E组合键合并图层；复制合并后的图层两次，分别设置复制得到的合并图层的"填充"为44%和20%，然后将这两个图层移至原合并图层的下方。

23 按Ctrl+T组合键执行自由变换操作，按住Shift键缩放并旋转合并后的素材3，再将其移至图5.93所示的位置。

24 打开素材文件"4.png"，将其拖入"时尚主题.PSD"文件；按Ctrl+T组合键执行自由变换操作，按住Shift键缩放并旋转素材4，然后将其移至图5.94所示的位置。

图5.92　复制并调整素材3　　图5.93　复制并调整合并后的素材3　　图5.94　拖入并调整素材4

25 执行"图像"→"调整"→"渐变映射"命令，在打开的对话框中单击渐变色条，在打开的"渐变编辑器"对话框中参照图5.95所示设置参数，渐变颜色值设置为#000000、#0a00b2、#8a347b、#0a00b2、#c07ad7和#fbf4f2，为素材4添加"渐变映射"效果。

26 复制素材4所在图层，将复制得到的图层移至原素材4所在图层的下方；设置前景色为黑色，在"图层"面板中单击"锁定透明像素"按钮 ◪，按Alt+Delete组合键填充前景色；按Ctrl+T组合键执行自由变换操作，按住Shift键缩放图像并调整图像的位置，调整效果及隐藏原素材4所在图层的效果如图5.96所示。

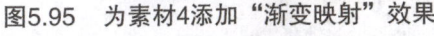

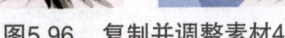

图5.95　为素材4添加"渐变映射"效果 　　　　图5.96　复制并调整素材4

27 打开素材文件"5.png"，分别将其中的图像内容拖入"时尚主题.PSD"文件，并将其移至图5.97所示的位置。

28 设置前景色为黑色，选择"自定形状工具" ⚙，在工具选项栏中选择"形状"选项，在"形状"下拉列表中选择不同的音乐符号形状；在合适位置绘制两个形状，效果如图5.98所示。

㉙ 分别复制音乐符号所在形状图层，并调整形状的位置；设置复制得到的形状图层的图层混合模式为"柔光"，"填充"分别为35%和44%，如图5.99所示。

图5.97　拖入并调整素材5　　　图5.98　绘制音乐符号形状　　　图5.99　设置图层属性

㉚ 按Ctrl+T组合键执行自由变换操作，按住Shift键缩放图像，效果如图5.100所示。

㉛ 使用相同的方法，在合适位置绘制不同的音乐符号形状，效果如图5.101所示。

㉜ 打开素材文件"6.png"，将其拖入"时尚主题.PSD"文件；按Ctrl+T组合键执行自由变换操作，调整素材6的角度，并将其移至图5.102所示的位置。

图5.100　变换图像　　　图5.101　绘制不同的音乐符号形状　　　图5.102　拖入并调整素材6

㉝ 在"图层"面板中单击"添加图层样式"按钮 fx，在弹出的菜单中选择"描边"命令，参照图5.103所示设置参数，"描边"颜色值设置为#f6f664，为素材6添加"描边"图层样式。

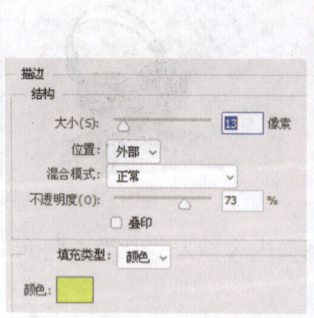

图5.103　添加"描边"图层样式

㉞ 复制素材6所在图层，双击复制得到的图层的"描边"图层效果名称，打开"图层样式"对

136

话框，参照图5.104所示设置参数，"描边"颜色值设置为#fefefe，调整"描边"图层样式。至此，完成时尚主题图形的制作。

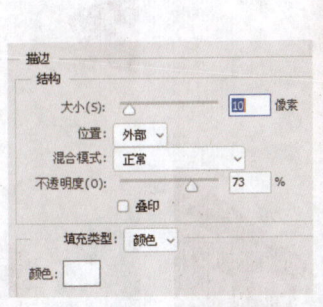

图5.104 复制图层并调整图层样式

5.5 拼贴主题图形

设计效果：拼贴主题图形设计，如图5.105所示。

设计思路：本例为以色块分割的拼贴主题图形设计，简约、清新，给人一种别具一格的视觉感受。首先使用"钢笔工具"绘制形状，然后制作相同色系、不同明度的彩块拼接效果。

▶ 项目制作步骤

01 新建文档，设置前景色为黄色（#f5eea9），按Alt+Delete组合键填充前景色，效果如图5.106所示。

图5.105 拼贴主题图形

02 新建图层，选择"钢笔工具" ，在工具选项栏中选择"形状"选项，设置"填充"为浅蓝色（#57baaf），在合适位置绘制图5.107所示的形状；使用相同的方法，绘制另一个形状，设置填充颜色值为#1f9a8b，如图5.108所示。

图5.106 填充前景色　　图5.107 绘制蓝色形状1　　图5.108 绘制蓝色形状2

03 使用相同的方法，继续绘制其他形状，并填充不同颜色，填充颜色值分别为#d6592f和#b43b22，#d65c32和#b74226，#eee740和#cac535，效果如图5.109所示。

137

04 选择"自定形状工具" ，在工具选项栏中选择"形状"选项，设置"填充"为浅蓝色（#58baaf），在"形状"下拉列表中选择"箭头9"选项，在合适位置绘制箭头形状，效果如图5.110所示。

图5.109 绘制其他形状

05 选择"多边形套索工具" ，在合适位置绘制不规则选区，并填充选区为深青色（#1c998a），如图5.111所示。

图5.110 绘制箭头形状

图5.111 绘制不规则选区并填充颜色

06 使用相同的方法，绘制其他不规则形状，填充颜色值为#efe74f和#f0e84f，#cbc538和#cbc638，效果如图5.112所示。

07 选择"横排文字工具" ，设置合适的字体和字号，文字颜色设置为黑色，在合适位置输入文字；使用相同的方法，输入其他文字，设置文字颜色值为#f5eea9，效果如图5.113所示。至此，完成拼贴主题图形的制作。

图5.112　绘制其他不规则形状

图5.113　输入文字

5.6 课后练习

一、填空题

1.选择除"背景"图层外的所有图层，按_____组合键编组；也可以执行"图层"→"　　　"→"_____"命令。

2.使用"钢笔工具"绘制路径，切换到"路径"面板，单击"_____"按钮描绘路径的轮廓。

3.在"图层"面板中选择若干图层，按_____组合键合并图层。

二、选择题（多选）

1. 设置前景色，按（ ）+（ ）组合键填充前景色。
A. Alt B. Shift C. Ctrl D. Delete

2. 结合"（ ）"和"（ ）"，绘制弧形路径。
A. 直接选择工具 B. 椭圆工具
C. 钢笔工具 D. 转换点工具

3. 在"图层"面板中单击"锁定透明像素"按钮，是为了（ ），此选项与早期版本中的"（ ）"选项等效。
A. 防止图层的像素移动 B. 将编辑范围限制在图层的不透明区域
C. 防止使用绘画工具修改图层的像素 D. 保留透明区域

三、简述题

1. 试设计儿童主题的图形。
2. 试设计宠物主题的图形。
3. 试设计清新主题的图形。

第6章

标志设计

◎ **本章导读**

本章主要讲解使用Photoshop进行标志设计。标志是形象的代表，是具象的符号。标志的设计要使其在应用中充分发挥视觉影响力，能够给观者留下深刻的印象。

* 立体造型标志。
* 折页造型标志。
* 水果造型标志。
* 便签造型标志。
* 乐器造型标志。

◎ **数字资源**

"素材文件\第6章\"目录下。

◎ **素质目标**

要灵活运用美学法则，深入研究形态构成、色彩配置等理论规律，赋予标志设计以情感和理念的表达，使其更有内涵。

6.1 立体造型标志

设计效果：本例效果如图6.1所示。

设计思路：本例制作的是立体造型的标志，这种标志具有独特的外观，易于识别。本例在制作过程中，首先绘制形状，然后通过调整颜色和透视角度产生立体效果。

>> 项目制作步骤

01 新建文档，将其存储为"立体造型标志设计.PSD"；选择"钢笔工具"，在工具选项栏中选择"形状"选项，设置"填充"为紫色（#a35883），在合适位置绘制形状，如图6.2所示。

图6.1　立体造型标志

02 使用相同的方法，绘制左侧立面形状，填充颜色值为#91376a，如图6.3所示；继续绘制右侧立面形状，填充颜色值为#91376a、#691f52，如图6.4、图6.5所示。

图6.2　绘制紫色形状

图6.3　绘制左侧立面形状

03 使用相同的方法，继续绘制黄色立体形状，填充颜色值为#ffb333、#e1712f和#cf4423，如图6.6至图6.8所示，注意调整图层顺序。

图6.4　绘制右侧立面形状1

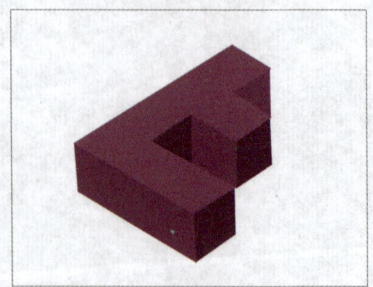

图6.5　绘制右侧立面形状2

04 选择"横排文字工具"，分别设置合适的字体、字号，文字颜色设置为#a75585，如图6.9所示。

05 执行"编辑"→"自由变换"命令，调整文字的位置和透视角度，如图6.10所示；继续调整其他文字的位置和透视角度，如图6.11、图6.12所示。

至此，完成立体造型标志的制作。

图6.6 绘制黄色形状1

图6.7 绘制黄色形状2

图6.8 绘制黄色形状3

图6.9 输入文字

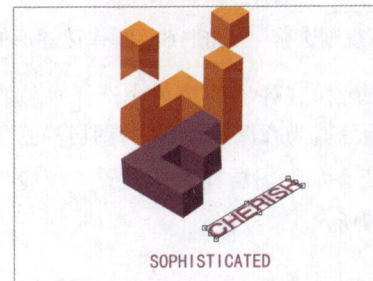
图6.10 调整文字的透视角度1

图6.11 调整文字的透视角度2

图6.12 调整文字的透视角度效果

6.2 折页造型标志

设计效果： 本例效果如图6.13所示。

设计思路： 本例制作的是折页造型的标志，这种标志特点突出，容易形成视觉中心。本例在制作过程中，以圆形为主体，利用图层蒙版营造折叠效果，将观者的视线集中于中心。

▶ 项目制作步骤

01 新建文档，将其存储为"折页造型标志设计"；选择"椭圆工具" ○，在工具选项栏中选择"像素"选项，设置前景色为粉色（#f85fb1），按住Shift键，在合适位置绘制正圆形，如图6.14所示。

02 使用"多边形套索工具" ▷ 绘制不规则选区，如图6.15所示；按Shift+Ctrl+I组合键，反选选区，单击"图层"面板中的"添加图层蒙版"按钮 □，添加图层蒙版，如图6.16所示，制作正圆形的缺失效果。

图6.13　折页造型标志

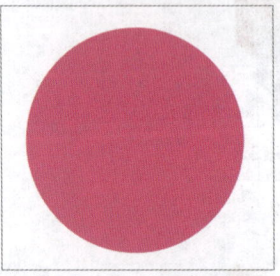 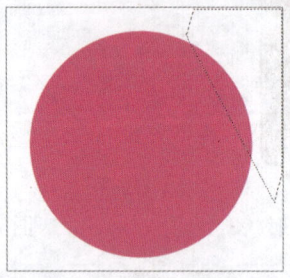 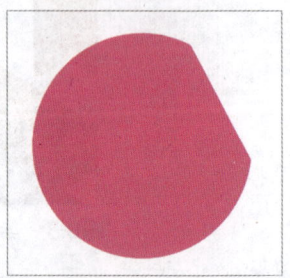

图6.14　绘制正圆形　　　图6.15　绘制不规则选区　　图6.16　制作正圆形的缺失效果

03 在"图层"面板中单击"添加图层样式"按钮 fx，在弹出的菜单中选择"投影"命令，为图形添加"投影"图层样式，设置"投影"颜色值为#2f2469；在"图层样式"对话框中选择"渐变叠加"选项，继续为图形添加"渐变叠加"图层样式，设置"渐变"颜色值为#f85fb1（"位置"为22%）、#81004b，如图6.17所示。

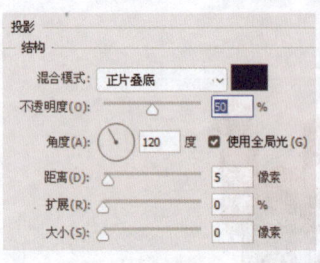  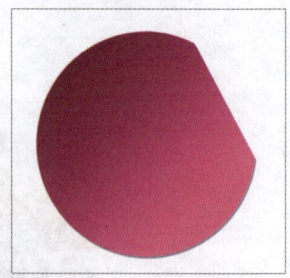

图6.17　添加图层样式

04 使用相同的方法，选择"椭圆工具" ○，在工具选项栏中选择"像素"选项，设置前景色为红色（#ee264f），按住Shift键，在粉色正圆形的缺失位置绘制正圆形，如图6.18所示（超出文件区域的图形部分未显示）。

05 按住Ctrl键单击粉色正圆形所在图层，载入正圆形选区；同时按住Ctrl+Shift+Alt组合键，单击粉色正圆形所在图层的图层蒙版，交叉选取，得到缺失正圆形选区，如图6.19所示。

06 在"图层"面板中选择红色图形所在图层，单击"添加图层蒙版"按钮 □，为红色图形所在图层添加图层蒙版，如图6.20所示，制作粉色正圆形的折页效果。

07 选择"横排文字工具" T，设置合适的字体和字号，文字颜色设置为白色，在合适位置输入文字，如图6.21所示。

08 在"图层"面板中单击"添加图层样式"按钮 fx，在弹出的菜单中选择"投影"命令，为图形添加"投影"图层样式，设置"投影"颜色为黑色，如图6.22所示。

图6.18　绘制正圆形

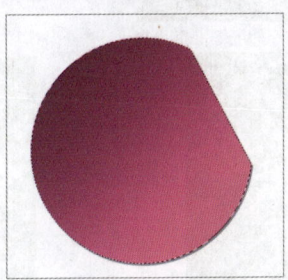

图6.19　交叉选取

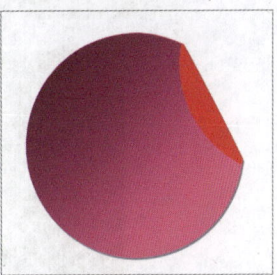

图6.20　添加图层蒙版

图6.21　输入文字

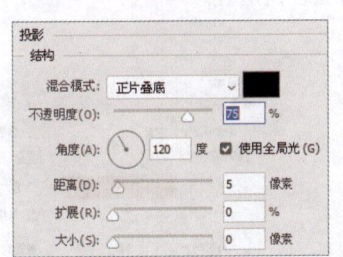

图6.22　添加图层样式

09 使用相同的方法，继续输入文字，设置合适的字体和字号，设置文字颜色为白色。至此，完成折页造型标志的制作。

6.3 水果造型标志

设计效果：本例效果如图6.23所示。

设计思路：本例制作的是水果造型的标志，这是一种具象的标志表现形式。在本例制作过程中，以水果为视觉重心，利用"渐变叠加"图层样式体现水果的立体效果。

图6.23　水果造型标志

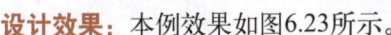项目制作步骤

01 新建文档，将其存储为"水果造型标志设计.PSD"；选择"渐变工具"，在工具选项栏中单击渐变色条，在打开的"渐变编辑器"对话框中编辑一个绿色系的渐变，渐变颜色值设置为#d5f873、#d5f873，在文件中拖动填充径向渐变，如图6.24所示。

02 新建图层，设置前景色为白色，选择"画笔工具"，在工具选项栏中选择一种柔边画笔，设置合适的画笔大小，在合适位置绘制一个圆点，如图6.25所示。

03 新建图层，选择"钢笔工具"，在工具选项栏中选择"形状"选项，在合适位置绘制水果形状，颜色随意，如图6.26所示。

04 选择该形状图层，执行"图层"→"图层样式"→"渐变叠加"命令，参照图6.27所示，设置参数，渐变颜色值设置为#f6970c和#ed4b10，为形状添加"渐变叠加"图层样式。

图6.24　填充径向渐变　　　　　　图6.25　绘制圆点

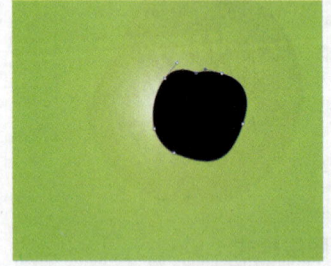

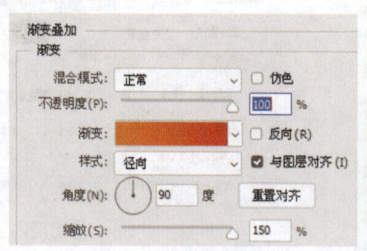

图6.26　绘制水果形状 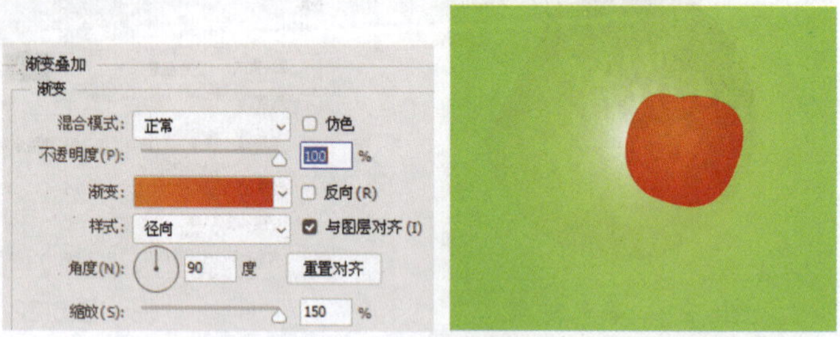　　　　　　图6.27　添加图层样式

05 选择"钢笔工具"，在工具选项栏中选择"形状"选项，设置"填充"为白色，绘制水果的高光，如图6.28所示。

06 继续使用"钢笔工具"绘制水果的凹陷部分和叶子形状。其中，水果凹陷部分的填充颜色值为#d9240a；为水果的叶子添加"渐变填充"图层样式，渐变颜色值设置为#30b526和#78c426，如图6.29所示。

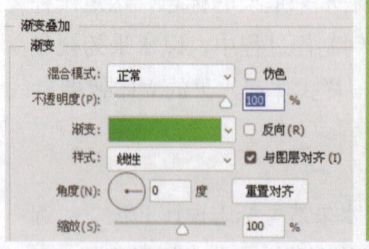

图6.28　绘制水果的高光 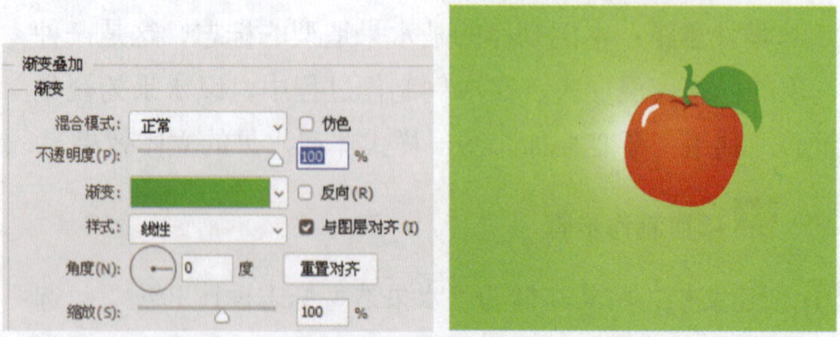　　　　　图6.29　绘制水果的凹陷部分和叶子形状

07 使用相同的方法，绘制其他水果，添加"渐变填充"图层样式，渐变颜色值设置为#f4f6a4和#b6d905，如图6.30所示，将水果所在图层编组，将图层组命名为"水果"。

08 选择"钢笔工具"，在工具选项栏中选择"形状"选项，绘制水滴形状，如图6.31所示；为水滴形状添加"渐变叠加"图层样式，渐变颜色值设置为#ffffff（白色）和#95d413，如图6.32所示。

09 使用相同的方法,绘制其他水滴形状,其中为左侧水滴添加了"渐变叠加"图层样式,渐变颜色值设置为#f9d600和#e81d00,如图6.33、图6.34所示。

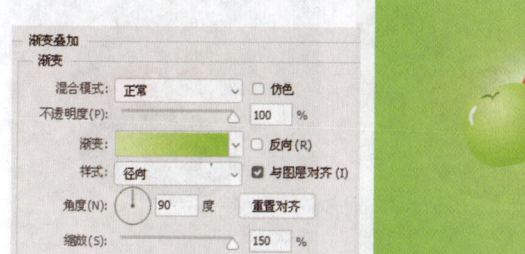

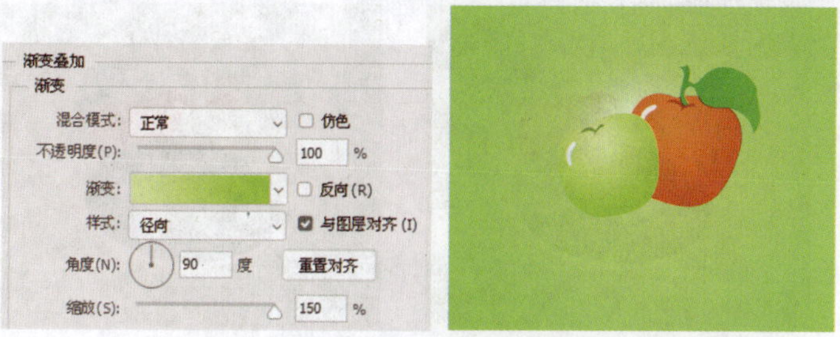

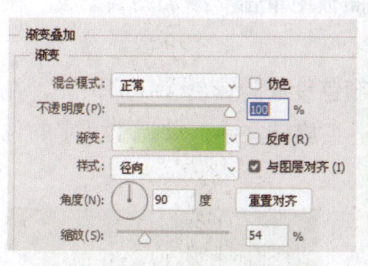

图6.30 绘制其他水果

图6.31 绘制水滴形状

图6.32 添加图层样式

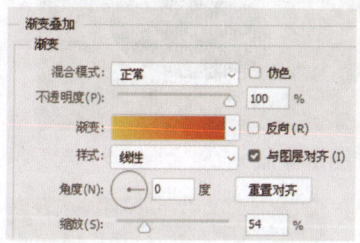

图6.33 绘制其他水滴形状

图6.34 绘制水滴形状并添加图层样式

10 新建图层,载入左侧水滴的选区,填充选区为白色;单击"图层"面板中的"添加图层蒙版"按钮 ,选择"画笔工具" ,使用黑色柔边画笔在图层蒙版中涂抹,绘制水滴的高光效果,如图6.35所示。

11 选择"椭圆工具" ,在工具选项栏中选择"形状"选项,设置"填充"为黄色(#ffd500),在合适位置绘制椭圆,如图6.36所示;继续绘制不同颜色的椭圆,颜色值分别为#ffffff(白色)、#00a532,如图6.37所示。

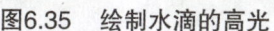

图6.35 绘制水滴的高光

图6.36 绘制椭圆形状

147

⓬ 将椭圆形状所在图层编组，将其命名为"椭圆"，按Ctrl+T组合键旋转椭圆形状，如图6.38所示。

图6.37　绘制其他椭圆形状　　　　　　　图6.38　旋转椭圆形状

⓭ 使用"多边形套索工具" 绘制不规则选区，在"图层"面板中单击"添加图层蒙版"按钮 ，将选区创建为图层蒙版，如图6.39所示。

⓮ 选择"横排文字工具" T ，设置合适的字体和字号，文字颜色设置为黄色（#fcf103），在合适位置输入文字，如图6.40所示；按Ctrl+T组合键旋转适当旋转文字，并调整文字的位置；选中相应文字，更改文字颜色为白色，如图6.41所示。

图6.39　添加图层蒙版　　　　　　　　　图6.40　输入文字

图6.41　调整文字

⓯ 选择文字图层，执行"图层"→"图层样式"→"描边"命令，参照图6.42所示设置参数，"描边"颜色值设置为#00a532，为文字图层添加图层样式。

⓰ 继续使用"横排文字工具" T ，设置合适的字体和字号，文字颜色设置为黄色（#fcf103），在合适位置输入文字，如图6.43所示。

⓱ 在"横排文字工具" T 的选中状态下，适当调整文字的角度，然后在工具选项栏中单击"创建文字变形"按钮 ，在打开的"变形文字"对话框中，参照图6.44所示设置参数，为文字添加变形效果。

至此，完成水果造型标志的制作。

第6章 标志设计

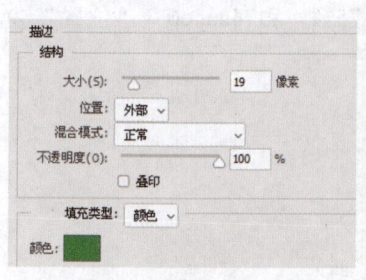

图6.42　为文字添加图层样式　　　　　　　　　　图6.43　继续输入文字

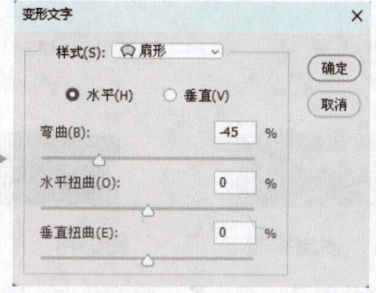

图6.44　变形文字

6.4 便签造型标志

设计效果：本例效果如图6.45所示。

图6.45　便签造型标志

设计思路：本例制作的是便笺造型的标志，这种标志外观简洁、耐人寻味，给人一种理性的秩序感，又具有强烈的现代感。在本例制作过程中，首先绘制标签的形状，然后通过添加图层样式营造便笺翘起的感觉。

▶▶ 项目制作步骤

01 新建文档，将其存储为"便签造型标志设计.PSD"；选择"钢笔工具" ，在工具选项栏中选择"形状"选项，"填充"为任意颜色，在合适位置绘制便签形状，如图6.46所示。

图6.46　绘制便签形状

02 选择该形状图层，执行"图层"→"图层样式"→"投影"命令，为形状图层添加"投影"图层样式，如图8.47所示；选择"渐变叠加"选项，为形状图层添加"渐变叠加"

149

图层样式，渐变颜色值为#0f6d91、#116f93（"位置"为75%）和#4cace6（"位置"为92%），如图6.48所示。

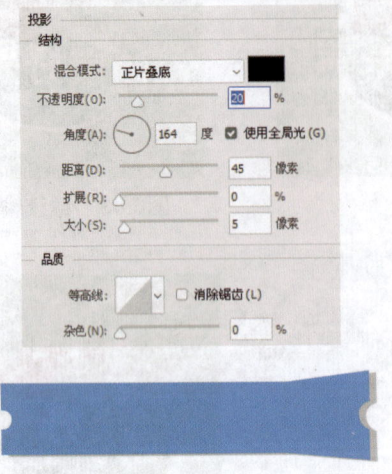

| 图6.47 添加"投影"图层样式 | 图6.48 添加"渐变叠加"图层样式 |

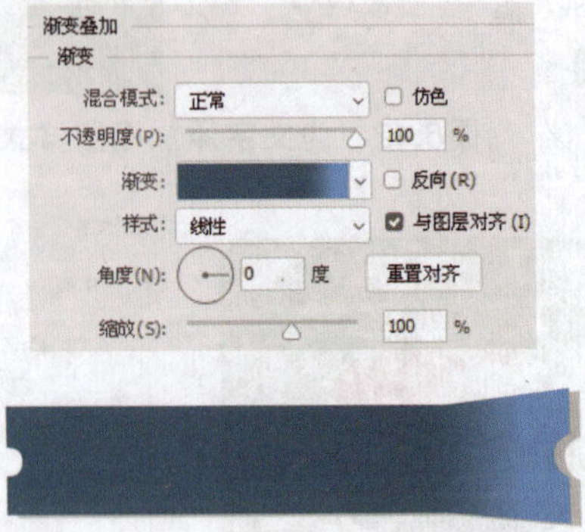

03 复制该形状图层，清除复制的图层样式，然后将形状进行缩放，如图6.49所示。

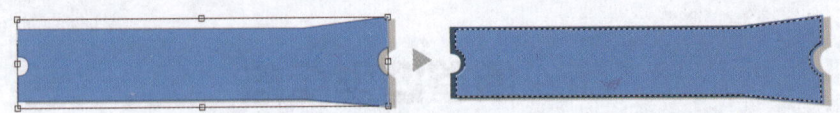

图6.49 复制并缩放形状

04 选择该形状图层，执行"图层"→"图层样式"→"渐变叠加"命令，为形状图层添加"渐变叠加"图层样式，渐变颜色值为#0f6d91、#116f93（"位置"为75%）和#4cace6（"位置"为91%）；选择"描边"选项，为形状图层添加"描边"图层样式。"描边"渐变颜色值为#0f6d91和#3e94c8，如图6.50所示。

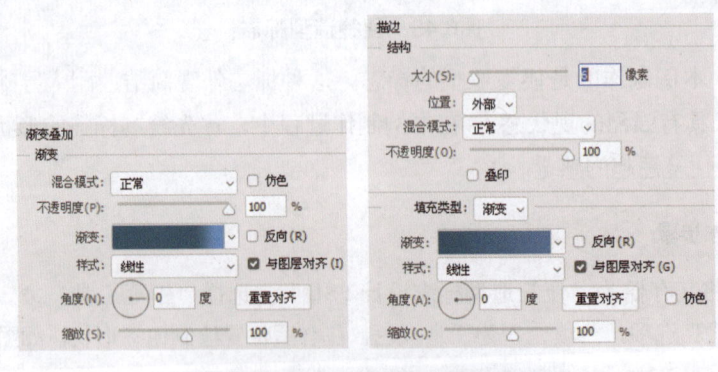

图6.50 添加图层样式

05 选择"横排文字工具" T，设置合适的字体和字号，文字颜色设置为白色，在合适位置输入文字（为清楚显示文字输入效果，此处载入文字选区）；执行"图层"→"图层样式"→"描边"命令,设置"描边"颜色值为#0b6c97,为文字添加"描边"图层样式效果,如图6.51所示。

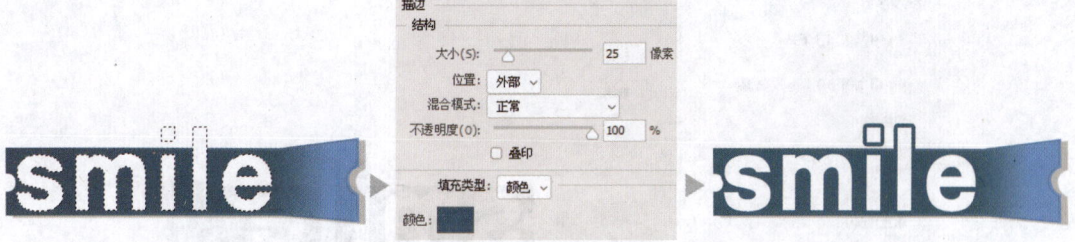

图6.51 输入文字并添加"描边"图层样式

06 执行"文字"→"转换为形状"命令,将文字转换为形状,如图6.52所示,然后隐藏原文字图层。

07 选择"删除锚点工具",逐一单击字母"i"上的圆点,删除圆点上的锚点,如图6.53、图6.54所示。

图6.52 将文字转换为形状　　　　　图6.53 删除一个锚点

图6.54 删除锚点效果

08 选择"椭圆工具",在工具选项栏中设置"填充"为蓝色(#0f6d91),然后在合适位置绘制正圆形状,如图6.55所示。

09 选择"横排文字工具",设置合适的字体和字号,文字颜色设置为白色,在合适位置输入文字,如图6.56所示。

图6.55 绘制正圆形状　　　　　图6.56 输入文字

10 按Ctrl+T组合键,适当调整文字的角度,如图6.57所示。

图6.57 调整文字角度

11 在"横排文字工具"的选中状态下,在工具选项栏中单击"创建文字变形"按钮,在打开的"变形文字"对话框中设置"样式"为"下弧",设置"水平扭曲"为30%,对文

151

字进行变形,如图6.58所示。

至此,完成便签造型标志的制作。

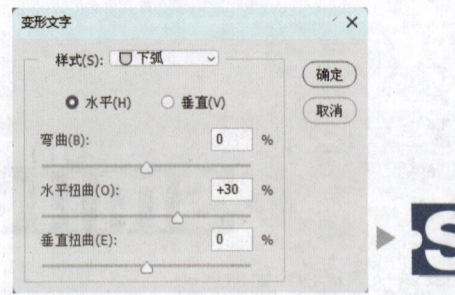

图6.58　变形文字

6.5 乐器造型标志

设计效果:本例效果如图6.59所示。

设计思路:本例制作的是一个乐器造型的标志,这种标志外观形象、别致,指向性明确。本例在制作过程中,利用文字变形功能将文字变换为吉他造型的主体部分;红色与白色搭配,使标志在黑色背景中显得更醒目,视觉效果强烈。

图6.59　乐器造型标志

项目制作步骤

01　新建黑色背景的文档,将其存储为"音乐造型标志设计.PSD";选择"横排文字工具",设置合适的字体和字号,文字颜色设置为白色,在合适位置输入文字。

02　在"横排文字工具"的选中状态下,单击工具选项栏中的"创建文字变形"按钮,在打开的"变形文字"对话框中设置"样式"为"鱼形",适当调整参数,制作文字的变形效果。

03　执行"文字"→"转换为形状"命令,将变形文字转换为形状,配合使用"直接选择工具"和钢笔工具组中的相关工具(如"转换点工具"等)调整文字的锚点,细化文字的形状,如图6.60所示,制作乐器造型的下半部分。

图6.60　制作乐器造型的下半部分

04 选择该形状图层，执行"图层"→"图层样式"→"投影"命令，为形状图层添加"投影"图层样式；选择"颜色叠加"选项，为形状图层添加"颜色叠加"图层样式，设置颜色值为# 9d0000，如图6.61所示。

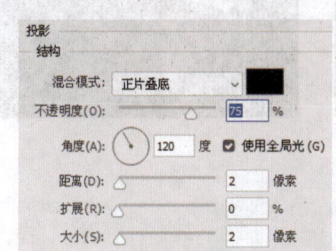 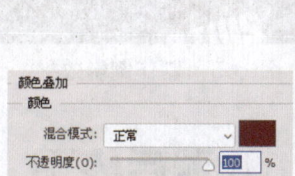 

图6.61　添加图层样式

05 使用相同的方法，制作乐器造型的上半部分；执行"图层"→"图层样式"→"投影"命令，为其添加"投影"图层样式，如图6.62所示。

 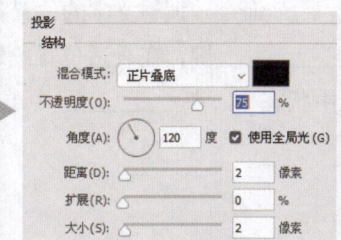 

图6.62　制作乐器造型的上半部分

06 选择"钢笔工具"，配合使用"直接选择工具"和钢笔工具组中的相关工具，继续绘制乐器琴头、琴颈等部分的形状，如图6.63所示。

07 选择"自定形状工具"，在工具选项栏中选择"形状"选项，在"形状"下拉列表中选择"皇冠4"选项，在合适位置绘制乐器上的皇冠形状，删除不需要的形状部分，并复制、粘贴乐器造型下半部分的图层样式；选择"椭圆工具"，按住Shift键绘制白色正圆形，制作皇冠上的闪烁效果，如图6.64所示。

图6.63　绘制乐器的琴头、琴颈等部分　　　　图6.64　制作皇冠闪烁效果

08 将制作的所有图形所在图层编组，右击，在弹出的菜单中选择"合并组"命令，按Ctrl+T组合键，适当调整图形的大小和角度；复制图形，垂直翻转图形并将其移至合适位置，添加图层蒙版并在图层蒙版中填充黑白线性渐变，设置图层的"不透明度"为39%，制作图形的倒影效果，如图6.65所示。

至此，完成乐器造型标志的制作。

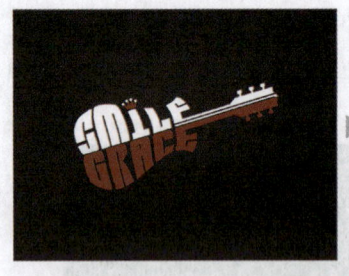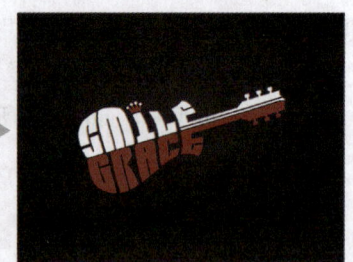

图6.65 制作倒影效果

6.6 课后练习

一、填空题

1. 执行"编辑"→"_____"命令，调整文字的位置和透视角度。
2. 选择"椭圆工具"，按住_____键，在合适位置绘制正圆形。
3. 在"横排文字工具"的选中状态下，在_____中单击"创建文字变形"按钮，创建文字变形。

二、选择题（多选）

1. 按（　　）+（　　）+I组合键，反选选区。
   A. Alt　　　　　B. Shift　　　　　C. Ctrl　　　　　D. F1
2. 为形状添加渐变填充效果，可以（　　）。
   A. 新建图层、拖动填充渐变并创建剪贴蒙版　　B. 添加"渐变叠加"图层样式
   C. 载入形状选区并添加"渐变"填充图层　　　D. 载入形状选区并拖动填充渐变
3. （　　），将文字转换为形状。
   A. 执行"文字"→"转换为形状"命令　　　　B. 载入文字选区并转换为路径
   C. 右击文字图层并选择"转换为形状"命令　　D. 载入文字选区并创建3D形状

三、实操题

1. 试制作晶格造型的标志。
2. 试制作按钮造型的标志。
3. 试制作植物造型的标志。

第7章

封面设计

◎ **本章导读**

本章主要讲解使用Photoshop进行封面设计。

* 书籍封面、画册封面：要有意识地针对内容主题和目标受众的审美习惯，确立书籍和画册封面设计的视觉焦点和整体美感。
* 菜单封面：菜单的封面设计是餐馆的门面，要注意突出餐馆的菜式地方性、经营特色。

◎ **数字资源**

"素材文件\第7章\"目录下。

◎ **素质目标**

在封面包装设计中，要充分考虑到大众审美习惯和社会风俗文化，提供正向的审美认知，不能违背公序良俗。

  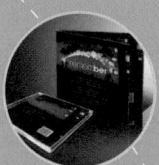

7.1 书籍封面

项目：书籍封面设计。
名称：诗集《紫罗兰》。
要求：设计书籍的封面，要求风格复古、典雅。图7.1所示为书籍封面设计完成效果。

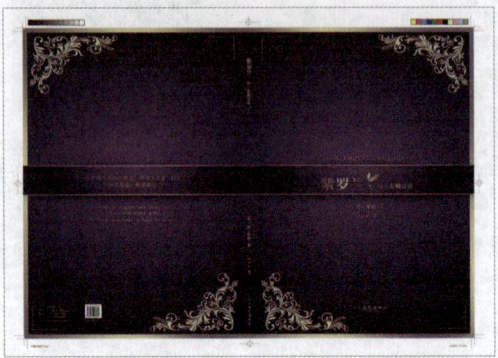 

图7.1 书籍封面设计

尺寸：210 mm×285 mm（大16开）。

开本是指书籍幅面的大小，以整张纸裁开的张数作为标准。将整张纸裁成幅面相等的16张小页，被称为"16开"。由于整张原纸的规格不同，裁成的小页大小也有所不同。通常将787 mm × 1092 mm的纸张裁成的16小页称为"标准16开"；将889 mm × 1194 mm的纸张裁成的16张小页称为"大16开"，其余类推。

设计思路：书籍封面的文字信息应与书名页一致，通常应标明书名（含版次）、作者、著作方式和出版单位等；作者名称采用全称，多作者时可仅列主要作者；翻译作品应标明原文书名和中文书名，原作者译名和译者；宜使用规范的汉字、民族文字和规范的外文等。

具体到本例，在设计书籍封面时，要充分考虑到主体风格的特殊性与后期制作的和谐感。本例封面采用梦幻的紫色，给人以深沉、神秘的视觉感受，繁复的花纹极大地提升了画面质感。

▶ 项目制作步骤

1. 制作书籍封面平面图

01 执行"文件"→"新建"命令，在"新建文档"对话框中设置尺寸为436 mm × 291 mm，单击"确定"按钮，将其存储为"书籍封面设计（大16开）.PSD"；按Ctrl+R组合键，调出标尺，添加3 mm出血线和中线。

> 在实际制作封面时，需要考虑到封面的3 mm出血设置和书脊厚度。例如，书籍尺寸为210 mm × 285 mm，假设书脊厚度为10 mm，则实际制作尺寸为436 mm × 291 mm。

156

02 选择"矩形选框工具"绘制封一选区；选择"渐变工具"，在工具选项栏中单击渐变色条，在"渐变编辑器"对话框中设置渐变颜色值为#77538e和#1e0f1b；在工具选项栏中单击"径向渐变工具"按钮，从中心向四周拖动填充从浅紫色到深紫色的渐变，如图7.2所示；使用相同的方法，在封四填充渐变，如图7.3所示。

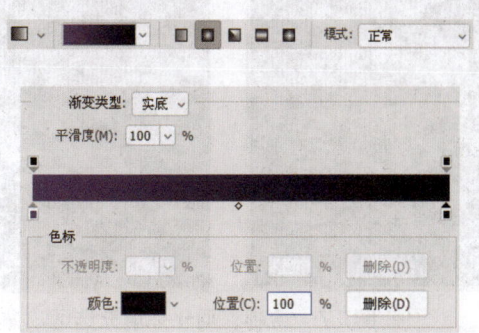 

图7.2　填充渐变1

03 按住Alt键双击"背景"图层，将其转换为普通图层"图层0"；执行"图层"→"图层样式"→"描边"命令，参照图7.4所示设置参数，添加"描边"图层样式效果和局部效果如图7.5所示。

 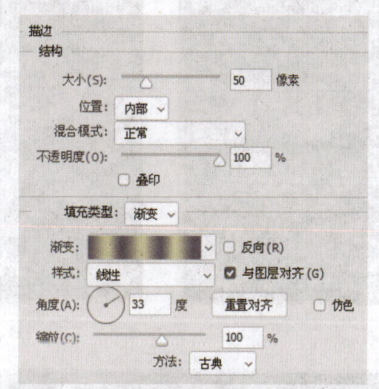

图7.3　填充渐变2　　　　　图7.4　"描边"图层样式参数设置

图7.5　添加"描边"图层样式

04 打开"1.png"花纹素材文件，将其拖入"书籍封面设计（大16开）.PSD"文件，调整图像至合适大小，如图7.6所示。

05 新建图层，选中"椭圆选框工具" ，在封一位置绘制椭圆选区；执行"选择"→"修改"→"羽化"命令，在"羽化选区"对话框中设置"羽化半径"为50 px；设置前景色为黑色，新建图层并填充选区，如图7.7所示。

图7.6　花纹素材 　　　　　　　　　　　　图7.7　绘制、羽化并填充选区

06 选择"矩形选框工具" 绘制选区，单击"图层"面板中的"添加图层蒙版"按钮 ，隐藏不需要的图像内容，应用图层蒙版效果和图层蒙版中的效果如图7.8所示；使用相同的方法，在封一和封四制作其他阴影效果，如图7.9所示。

图7.8　制作阴影效果1

图7.9　制作阴影效果2

07 使用"矩形选框工具" 在封一位置绘制选区，填充任意颜色，在此填充的是紫色渐变，如图7.10所示；执行"图层"→"图层样式"→"渐变叠加"命令，参照图7.9所示设置参数，效果如图7.11所示；使用相同的方法，在封四制作"渐变叠加"效果，如图7.12所示。

第7章 封面设计

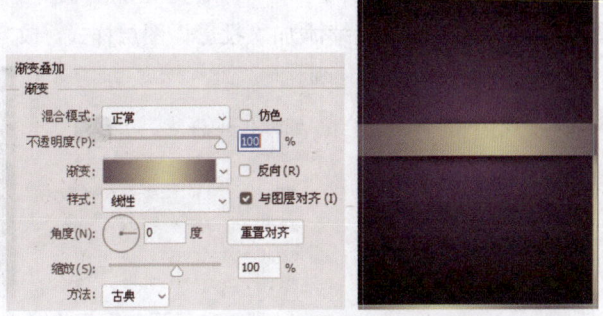

图7.10 绘制并填充选区　　　　图7.11 添加"渐变叠加"图层样式

08 使用相同的方法，绘制小一些的矩形，使用"渐变工具" 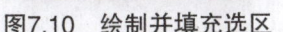 填充径向渐变，渐变参考颜色值为#614272和#2c192f，如图7.13所示。

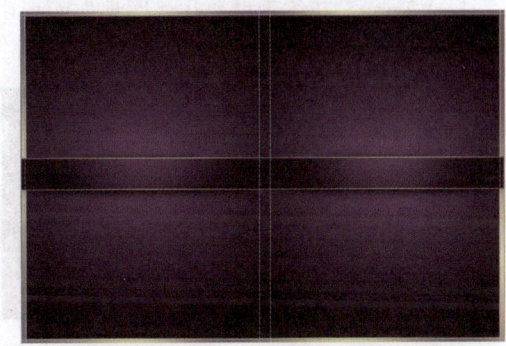

图7.12 制作效果　　　　　　　图7.13 填充渐变

09 复制"1.png"花纹素材，将其放在渐变矩形的上层，适当缩小花纹，在"图层"面板中右击，在弹出的菜单中选择"创建剪贴蒙版"命令，花纹效果和局部效果如图7.14所示。

> 封面的装饰效果是封面设计的一个重要环节，作品的品质往往是从细节中体现的。在制作本例装饰效果时，设计风格要保持统一，因此，文字和装饰花纹都选择了欧式华丽风格。

10 选择"横排文字工具" T，设置合适的字体和字号，在封一的渐变矩形处单击，输入书名文字"紫罗兰"，如图7.15所示。

图7.14 添加花纹素材　　　　　图7.15 添加书名

159

⑪ 执行"图层"→"图层样式"→"渐变叠加"命令，添加"渐变叠加"图层样式；在"图层样式"对话框中继续添加"投影"图层样式，文字效果如图7.16所示。

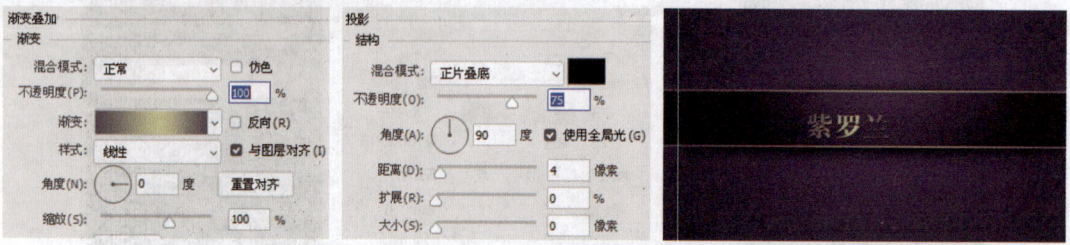

图7.16 添加图层样式

⑫ 打开"2.png"花纹素材，将其拖入"书籍封面设计.PSD"文件，调整图像的大小和位置；选择文字图层，在"图层"面板中右击，在弹出的菜单中选择"拷贝图层样式"命令，选择"2.png"花纹素材，在"图层"面板中右击，在弹出的菜单中选择"粘贴图层样式"命令，如图7.17所示。

图7.17 添加花纹素材

⑬ 使用"横排文字工具" T ，在封一的合适位置添加其他文字信息，并粘贴"2.png"花纹素材的图层样式，如图7.18所示。

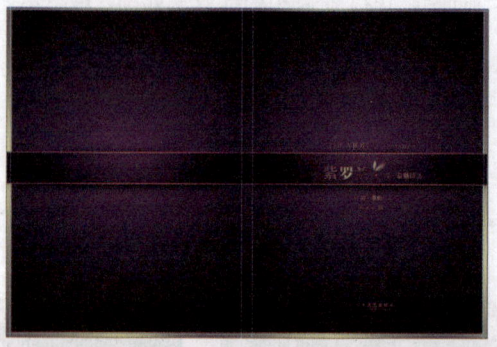 

图7.18 添加文字信息

⑭ 新建图层，选择"矩形选框工具" ，在工具选项栏中单击"添加到选区"按钮 ，在封一右下角绘制直角选区，并填充渐变，然后粘贴"2.png"花纹素材的图层样式；使用相同的方法，在封一左上角制作直角形状，如图7.19所示。

⑮ 打开"3.png"花纹素材，将其拖入"书籍封面设计.PSD"文件，调整图像的大小和位置，如图7.20所示。

⑯ 使用相同的方法，制作封四和书脊的文字和花纹效果，如图7.21所示。

至此，完成封面平面图的制作。

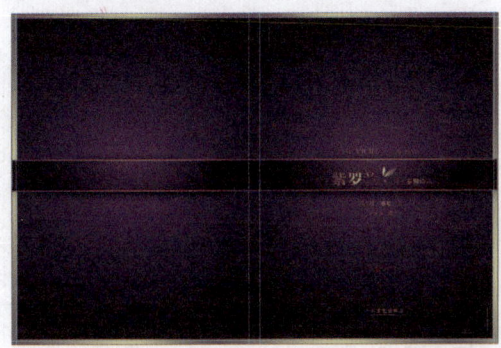 

图7.19 制作封一的直角形状

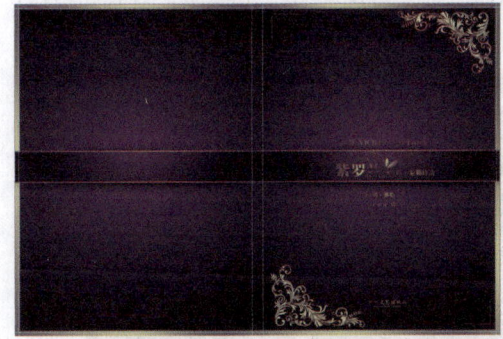 

图7.20 添加花纹素材　　　　　　　　图7.21 制作封四和书脊效果

2．制作书籍封面立体效果

01 打开"4.jpg"立体书素材文件，如图7.22所示；按Shift+Ctrl+C组合键，合并复制"书籍封面设计（大16开）.PSD"文件中的封面平面图，将文件存储为"书籍封面立体效果（大16开）.PSD"。

02 选择封面平面图所在图层，执行"编辑"→"自由变换"命令，调整图像的透视角度，使封面平面图与立体书素材贴合，如图7.23所示。

图7.22 立体书素材文件　　　　　　　图7.23 调整封面平面图

03 新建图层，按住Ctrl键单击封面平面图所在图层的缩览图，载入选区；设置前景色为黑色，选择"渐变工具" ，在渐变编辑器中选择从前景色到透明的渐变，从右侧向左侧拖动填充渐变，单独显示的渐变效果如图7.24所示，整体效果如图7.25所示。

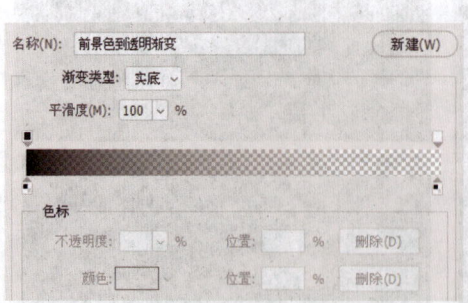 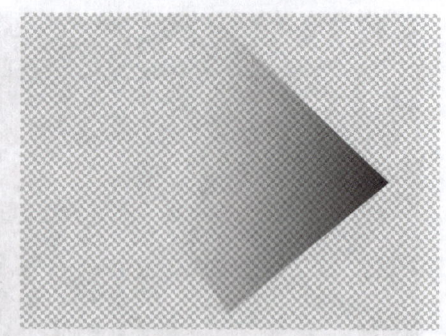

图7.24 填充渐变

04 设置黑白渐变所在图层的图层混合模式为"正片叠底","不透明度"为30%,效果如图7.26所示。

图7.25 填充渐变效果　　　　图7.26 设置图层属性

05 载入书籍封面平面图选区,执行"图像"→"调整"→"曲线"命令,调整曲线的形状,如图7.27所示,单击"确定"按钮。

至此,完成书籍封面立体效果的制作。

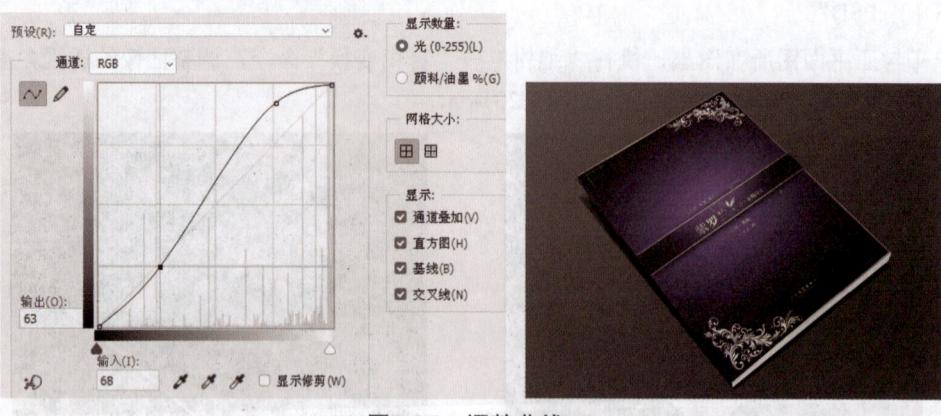

图7.27 调整曲线

7.2 画册封面

项目:画册封面设计。
名称:画册《黑胶典藏》。

第7章　封面设计

要求：设计画册的封面，要求将古典与时尚相融合，雅致，又不失活泼。图7.28所示为画册封面设计完成效果。

尺寸：异型开本。

设计思路：现代感画册封面设计通常采用抽象图案，本例版面布局清丽，文字简洁，手绘图案使版面效果更加饱满、丰盈。

图7.28　画册封面设计

项目制作步骤

1. 制作画册封面平面图

01 新建文档，本例为异型开本，书脊为50 mm，将其存储为"画册封面设计.PSD"；按Ctrl+R组合键，调出标尺，添加3 mm出血线和中线。

02 打开"1.jpg"背景素材，将其拖入"画册封面设计.PSD"文件，调整图像的位置，如图7.29所示，将其作为封一的背景图。

03 选择"钢笔工具"，在工具选项栏中选择"形状"选项，设置"填充"为墨绿色（#1f4a10），在封一的合适位置绘制花茎形状；选择"画笔工具"，在工具选项栏中设置画笔大小为25 px，并设置不同前景色，绘制花瓣，如图7.30所示。

04 选择"横排文字工具"，设置合适的字体和字号，在封一合适位置输入画册的名称"黑胶典藏"；选择该文字图层，执行"图层"→"图层样式"→"内阴影"命令，参照图7.31所示设置参数，添加图层样式效果如图7.32所示。

163

图7.29　拖入素材

05 继续在封一合适位置输入作者、出版社等文字信息，如图7.33所示；使用相同的方法，在封四输入其他相关文字。

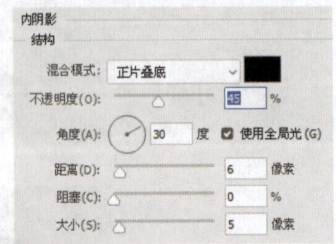

图7.30　绘制花　　　　　　　　　　图7.31　添加"内阴影"图层样式

图7.32　添加图层样式效果　　　　　　图7.33　封一效果

06 选择"画笔工具"，设置前景色为白色，在工具选项栏中设置不同的画笔大小，在封四合适位置绘制星光效果，如图7.34所示；在封四添加其他相关文字信息，如出版社地址、电话、定价等。

07 载入书脊选区，打开黑胶纹理素材文件，复制素材图像，然后执行"编辑"→"选择性粘贴"→"贴入"命令，将其贴入"画册封面设计.PSD"文件，如图7.35所示。

图7.34　封四效果　　　　　　　　　　图7.35　书脊纹理

08 选择"直排文字工具" T，设置合适的字体和字号，在书脊合适位置输入相关文字信息，如图7.36所示，完成画册封面平面图的制作。

图7.36　制作书脊文字效果

2. 制作画册封面立体效果

01 新建文档，选择"渐变工具" ，在工具选项栏中单击"径向渐变"按钮 ，填充黑、白渐变，如图7.37所示，将文件存储为"画册封面立体效果.PSD"。

02 载入画册平面图封一选区，按Shift+Ctrl+C组合键合并复制图像，将其粘贴至"画册封面立体效果.PSD"文件，如图7.38所示。

图7.37　填充径向黑白渐变　　　　　图7.38　复制、粘贴封一平面图

03 按Ctrl+T组合键调整图像的透视角度，并将其放至合适的位置，如图7.39所示。

04 使用相同的方法，制作画册立体效果的书脊部分，如图7.40所示。

图7.39　调整图像的透视角度和位置　　　图7.40　制作画册立体效果的书脊

05 使用"矩形选框工具" 在书脊位置绘制矩形选区，选择"渐变工具" ，在工具选项栏中单击渐变色条，在打开的"渐变编辑器"对话框中选择黑白渐变，在矩形选区中拖动填充渐变，单独显示渐变填充图层的效果如图7.41所示，修改图层的"不透明度"为70%，按Alt+Ctrl+G组合键创建剪贴蒙版，制作画册书脊的渐变效果，如图7.42所示。

图7.41　绘制选区并填充渐变　　　　　图7.42　制作画册书脊的渐变效果

06 使用相同的方法，使用"矩形选框工具" 在封一位置绘制矩形选区，使用"渐变工具" 拖动填充对称渐变，设置图层的"不透明度"为10%，制作封一的书槽，单独显示对称渐变填充的效果和书槽效果如图7.43和图7.44所示。

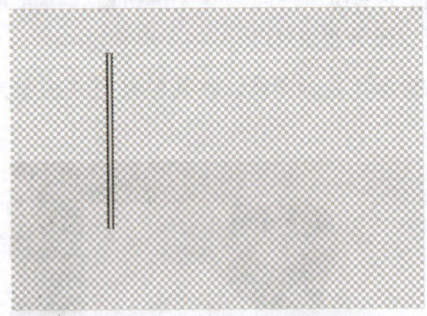

图7.43　填充对称渐变　　　　　图7.44　制作画册封一的书槽效果

07 使用"多边形套索工具" 绘制不规则选区，填充灰色（#808184），单独显示的填充效果如图7.45所示，制作画册的底部效果，如图7.46所示。

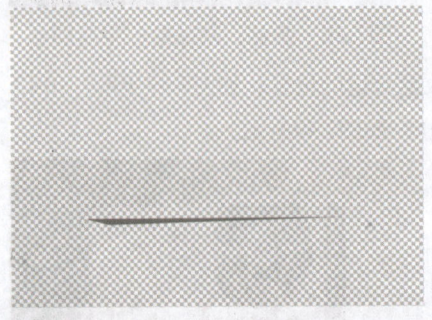
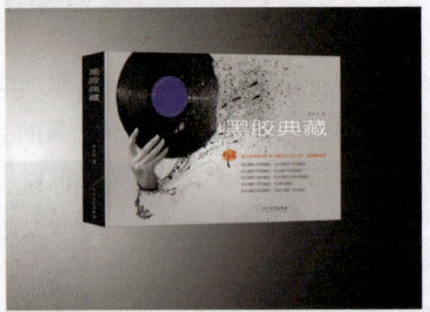

图7.45　填充选区　　　　　图7.46　制作画册的底部效果

08 使用相同的方法，选择"多边形套索工具" ，在画册底部绘制不规则选区；设置前景色为黑色，选择"渐变工具" ，在工具选项栏中单击渐变色条，在打开的"渐变编辑器"对话框中选择前景色到透明渐变，在选区中拖动填充渐变，制作画册的投影效果，如图7.47所示。

09 复制画册的立体效果，执行"编辑"→"变换"→"垂直翻转"命令，将图像垂直翻转，调整翻转后图像的角度和位置，然后将其所在图层的"不透明度"调整为70%，制作画册的倒影效果，如图7.48所示。

图7.47　制作画册的投影效果　　　　图7.48　制作画册的倒影效果

10 按Ctrl+G组合键,将画册立体效果所在各图层编组,将其命名为"立体";单击"图层"面板中的"创建新的填充或调整图层"按钮 ,在弹出的菜单中选择"渐变"命令,为图层组"立体"创建渐变填充图层;调整渐变填充图层的不透明度,按Alt+Ctrl+G组合键创建剪贴蒙版,制作明暗效果,如图7.49所示。

图7.49　制作画册的明暗效果

11 使用相同的方法,为画册立体效果的投影制作明暗效果,如图7.50所示。至此,完成画册立体效果的制作。

图7.50　制作倒影的明暗效果

7.3 菜单封面

项目:中式菜单封面设计。
名称:菜单。

要求：设计中式菜单的封面，要求富有传统古韵，喜庆、吉祥，并彰显餐厅的品位。图7.51所示为封面设计完成效果。

图7.51　菜单封面设计

尺寸：异型开本。

设计思路：菜单代表着餐厅的形象，其封面设计影响菜单的整体效果。菜单封面的风格应与餐厅环境相协调。本例封面采用红色调，并添加中式特色的装饰，以彰显中国传统意蕴。本例制作过程相对简单，在此仅作为设计示意。

>> 项目制作步骤

01 打开背景素材"1.jpg"，将文件另存为"中式菜单设计.PSD"；选择"矩形工具"，在工具选项栏中选择"形状"选项，设置"填充"为红色（#b71e21），绘制矩形，如图7.52所示。

图7.52　打开素材并绘制矩形

02 打开花纹素材"2.png"，将其拖入"中式菜单设计.PSD"文件；按Alt+Ctrl+G组合键创建剪贴蒙版，如图7.53所示。

03 选择"矩形选框工具"，在菜单合适位置绘制矩形选区，执行"编辑"→"描边"命令，参照图7.54所示设置参数，描边效果如图7.54所示。

04 在"图层"面板中单击"添加图层蒙版"按钮，在图层蒙版中的合适位置涂抹，遮住部分描边效果，如图7.55所示。

05 选择"横排文字工具"，设置合适的字体、字号，设置文字颜色为黑色，在合适位置输入文字"菜"，如图7.56所示；执行"图层"→"图层样式"→"描边"命令，参照图7.57所示设置参数，为文字添加描边效果。

图7.53 拖入素材并创建剪贴蒙版

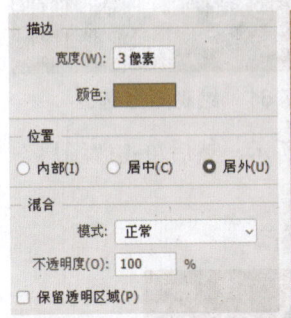 

图7.54 描边选区 　　　　　　　　　图7.55 添加图层蒙版

 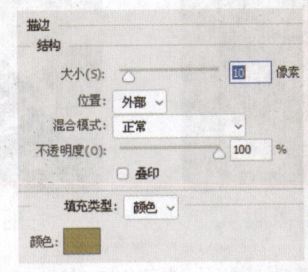

图7.56 输入文字 　　　　　　　　　图7.57 描边文字

06 使用相同的方法，输入文字"单"，字体、字号和文字颜色参考文字"菜"，复制文字"菜"的图层样式，为文字描边，如图7.58所示。

07 导入山水画素材"3.jpg"，将其拖入"中式菜单设计.PSD"文件，调整图像的大小和位置，如图7.59所示。

图7.58 文字效果　　　　　　　　　图7.59 拖入山水画素材

08 执行"图层"→"新建调整图层"→"可选颜色"命令，参照图7.60所示设置参数，调整图像的颜色。

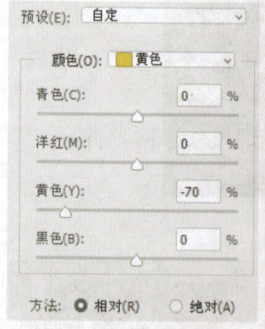

图7.60 调整图像的颜色

图7.61 绘制矩形选区

09 选择"矩形选框工具" ，在合适位置绘制矩形选区，如图7.61所示，然后单击"图层"面板中的"添加图层蒙版"按钮 ，添加图层蒙版，如图7.62所示。

10 选择"直排文字工具" ，在合适位置输入相关文字，如图7.63所示。

图7.62 添加图层蒙版

图7.63 输入文字

11 选择"钢笔工具" ，在工具选项栏中选择"形状"选项，设置"填充"为黄色，在合适位置绘制形状，如图7.64所示。

12 执行"图层"→"图层样式"→"渐变叠加"命令，参照图7.65所示设置参数，渐变颜色值设置为#c9a460和#f1e3a4，为形状图层添加图层样式。

图7.64 绘制形状

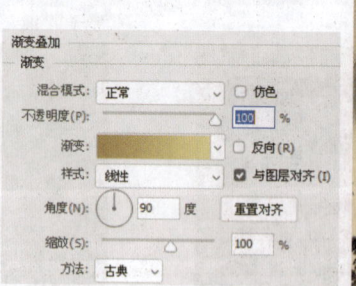

图7.65 为形状图层添加图层样式

13 选择"横排文字工具" T ，设置合适的字体和字号，设置文字颜色为黄色，在形状位置输入文字"酒"，如图7.66所示。

14 按住Ctrl键单击文字图层，载入文字选区，如图7.67所示；返回形状图层，单击"图层"面板中的"添加图层蒙版"按钮 ，添加图层蒙版，然后隐藏文字图层，如图7.68所示。

15 选择图层蒙版，按Ctrl+I组合键，将图层蒙版反相，如图7.69所示。

图7.66　输入文字

图7.67　载入文字选区

图7.68　添加图层蒙版并隐藏文字图层

图7.69　反相图层蒙版

16 单击"图层"面板中的"创建新组"按钮 ▭，将之前制作的所有图层编组，并将图层组命名为"封一"；选择该图层组，执行"图层"→"图层样式"→"投影"命令，参照图7.70所示设置参数，为图层组添加图层样式。

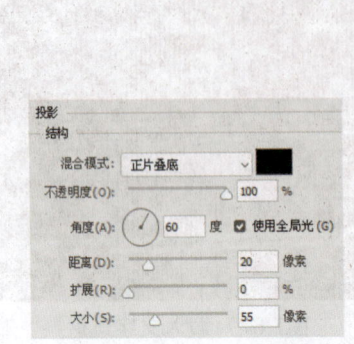 

图7.70　为图层组添加图层样式

17 复制图层组"封一"，按Ctrl+T组合键执行自由变换操作，右击，在弹出的菜单中选择"水平翻转"命令，然后删除不需要的图像内容，如图7.71所示。

18 选择花纹并水平翻转，然后自由变换不规则形状，将其放至合适位置，如图7.72所示。

19 选择山水画素材所在图层，单击图层与图层蒙版之间的链接按钮解除链接，然后移动图像，如图7.73所示。

至此，完成菜单封面的制作。

图7.71　复制、翻转图像并删除不需要的内容

图7.72　制作花纹和文字

图7.73　取消图层与图层蒙版的链接并移动图像

7.4 课后练习

一、填空题

1. 开本是指一本书幅面的大小，以_____裁开的张数作为标准。
2. 书籍封面的作者名称应采用全称，多作者时可_____。
3. 按_____组合键，可以为图层创建剪贴蒙版。

二、选择题（多选）

1. 书籍封面的文字信息应与书名页一致，通常应标明（　　）等。
A. 书名（含版次）　　　　　　　　B. 作者
C. 著作方式　　　　　　　　　　　D. 出版单位

2. 通常将（　　　）的纸张裁成的 16 小页称为"标准 16 开"；将（　　　）的纸张裁成的 16 小页称为"大 16 开"，其余类推。

A. 787 mm × 1092 mm　　　　　　　B. 778 mm × 1192 mm
C. 889 mm × 1194 mm　　　　　　　D. 850 mm × 1168 mm

三、实操题

1. 试制作文史类书籍的封面设计。
2. 试制作时尚杂志的封面设计。

第8章

盒式包装设计

◎ **本章导读**

本章主要讲解使用Photoshop进行各种规则或异型的盒式包装设计。

* 墨水瓶包装、彩色铅笔包装：针对使用人群的不同，日用文具类产品的包装设计应采用不同的设计风格，或活泼、大方，或简洁、有序。
* 香水包装：香水类产品的包装设计应体现出浪漫、别致的气质，并能够彰显个性。
* 茶叶包装、白酒包装：酒水类产品的包装应能够通过图形语言表达出一种味觉感受，还应着意突出产品的类别形象。

◎ **数字资源**

"素材文件\第8章\"目录下。

◎ **素质目标**

包装设计的实用性主导并决定其结构和造型、它建立在对人类自身与设计之间关系的研究成果上，即设计要使人感到舒适、安全、高效。

8.1 墨水瓶外包装

项目： 墨水瓶外包装设计。
名称： 高级纯蓝墨水（香型）。
要求： 突出产品特点和产品名称，能够有效提升产品的附加值。图8.1所示为该包装设计完成效果。

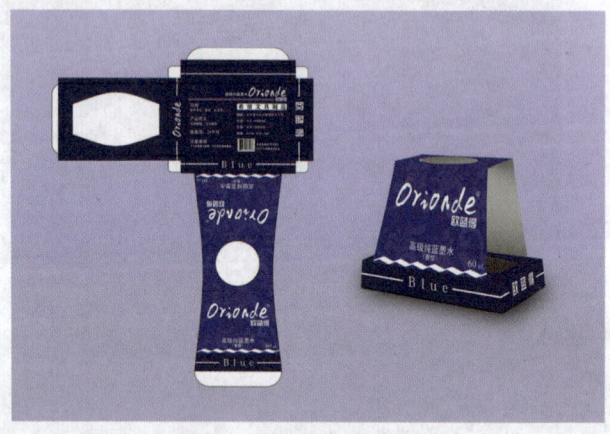

图8.1 墨水瓶包装设计

尺寸： 墨水瓶包装尺寸为40 mm × 50 mm × 45 mm。具体尺寸标注如图8.2所示。

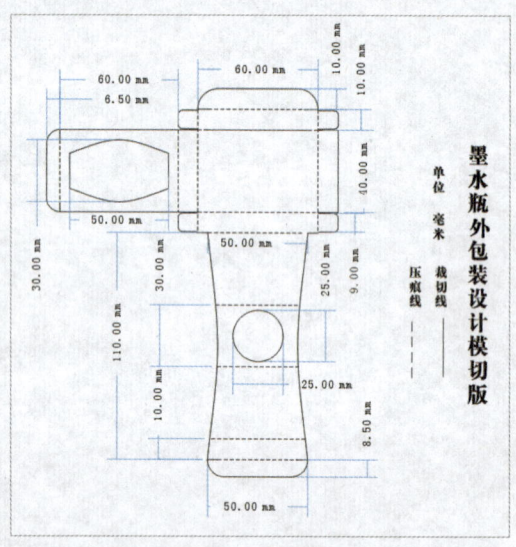

图8.2 尺寸标注

设计思路： 墨水瓶的外包装通常采用优质的纸盒，具有良好的防潮、防晒、防震等性能；尺寸不宜过大或过小，简洁、美观，易于携带和存放。

具体到本例，本例为开放式的异型包装造型，该包装设计主要是为满足后期销售的需要。包装采用上下固定的方式，中间可看到产品的外观，以便于消费者查看和选购。因为该产品为蓝色墨水，所以在色调上采用蓝色。整体画面不过多添加装饰，以简单、素雅为主。

项目制作步骤

1. 制作墨水瓶外包装的展开图

01 墨水瓶外包装的展开图和模切版,如图8.3所示。

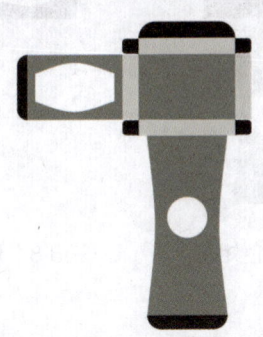
墨水瓶包装设计.PSD

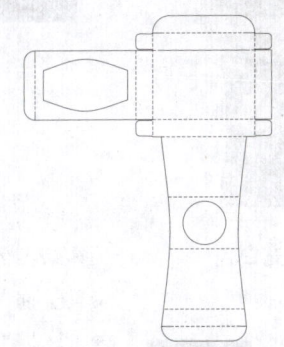
墨水瓶包装模切版.EPS

图8.3 墨水瓶外包装的展开图和模切版

02 在Photoshop中,打开"墨水瓶包装设计.PSD"文件,执行"图像"→"画布大小"命令,打开"画布大小"对话框,参照图8.4所示设置画布大小,单击"确定"按钮。

03 在"图层"面板中选择"模切版"和"压痕线"图层,按Ctrl+G组合键将图层编组,更改图层组的名称为"模切版",配合Shift键添加3 mm出血线及中线,如图8.5所示。

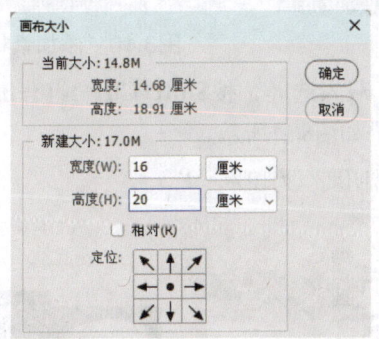

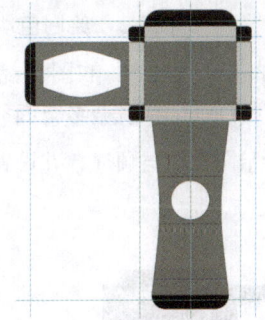

图8.4 "画布大小"对话框   图8.5 添加参考线

04 按住Ctrl键在"图层"面板中单击"创建新组"按钮 ▭ ,新建"组1",更改图层组的名称为"背景";选择"图层1",选择"魔棒工具" ✦ ,按住Shift键单击包装边缘的深色色块,载入选区,在"背景"图层组中新建"图层2",填充选区为白色,效果如图8.6所示。

05 新建"图层3",使用"矩形工具" ▭ 基于参考线绘制矩形选区,填充矩形为深蓝色#232364,按Ctrl+D组合键取消选区,效果如图8.7所示。

06 选择"图层1",使用"魔棒工具" ✦ 单击包装左侧的白色色块,载入选区,然后在"图层3"中按Delete键删除选区内容,效果如图8.8所示。

07 使用相同的方法,使用"矩形工具"绘制色块,分别填充不同的蓝色(#232364)和(#32328c),并分别放至独立的图层中,效果如图8.9所示。

08 打开"白色印花.TIF"文件，将其拖入"墨水瓶包装设计.PSD"文件，调整图像的大小和位置，如图8.10所示。

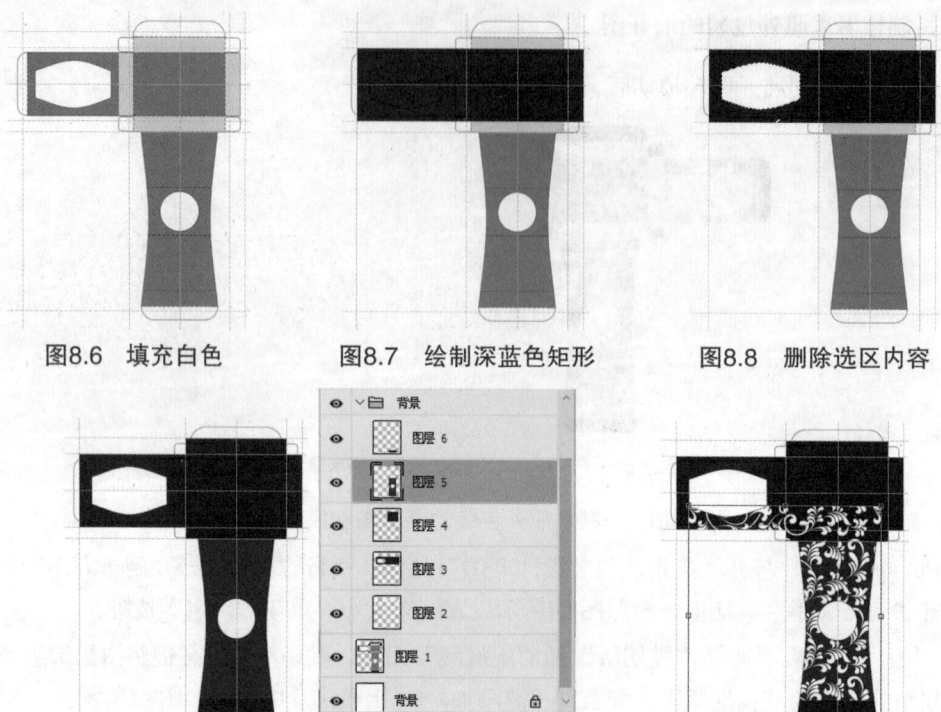

图8.6 填充白色　　　图8.7 绘制深蓝色矩形　　　图8.8 删除选区内容

图8.9 绘制色块　　　图8.10 添加素材图像

09 按住Ctrl键单击"图层5"的图层缩览图，载入选区，按Shift+Ctrl+I组合键反转选区，在"图层7"中按Delete键删除多余内容，效果如图8.11所示。

10 参照图8.12所示调整图层顺序，并设置"不透明度"为10%。

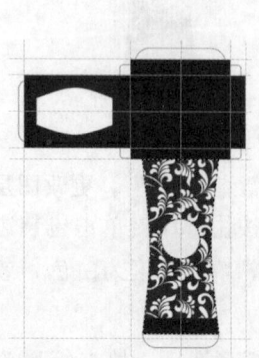 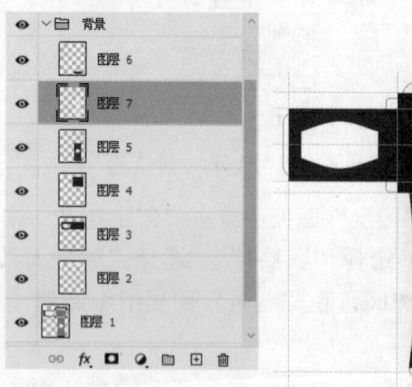

图8.11 删除多余内容 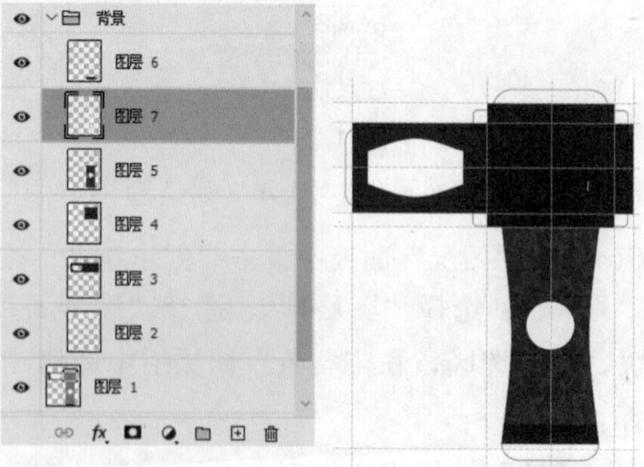　　　图8.12 调整图层顺序和图层不透明度

11 选择"背景"图层组，在"图层"面板中单击"创建新组"按钮，新建"正面"图层组；使用"横排文字工具"输入产品名称"Orionde"和相关文字信息，如图8.13所示。

12 设置前景色为白色，选择"自定形状工具"，在工具选项栏中选择"形状"选项，在"形状"下拉列表中选择"水波"选项，参照图8.14所示设置参数，并绘制水波形状。

第8章 盒式包装设计

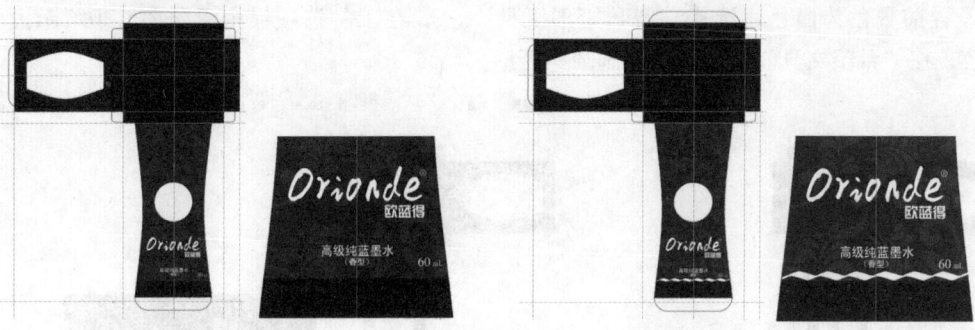

图8.13 输入文字信息　　　　　　　图8.14 绘制水波形状

[13] 使用"横排文字工具"T输入文字"Blue",新建"图层8",使用"矩形选框工具"绘制选区,填充选区为白色,调整图像的位置和大小,如图8.15所示。

[14] 复制并粘贴步骤11至步骤13制作的所有文字和图形,翻转180°,然后参照图8.16所示调整位置。

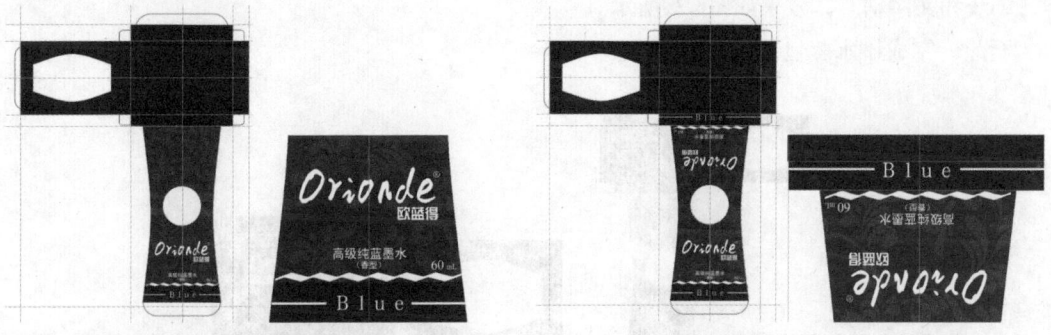

图8.15 输入文字并绘制直线　　　　图8.16 复制、粘贴并调整图像

[15] 新建"底面"图层组,复制、粘贴前面制作的产品名称,调整文字的大小和位置;然后使用"矩形工具"绘制条状选区,填充选区为白色,将其放在独立的图层中,效果如图8.17所示。

[16] 使用"横排文字工具"T在包装底面输入相关文字信息,效果如图8.18所示。

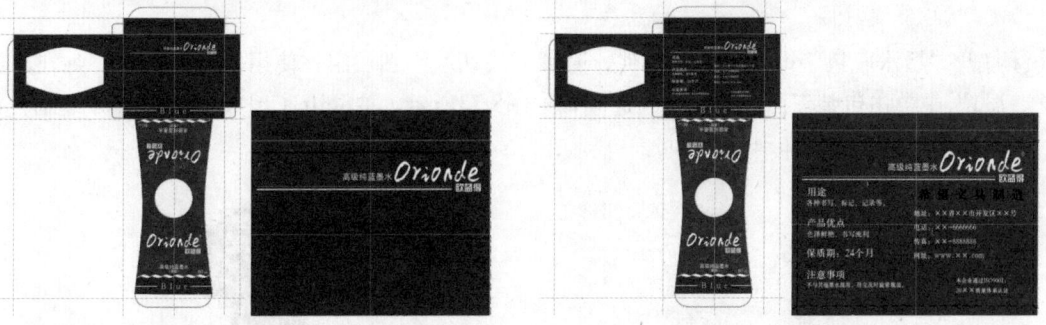

图8.17 复制、粘贴、绘制并调整图像　　图8.18 输入相关文字

[17] 打开"条形码.TIF"文件,拖动素材图像到正在编辑的文档中,调整图像的大小与位置,并使用"横排文字工具"T在条形码图像右侧添加文字信息,如图8.19所示。

179

⑱ 设置前景色为白色，选择"圆角矩形工具"，在工具选项栏中参照图8.20所示设置参数，在"希望文具制造"下方绘制圆角矩形。

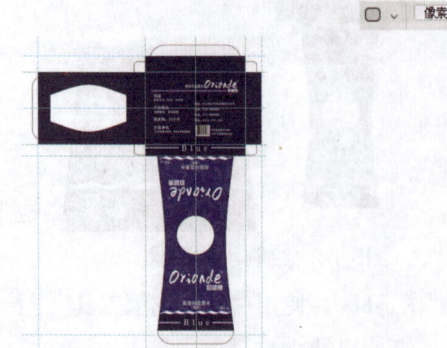

图8.19 添加条形码

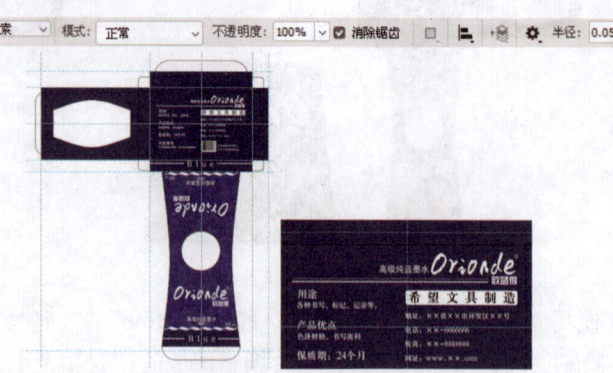

图8.20 绘制圆角矩形

⑲ 使用前面步骤相同的方法，使用"矩形工具"和"直排文字工具"制作包装底面的装饰线和文字信息，效果如图8.21所示。

至此，完成墨水瓶包装设计的制作。

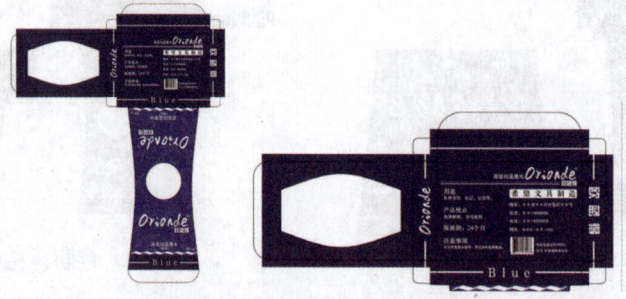

图8.21 添加装饰线和文字信息

2. 制作包装立体效果

① 执行"文件"→"新建"命令，打开"新建文档"对话框，参照图8.22所示设置参数，单击"确定"按钮。

② 打开"墨水瓶包装设计.PSD"文件，隐藏"模切版"图层组，使用"魔棒工具"在"图层1"中单击包装正面色块，载入选区，如图8.23所示，按Shift+Ctrl+C组合键合并复制，并将其粘贴到新建文件中。

图8.22 "新建文档"对话框

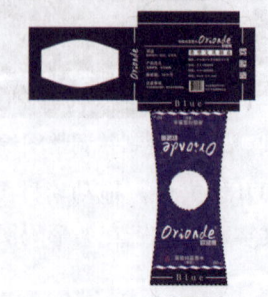

图8.23 合并复制图像

03 使用相同的方法，利用"合并拷贝"命令将包装侧面图像复制、粘贴到新建文件中，利用选区删除不需要的图像内容，并将其放在独立的图层中，效果如图8.24所示。

04 选择包装正面图像，配合Ctrl+T组合键调整透视角度；使用相同的方法，对其他图像进行变形操作，如图8.25所示。

图8.24　调整图像　　　　　　　图8.25　制作立体效果

05 新建"图层6"，使用"多边形套索工具"在包装侧面绘制选区，填充选区为灰色#c5c5c5，使其形成立体形状；按住Ctrl键单击"图层6"的图层缩览图，载入选区，然后使用"画笔工具"添加阴影效果，如图8.26所示。

图8.26　绘制阴影效果

06 新建"图层7"，使用"多边形套索工具"在包装边缘绘制选区，填充选区为黑色，效果如图8.27所示。

07 执行"滤镜"→"模糊"→"高斯模糊"命令，打开"高斯模糊"对话框，设置"半径"为50 px，单击"确定"按钮，效果如图8.28所示。

图8.27　绘制选区并填充黑色　　　　图8.28　添加"高斯模糊"效果

08 新建"图层8"，使用"画笔工具"添加阴影，阴影效果和单独显示阴影所在图层的效果如图8.29所示。

181

09 新建"图层9",使用"多边形套索工具"在包装内侧绘制选区,填充选区为灰色#5d5d5d,效果如图8.30所示。

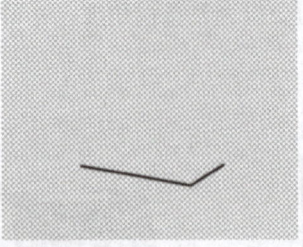

图8.29　添加阴影效果　　　　　　　　　　　　图8.30　绘制包装内侧图像

8.2 橡皮擦外包装

项目： 橡皮擦外包装设计。

名称： 学生橡皮擦。

要求： 对学生橡皮擦进行外包装设计,在整体设计中要求色彩和设计元素符合文具的特色。图8.31所示为该包装设计完成效果。

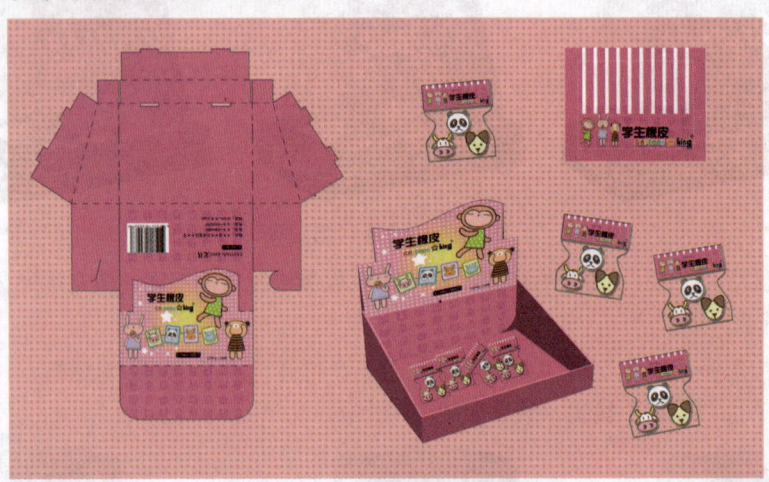

图8.31　橡皮擦外包装设计

尺寸： 130 mm × 180 mm × 195 mm。具体尺寸标注如图8.32所示。

设计思路： 14周岁以下（含14周岁）学生用品应遵循《学生用品的安全通用要求》（GB 21027—2020）的相关规定。

具体到本例,该产品采用异型开放式包装设计,便于展示产品及后期销售。整体包装的可触及边缘或边角等制作成曲边形状,无锐利毛边、尖端或溢边；以粉红色作为主色调,亲和、可爱；采用卡通动物装饰图案,增强了趣味性；包装选择环保材料,外形美观、不易破损；包装上标识清晰、耐久、易读,不易脱落,注明品牌、生产企业、相关认证,以及适用年龄等,并有警示标志。

第8章 盒式包装设计

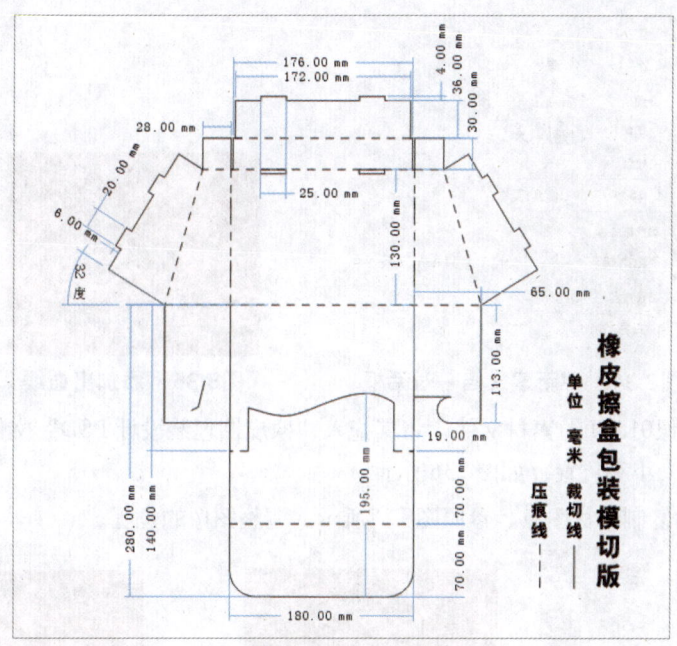

图8.32 尺寸标注

> **项目制作步骤**

1．制作橡皮擦外包装

01 橡皮擦外包装的展开图和模切版如图8.33所示。

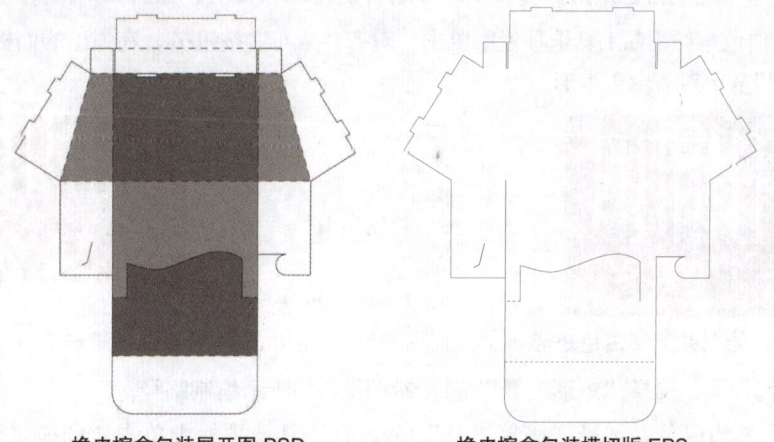

橡皮擦盒包装展开图.PSD　　　　橡皮擦盒包装模切版.EPS

图8.33　橡皮擦外包装的展开图和模切版

02 在Photoshop中，执行"文件"→"新建"命令，打开"新建文档"对话框，参照图8.34所示设置参数，单击"确定"按钮。

03 填充"背景"图层为粉红色（#eb68a3），配合Shift键添加3 mm的出血线及中线，效果如图8.35所示。

183

图8.34 "新建文档"对话框　　图8.35 添加出血线

04 打开"卡通头像01.TIF"素材文件,将其拖入"橡皮擦包装设计.PSD"文件,按Ctrl+T组合键调整图像的大小和位置,如图8.36所示。

05 按住Alt键拖动复制素材图像,参照图8.37所示,调整图像的位置。

图8.36 添加素材图像　　图8.37 复制素材图像

06 新建"图层1",使用"矩形选框工具" 绘制矩形选区,填充选区为白色,按住Alt键并拖动图像即可复制白色矩形,并按Ctrl+G组合键将图像编组,如图8.38所示。

07 选择所有白色矩形,在工具选项栏中单击"对齐并分布"按钮 ,在弹出的面板中参照图8.39所示进行设置,对齐白色矩形。

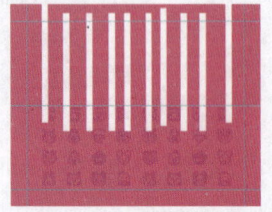
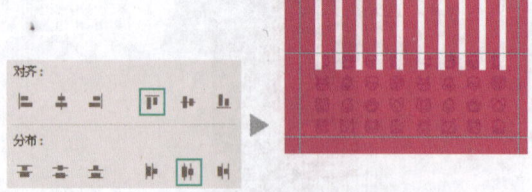

图8.38 绘制并复制白色矩形　　图8.39 对齐白色矩形

08 新建"图层2",选择"矩形工具" ,参照图8.40所示绘制路径。

09 设置前景色为白色,选择"画笔工具" ,在工具选项栏中单击"切换'画笔设置'面板"按钮 ,弹出"画笔设置"面板,参照图8.41所示设置画笔属性。

10 在"路径"面板中单击"用画笔描边路径"按钮 ,描边路径,效果如图8.42所示。

11 打开"橡皮擦标志.PSD"文件,将其拖入"橡皮擦包装设计.PSD"文件,调整图像的大小和位置;使用"横排文字工具" 输入文字"学生橡皮",如图8.43所示。

12 打开"卡通动物.PSD"素材文件,将"小猴子""小兔子""小熊"图像拖入"橡皮擦包装设计.PSD"文件,参照图8.44所示调整图像的大小和位置,完成对橡皮擦包装的制作。

第8章 盒式包装设计

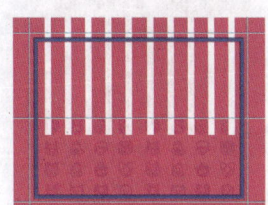
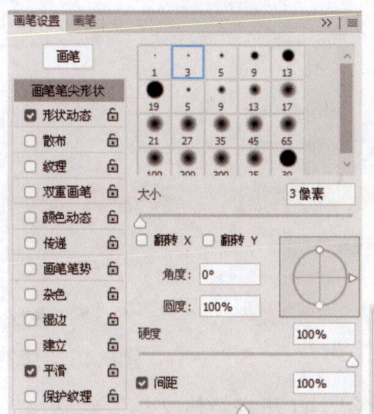

图8.40　绘制路径 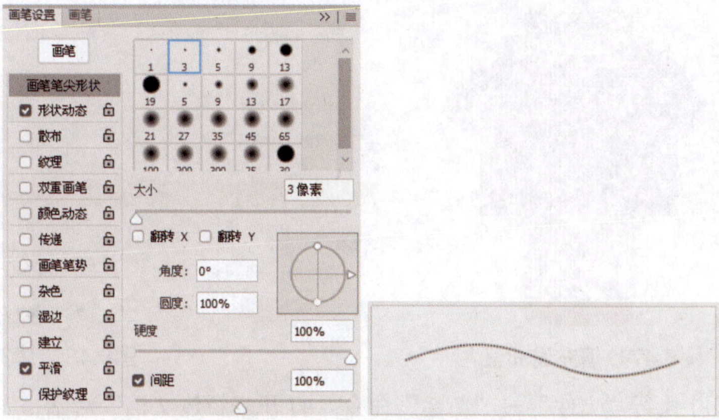　　　　　　　　图8.41　"画笔"面板

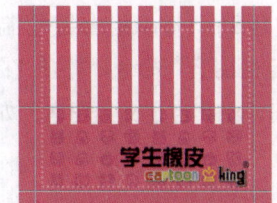

图8.42　用画笔描边路径　　图8.43　添加产品标志和产品名称　　图8.44　添加素材图像

2．制作橡皮擦包装盒

01 打开"橡皮擦盒包装展开图.PSD"文件，执行"图像"→"画布大小"命令，打开"画笔大小"对话框，参照图8.45所示设置参数，单击"确定"按钮。

02 选择"模切版"图层，使用"魔棒工具" 单击模切版，载入选区，然后按住Ctrl键并单击"创建新图层"按钮 ，新建"图层2"，填充选区为粉红色（#eb68a3），效果如图8.46所示（为方便查看，在实际操作中可随时开启和关闭白色"背景"图层），将图层编组。

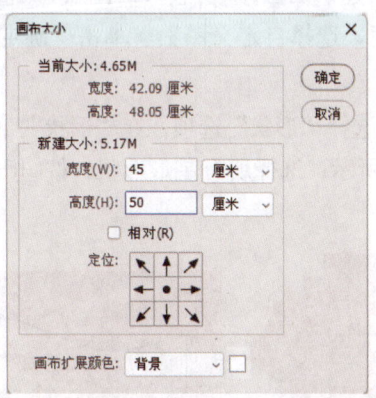
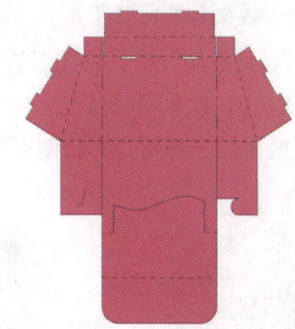

图8.45　"画布大小"对话框　　　　图8.46　填充选区

03 新建"图层3"，选择"图层1"，使用"魔棒工具" 单击包装正面，载入选区，在"图层3"中填充选区为浅粉红色（#f19ec2），如图8.47所示。

04 在"包装展开图"图层组的上方新建"正面"图层组，新建"图层4"，载入"图层3"选区；选择"渐变工具" ，参照图8.48所示填充渐变，渐变颜色值为#fffd04和#f19ec2。

185

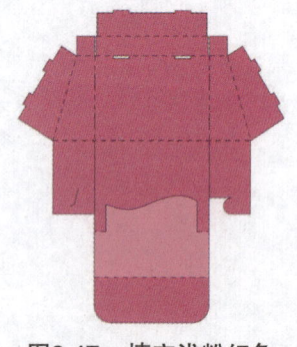 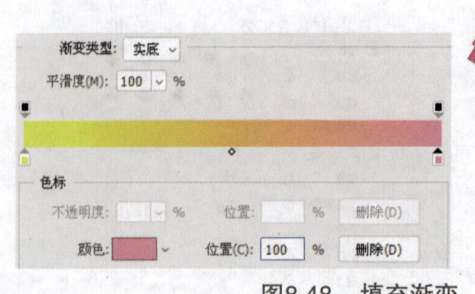 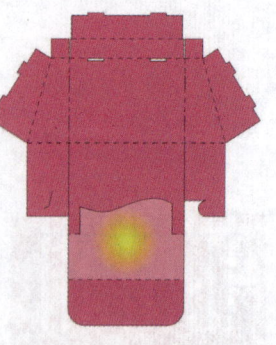

图8.47 填充浅粉红色　　　　　　图8.48 填充渐变

05 执行"文件"→"新建"命令，打开"新建文档"对话框，参照图8.49所示设置参数，单击"确定"按钮。

06 选择"椭圆选框工具"，按住Shift+Alt组合键绘制正圆形选区，填充选区为浅粉色（#fdddeb）；执行"编辑"→"定义图案"命令，打开"图案名称"对话框，设置"名称"为"装饰图案"，单击"确定"按钮，将其自定义为图案，如图8.50所示。

 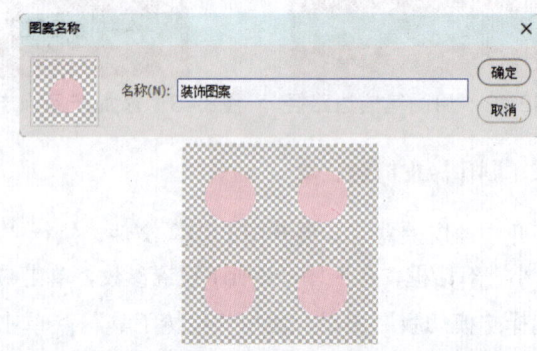

图8.49 "新建文档"对话框　　　　图8.50 自定义图案

07 在"橡皮擦盒包装展开图.PSD"文件中，新建"图层5"，载入"图层4"选区；执行"编辑"→"填充"命令，打开"填充"对话框，选择自定义图案，单击"确定"按钮，为选区填充图案，效果如图8.51所示。

08 选择"自定形状工具"，在工具选项栏中选择"形状"选项，在"形状"下拉列表中选择"五角星"选项，绘制星形形状，如图8.52所示；选择所有星形形状，按Ctrl+G组合键将图形编组，更改图层名称为"形状图形"。

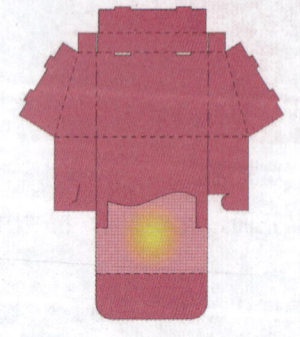 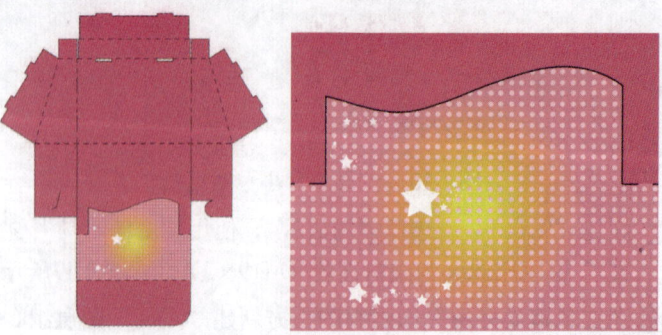

图8.51 为选区填充图案　　　　　图8.52 绘制星形

09 打开"卡通动物.PSD"文件,将其拖入"橡皮擦盒包装展开图.PSD"文件,参照图8.53所示调整图像的大小和位置。

10 打开"橡皮擦标志.PSD"文件,将其拖入"橡皮擦盒包装展开图.PSD"文件,调整图像的大小和位置;使用"圆角矩形工具" ▢ 和"横排文字工具" T 添加装饰图形和文字信息,效果如图8.54所示。

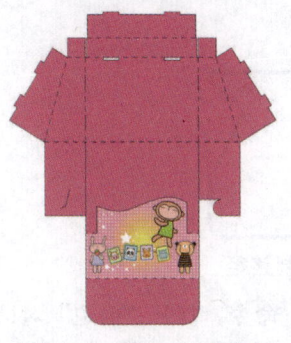
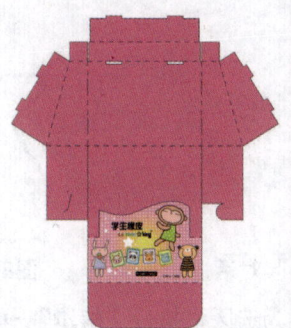

图8.53　添加素材图像　　　　　图8.54　添加装饰图形和文字信息

11 在"正面"图层组的上方新建"侧面"图层组,打开"卡通头像01.TIF"素材文件,将其拖入"橡皮擦盒包装展开图.PSD"文件,参照图8.55所示调整图像的大小和位置。

12 执行"图像"→"图像旋转"→"180°"命令,旋转画布,效果如图8.56所示。

13 打开"条形码.TIF"素材文件,将其拖入"橡皮擦盒包装展开图.PSD"文件,调整图像的大小和位置;使用"圆角矩形工具" ▢ 和"横排文字工具" T 添加装饰图形和相关文字信息,效果如图8.57所示。

14 执行"图像"→"图像旋转"→"180°"命令,旋转画布,如图8.58所示,完成橡皮擦盒包装展开图的制作。

图8.55　添加素材图像

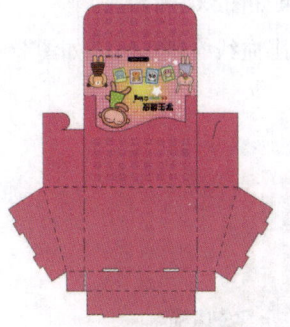
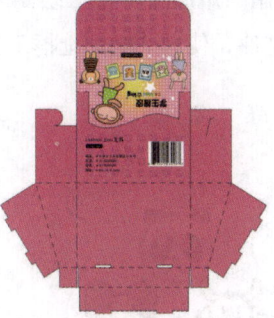
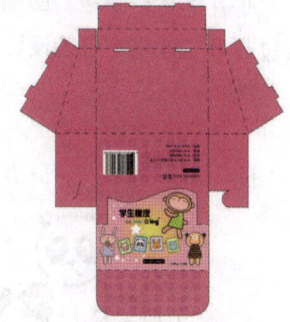

图8.56　旋转画布　　　　图8.57　添加相关信息　　　　图8.58　旋转画布

3. 制作包装立体效果

首先制作橡皮擦包装立体效果。

01 执行"文件"→"新建"命令，打开"新建文档"对话框，参照图8.59所示设置参数，单击"确定"按钮，将其存储为"橡皮擦包装立体图.PSD"。

02 新建"图层1"，使用"钢笔工具" 绘制图8.60所示的路径。

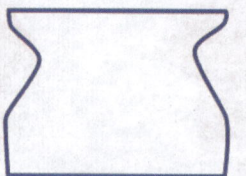

图8.59　"新建文档"对话框　　　　图8.60　绘制路径

03 按Ctrl+Enter组合键将路径转换为选区，执行"编辑"→"描边"命令，打开"描边"对话框，参照图8.61所示设置参数，单击"确定"按钮。

04 新建"图层2"，使用"矩形选框工具" 绘制选区，填充选区为灰色，效果如图8.62所示。

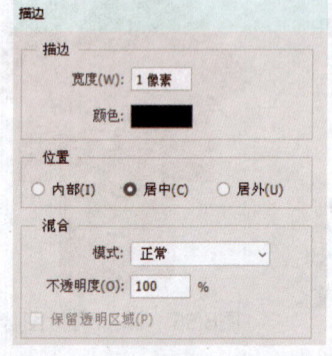
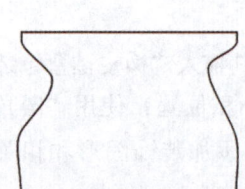
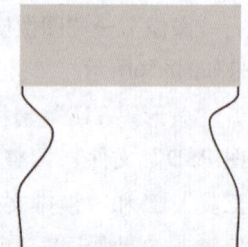

图8.61　添加"描边"效果　　　　图8.62　绘制并填充选区

05 打开"卡通头像02.TIF"文件，将其拖入"橡皮擦包装立体图.PSD"文件，调整图像的大小和位置；新建"图层5"，使用"矩形工具" 绘制书钉，效果如图8.63所示。

06 打开"橡皮擦包装设计.PSD"文件，使用"矩形选框工具" 沿出血线绘制选区，如图8.64所示。

图8.63　添加素材图像和图钉　　　　图8.64　合并复制图像

07 按Shift+Ctrl+C组合键合并复制图像，并粘贴到"橡皮擦包装立体图.PSD"文件中，参照图8.65所示调整图像的大小和位置。

08 按住Ctrl键单击"图层2"的图层缩览图,载入选区,单击"添加图层蒙版"按钮 ◻,为"图层7"添加图层蒙版,图像效果和图层蒙版中的效果如图8.66所示。

图8.65 调整图像的大小和位置

图8.66 添加图层蒙版

09 在"图层"面板中单击"添加图层样式"按钮 fx,在弹出的菜单中选择"投影"命令,打开"图层样式"对话框,参照图8.67所示设置参数,单击"确定"按钮。

10 继续在"图层样式"对话框中为图像添加"外发光""斜面和浮雕"图层样式,"外发光"颜色值为#ffffbe,参照图8.68和图8.69所示设置参数,单击"确定"按钮。

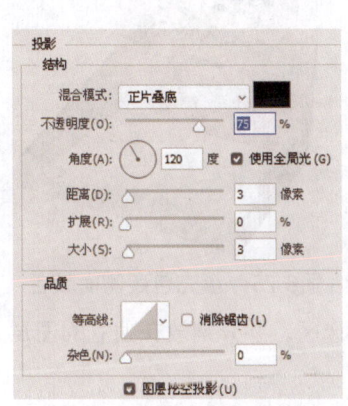
图8.67 添加图层样式1

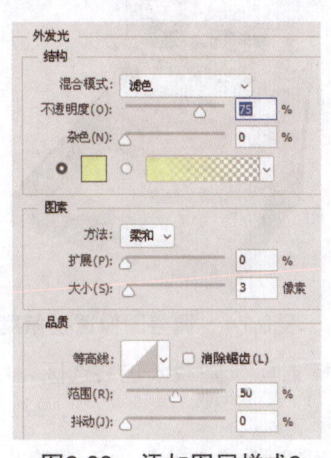
图8.68 添加图层样式2

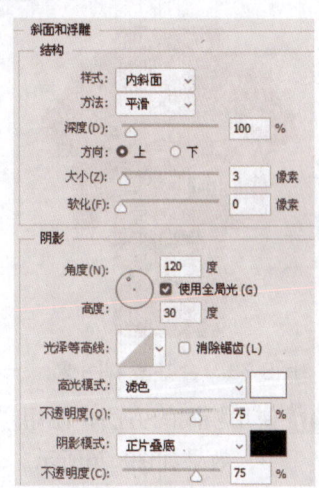
图8.69 添加图层样式3

11 使用相同的方法,为添加的素材图像添加图层样式,参数设置不变,如图8.70所示,完成橡皮擦包装立体效果的制作。

下面制作橡皮擦盒包装立体效果。

12 执行"文件"→"新建"命令,打开"新建文档"对话框,参照图8.71所示设置参数,单击"确定"按钮,将其存储为"橡皮擦盒包装立体效果图.PSD"文件。

图8.70 添加图层样式效果

13 打开"橡皮擦盒包装立体图素材.PSD"文件,将其拖入"橡皮擦盒包装立体效果图.PSD"文件,如图8.72所示,新建"橡皮擦盒"图层组。

14 打开"橡皮擦盒包装展开图.PSD"文件,选择"图层1",使用"魔棒工具" 单击包装正面，载入选区，按Shift+Ctrl+C组合键合并复制图像，如图8.73所示，将其粘贴到"橡皮擦盒包装立体效果图.PSD"文件中。

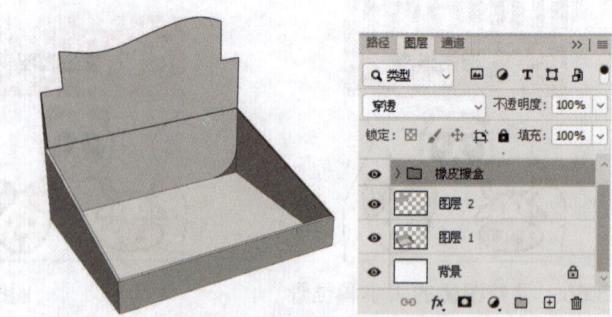

图8.71 "新建文档"对话框　　　　图8.72 添加立体素材图像

15 在"橡皮擦盒包装立体效果图.PSD"文件中，参照图8.74所示调整图像的透视角度。

16 新建"图层4"，选择"图层1"，使用"魔棒工具" 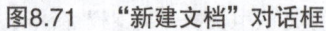 单击包装侧面灰色区域，载入选区，并在"图层4"中填充选区为深粉红色（#a43a69），效果如图8.75所示。

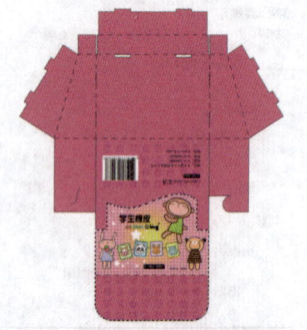

图8.73 合并复制图像　　　图8.74 调整图像透视角度　　　图8.75 填充包装侧面颜色

17 使用相同的方法，使用"魔棒工具" 载入包装选区，填充选区，并分别放在独立的图层中，效果如图8.76所示。

18 复制"橡皮擦包装立体图.PSD"文件中的图像至"橡皮擦盒包装立体效果图.PSD"文件中，如图8.77所示，并按Ctrl+E组合键合并图层。

图8.76 填充包装各部分颜色　　　　图8.77 复制橡皮擦包装立体图

19 在"图层"面板中单击"添加图层样式"按钮 fx ，在弹出的菜单中选择"投影"命令，打开"图层样式"对话框，参照图8.78所示设置参数，为图像添加"投影"图层样式。

第8章　盒式包装设计

⑳ 继续在"图层样式"对话框中为图像添加"外发光""斜面和浮雕"图层样式，参照图8.79和图8.80所示设置参数，其中，"外发光"颜色值为#f9f7bd，单击"确定"按钮。

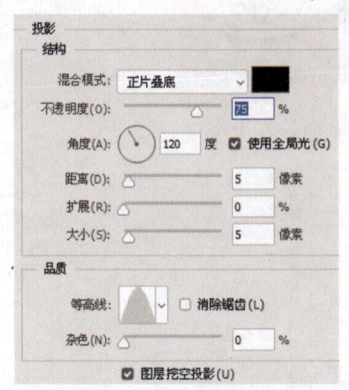
图8.78　添加图层样式1

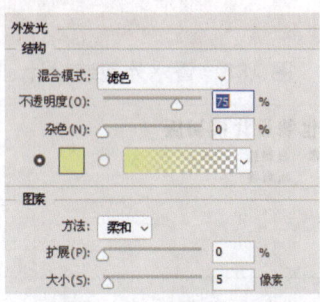
图8.79　添加图层样式2

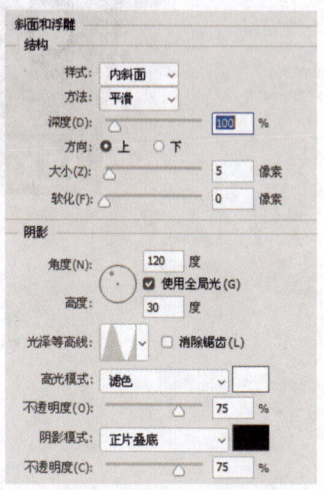
图8.80　添加图层样式3

㉑ 按住Alt键拖动复制橡皮擦包装立体图像，按Ctrl+T组合键调整图像的大小和位置，如图8.81所示；选择所有橡皮擦包装立体图像，按Ctrl+G组合键将其编组，更改图层组的名称为"橡皮擦"。

㉒ 在"橡皮擦盒"图层组的下方新建"图层16"，使用"画笔工具"  为橡皮擦盒添加阴影效果，如图8.82所示。

至此，完成橡皮擦盒包装立体图的制作。

图8.81　复制并调整图像

图8.82　添加阴影效果

8.3 香水外包装

项目： 香水外包装设计。
名称： Rose Dream。
要求： 要求制作格调优雅、富有女性特质的外包装。图8.83所示为该包装设计完成效果。
尺寸： 包装尺寸为50 mm × 86 mm × 80 mm。具体尺寸标注如图8.84所示。

191

图8.83　香水外包装设计

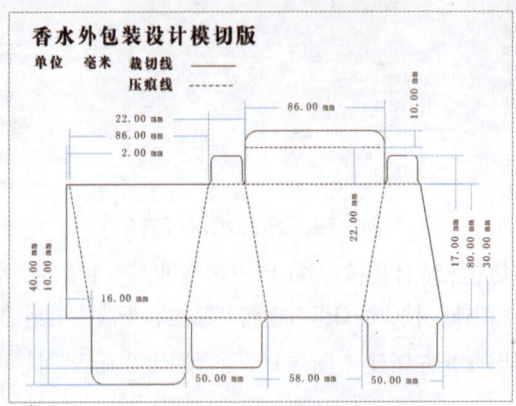

图8.84　尺寸标注

设计思路： 香水外包装应外观良好，无异味；包装材料无毒、清洁；注明产品名称、生产企业、批号等；注意空隙率的把握。

具体到本例，该款香水采用异型盒式包装设计，基于香水瓶的外观打造包装的外形；以深紫色作为主色调，凸显浪漫、神秘的气质；在包装正面装饰一朵盛开的玫瑰花，起到点睛的作用。

项目制作步骤

1. 香水外包装设计

01 香水外包装展开图和模切版，如图8.85所示。

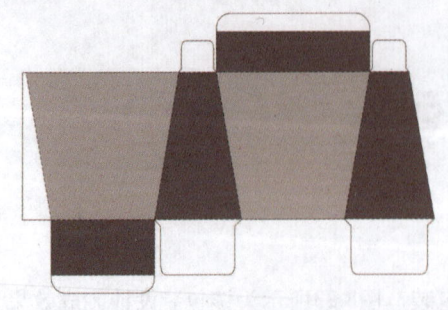

香水包装设计.PSD

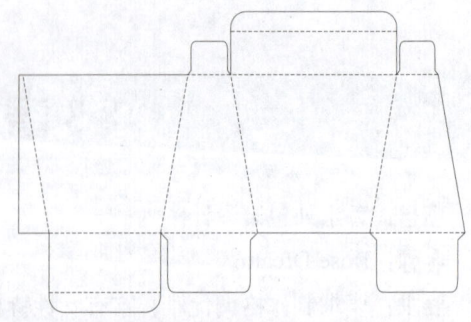

香水包装模切版.EPS

图8.85　香水外包装展开图和模切版

02 在Photoshop中打开"香水包装设计.PSD"文件，执行"图像"→"画布大小"命令，打开"画布大小"对话框，将画布调整为25 cm × 16 cm，单击"确定"按钮。

03 执行"视图"→"标尺"命令，调出标尺，配合Shift键添加3 mm出血线，如图8.86所示；将图层编组，更改图层组的名称为"模切版"。

04 按住Ctrl键单击"创建新组"按钮 ▭ ，新建"背景"图层组，使用"多边形套索工具" ⊻ 绘制选区，填充选区，颜色值为#c34978，将图像放在独立的图层中，如图8.87所示。

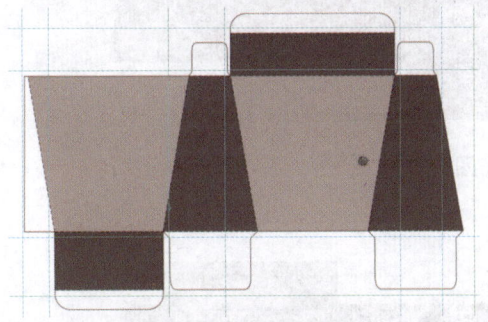 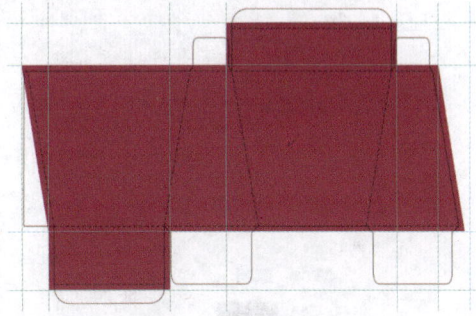

图8.86　添加参考线　　　　　　　　图8.87　填充选区

下面制作自定义图案。

05 执行"文件"→"新建"命令，打开"新建文档"对话框，参照图8.88所示设置参数，单击"确定"按钮。

06 使用"椭圆形选框工具" ◯ ，配合Shift+Alt组合键绘制正圆形，填充选区，颜色值为#e2a9aa，效果如图8.89所示。

07 执行"编辑"→"定义图案"命令，打开"图案名称"对话框，设置"名称"为"装饰图案"，单击"确定"按钮，如图8.90所示。

图8.89　绘制并填充选区

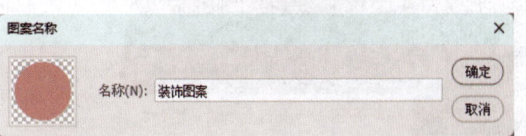

图8.88　新建文档　　　　　图8.90　"图案名称"对话框

08 在"香水包装设计.PSD"文件中，选择"图层1"，使用"魔棒工具" ⚆ 单击包装正面色块，载入选区；在"图层4"的上方新建"图层5"，执行"编辑"→"填充"命令，打开"填充"对话框，选择上一步制作的自定义图案，如图8.91所示，单击"确定"按钮，为选区进行图案填充。

09 新建"图层6",执行"编辑"→"描边"命令,打开"描边"对话框,参照图8.92所示设置参数,单击"确定"按钮,为选区描边。

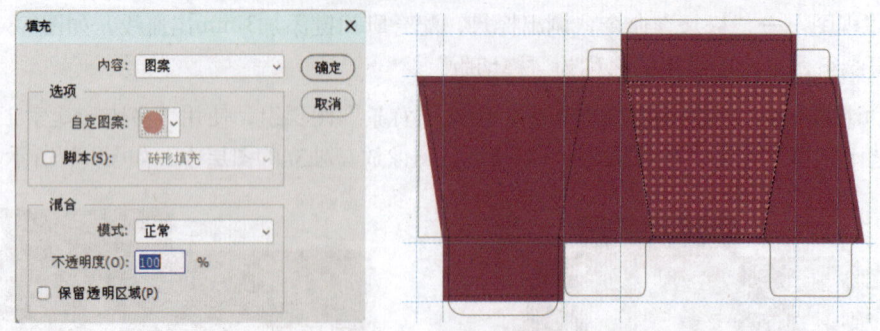

图8.91 填充图案

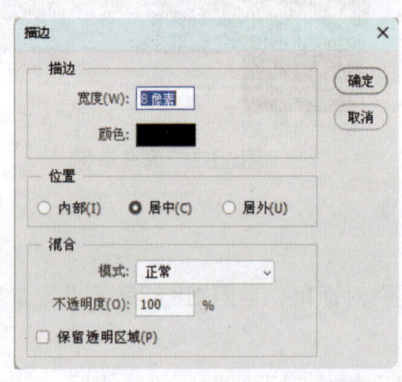
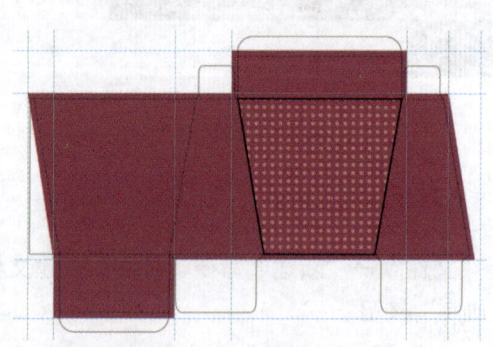

图8.92 为选区描边

10 选择"图层5"和"图层6",执行"编辑"→"自由变换"命令,配合Alt+Shift组合键等比例缩放图像,如图8.93所示,然后在"图层"面板中设置"图层5"的"不透明度"为50%。

11 选择"图层5"和"图层6",按住Alt键拖动复制图像,然后调整图像的位置,效果如图8.94所示。

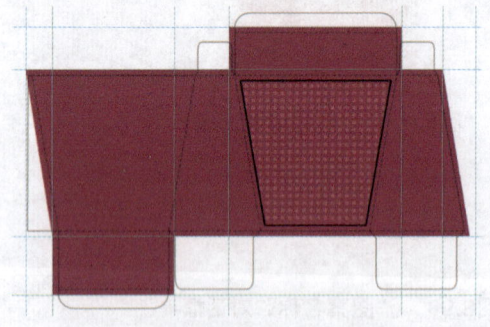
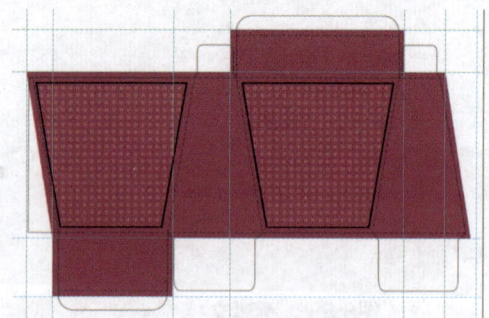

图8.93 等比例缩小图像并调整不透明度　　　　图8.94 拖动复制图像

12 在"背景"图层组的上方新建"组1",更改图层组的名称为"正面", 新建"图层7";使用"矩形选框工具"在包装正面绘制选区,填充选区为黑色,如图8.95所示。

13 打开"花.TIF"文件,将其拖入"香水包装设计.PSD"文件,调整图像的大小和位置,如图8.96所示。

第8章　盒式包装设计

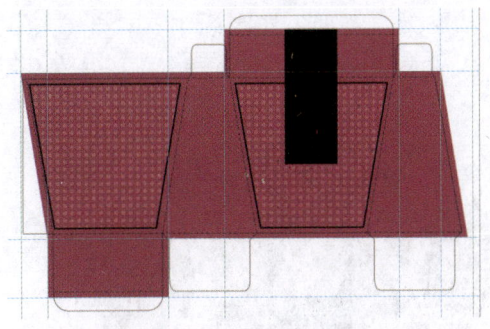

图8.95　绘制并填充选区

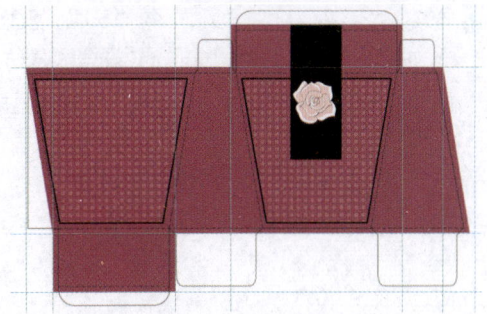

图8.96　添加素材图像

14 按住Ctrl键单击"图层8"的图层缩览图，载入选区，在"图层"面板中单击"创建新的填充或调整图层"按钮，在弹出的菜单中选择"色彩平衡"命令，参照图8.97所示设置参数，调整图像的颜色。

15 选择素材图像"花"，按住Alt键拖动复制图像，调整图像的大小和位置，如图8.98所示。

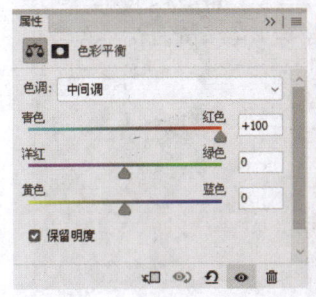

图8.97　调整图像的颜色

图8.98　复制并调整图像

16 打开"标识01.TIF""标识02.TIF""标识03.TIF"文件，将其拖入"香水包装设计.PSD"文件，调整图像的大小、和位置，并使用"横排文字工具" T 添加相关文字信息，效果如图8.99所示。

17 按住Alt键拖动复制"Rose Dream"图像，调整图像的位置和大小，效果如图8.100所示。

图8.99　添加文字信息

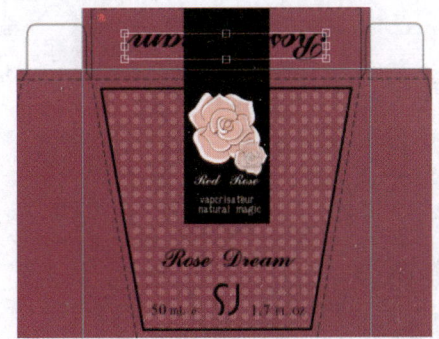

图8.100　调整图像

18 按住Ctrl键单击"图层7"的图层缩览图，载入选区，执行"图像"→"调整"→"色相/饱和度"命令，打开"色相/饱和度"对话框，参照图8.101所示设置参数，单击"确定"按钮。

19 选择步骤12至步骤16制作的图像，配合Shift+Alt组合键拖动复制图像至包装背面，绘制选区删除多余的图像内容，效果如图8.102所示。

20 新建"侧面"图层组,将"SJ"图像复制、粘贴到"侧面"图层组中;打开"标识04.TIF"文件,将其拖入"香水包装设计.PSD"文件,调整图像的位置和大小,并为包装侧面添加相关文字信息,效果如图8.103所示。

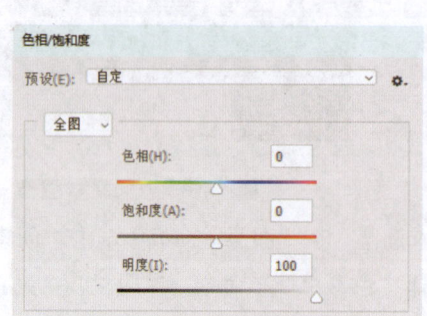

图8.101 调整图像的颜色

图8.102 拖动复制图像

图8.103 在包装侧面添加信息

21 新建"图层9"图层,选择"圆角矩形工具" ▢ ,在工具选项栏中设置"半径"为10 px,在包装侧面绘制路径,如图8.104所示,按Ctrl+Enter组合键将路径转换为选区。

22 执行"编辑"→"描边"命令,打开"描边"对话框,参照图8.105所示设置参数,单击"确定"按钮。

图8.104 绘制路径

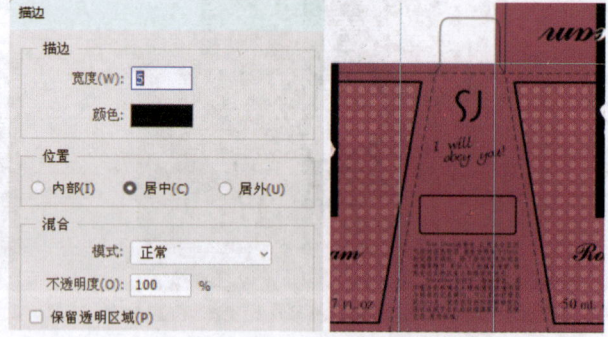

图8.105 添加"描边"效果

23 设置前景色为黑色,新建"图层10",选择"圆角矩形工具" ▢ ,在工具选项栏中设置"半径"为10 px,在描边路径内侧绘制圆角矩形,效果如图8.106所示。

24 使用"横排文字工具" T 为包装侧面添加文字信息;新建"图层11",使用"画笔工具" ✎ 添加装饰图像,效果如图8.107所示。

25 将前面添加的产品名称和标志复制、粘贴到"侧面"图层组中，调整图像的位置、大小和颜色；使用"横排文字工具" T 为包装侧面添加相关文字信息，如生产企业、联系方式、生产批号等，如图8.108所示。

图8.106　绘制圆角矩形

图8.107　添加文字信息和装饰图像

26 打开"条形码.TIF"文件，将其拖入"香水包装设计.PSD"文件，调整图像的大小和位置，如图8.109所示，完成对香水外包装的制作。

图8.108　添加信息

图8.109　调整图像

2. 制作香水外包装的UV展开图

01 执行"图像"→"复制"命令，打开"复制图像"对话框，复制图像为"香水包装UV平面展开图"文件，单击"确定"按钮，如图8.110所示。

02 将除"模切版"和UV效果以外的图像内容删除，效果如图8.147所示；单击"图层"面板右侧的 按钮，在弹出的菜单中选择"拼合图像"命令，合并图层，将其保存为"香水包装UV平面展开图.TIF"文件。

图8.110　复制图像

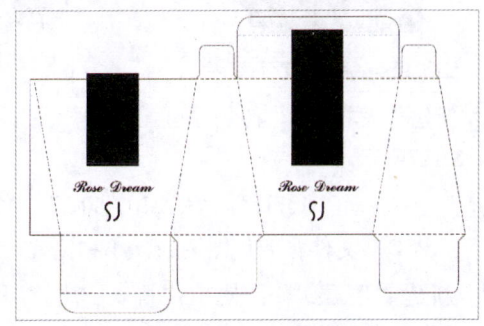

图8.111　UV展开图

UV工艺是指利用专用设备在印刷完成的表面对部分图文附着一层有一定厚度的UV亮油，使图文的层次和轮廓更突出。

3. 制作香水外包装立体效果

01 执行"文件"→"新建"命令，打开"新建文档"对话框，参照图8.148所示设置参数，单击"确定"按钮。

02 在"香水包装设计.PSD"文件中合并复制包装正面、侧面和顶盖图像，并粘贴到"香水包装立体效果图.PSD"文件中；剪切各部分图像，放入单独的图层中，如图8.113所示。

图8.112 "新建文档"对话框　　　图8.113 合并复制图像

03 选择包装正面图像，按Ctrl+T组合键调整图像的透视角度；使用相同的方法，对其他图像进行变换操作，效果如图8.114所示。

04 选择"图层1"，按住Ctrl键单击"创建新图层"按钮，在其下方新建"图层4"；使用"多边形套索工具"在包装底部绘制选区，如图8.115所示，填充选区为黑色。

05 执行"滤镜"→"模糊"→"高斯模糊"命令，打开"高斯模糊"对话框，设置"半径"为35 px，单击"确定"按钮，效果如图8.116所示。

图8.114 制作立体效果　　　图8.115 绘制选区　　　图8.116 添加"高斯模糊"滤镜

06 新建"图层5"，使用"画笔工具"添加阴影效果，阴影效果及图层单独显示效果如图8.117所示。

07 打开"标识01.TIF""标识02.TIF""香水.JPG"文件，将其拖入"香水包装立体效果图.PSD"文件，调整图像的大小和位置。

08 新建"图层7"，使用"椭圆选框工具"绘制选区，填充选区为黑色；执行"滤镜"→"模糊"→"高斯模糊"命令，打开"高斯模糊"对话框，设置"半径"为35 px，单击"确定"按钮，效果如图8.118所示。

第8章 盒式包装设计

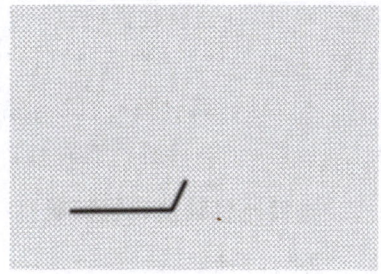

图8.117 添加阴影效果

图8.118 添加素材图像和"高斯模糊"滤镜

8.4 茶叶外包装

项目：西湖龙井茶外包装设计。

要求：为茶叶制作外包装，要求彰显该产品的品牌文化，使消费者可以充分感受到其中蕴含的人文气息。图8.119所示为该包装设计完成效果。

图8.119 茶叶外包装设计

尺寸：4.5 cm × 4.5 cm × 9 cm。具体尺寸标注如图8.120所示。

设计思路：茶叶包装应选用安全、卫生、环保、无味的材料，与茶叶直接接触的材料应符合相应卫生标准和产品标准要求；尺寸应与内包装物相匹配，避免过度包装；外包装应具有

199

防潮、防霉、抗氧化等作用，方便储存、运输。

具体到本例，该产品为四方盒式包装设计，整体以绿色为主色调，清雅、含蓄，赏心悦目，令人联想到龙井茶的清香；顶部和底部的山河与莲花图案，体现出深厚的内涵；书法字体标题与竖排说明文字更添古意，一缕轻烟彰显优雅气韵。

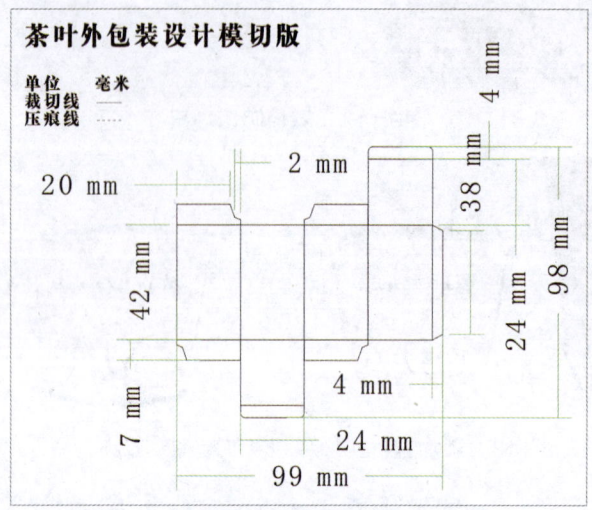

图8.120　尺寸标注

项目制作步骤

1．茶叶外包装设计

01 茶叶外包装展开图和模切版，如图8.121所示。

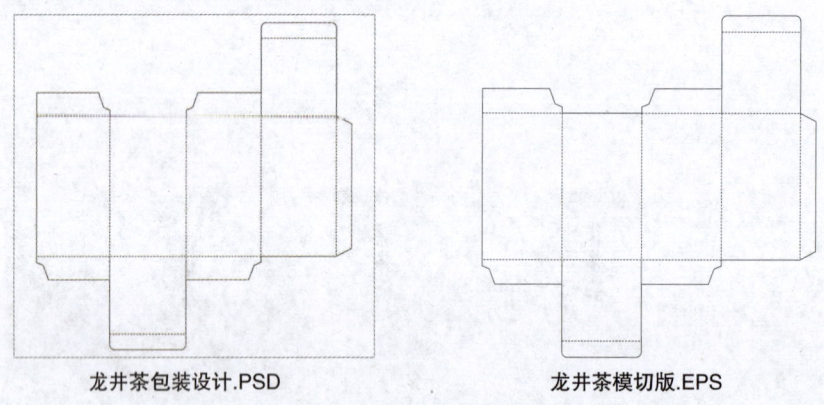

龙井茶包装设计.PSD　　　　　　　　龙井茶模切版.EPS

图8.121　茶叶包装和模切版

02 打开"龙井茶包装设计.PSD"文件，执行"图像"→"画布大小"命令，打开"画布大小"对话框，设置画布大小为24 cm×22 cm，单击"确定"按钮。

03 选择"图层1"和"图层2"，按Ctrl+G组合键将图层编组，更改图层组的名称为"模切版"；执行"视图"→"标尺"命令，调出标尺，配合Shift键添加3 mm的出血线，如图8.122所示。

04 选择"模切版"图层组,按住Ctrl键在"图层"面板中单击"创建新图层"按钮,在图层组的下方新建"图层3";使用"矩形选框工具"绘制选区,填充选区,颜色值为#edf3e8,如图8.123所示。

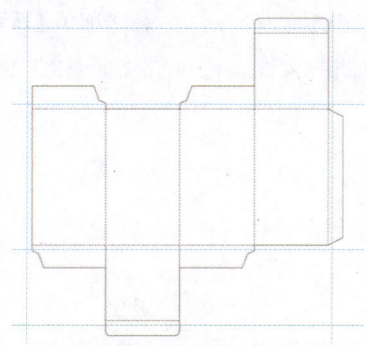
图8.122 添加参考线

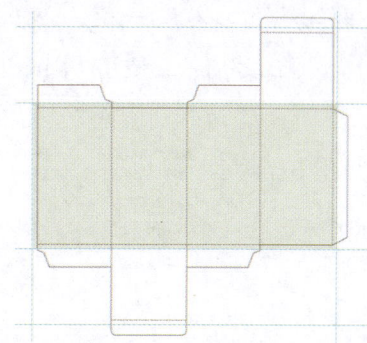
图8.123 填充选区

05 在"图层"面板中单击"创建新组"按钮,新建"组1";打开"素材01.TIF"文件,设置前景色为#908a46,执行"图像"→"调整"→"渐变映射"命令,打开"渐变映射"对话框,保持默认设置,单击"确定"按钮,如图8.124所示,将其拖入"龙井茶包装设计.PSD"文件。

06 使用相同的方法,打开"素材02.TIF"文件,添加"渐变映射"效果,将其拖入"龙井茶包装设计.PSD"文件,调整图像的大小和位置,如图8.125所示。

图8.124 渐变映射

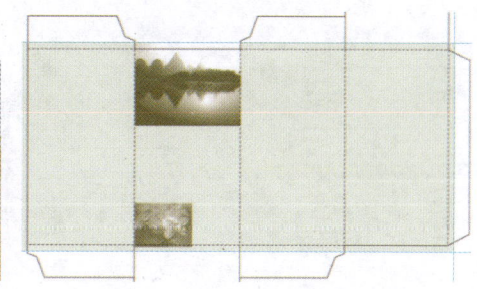
图8.125 添加"渐变映射"图像

07 新建"图层6",使用"矩形选框工具"在包装正面绘制选区,填充选区为#eef0e2,使用"橡皮擦工具"擦除部分图像内容,如图8.126所示。

08 使用"横排文字工具"输入龙井茶历史背景等相关文字信息,调整文字的大小、位置和颜色,如图8.127所示。

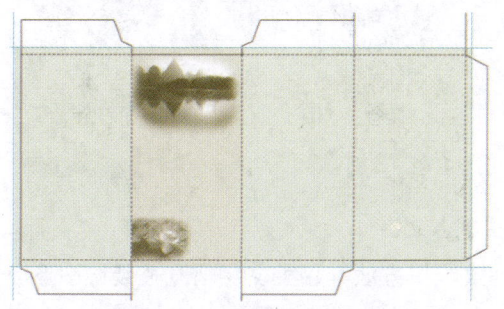
图8.126 擦除部分图像内容

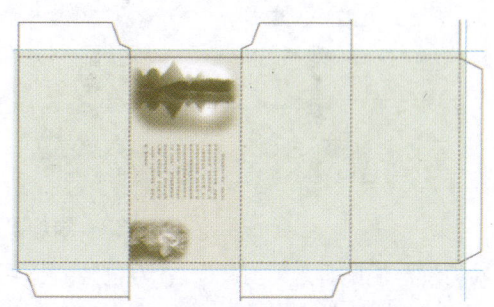
图8.127 输入相关文字信息

09 打开"素材03.TIF""素材04.TIF""素材05.TIF"文件,将其拖入"龙井茶包装设计.PSD"文件,调整图像的大小和位置。

10 选择"素材03"图像,在"图层"面板中单击"添加图层样式"按钮 fx ,在弹出的菜单中选择"外发光"命令,"外发光"颜色值为#ffffbe,继续在该对话框中添加"投影"图层样式,如图8.128所示;使用"画笔工具" 进行修饰,修饰效果如图8.129所示。

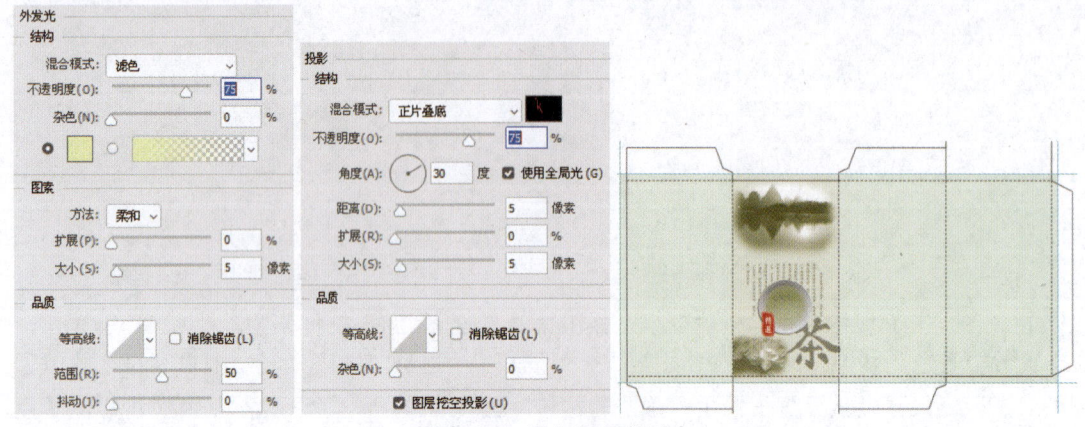

图8.128　添加图层样式

11 使用"横排文字工具" T 输入产品名称,调整文字的大小、位置和颜色,如图8.130所示。

12 按住Alt键拖动复制"组1"中的图像至包装右侧,调整图像的大小和位置,如图8.131所示。

图8.129　修饰效果　　图8.130　输入产品名称　　图8.131　拖动复制图像

13 新建"组2",更改图层组的名称为"文字";打开"素材06.TIF"文件,将其拖入"龙井茶包装设计.PSD"文件,调整图像的大小和位置,在"图层"面板中更改图层混合模式为"颜色加深";使用"横排文字工具" T 输入龙井茶相关文字信息,效果如图8.132所示。

图8.132　添加素材图像并输入文字

14 使用"横排文字工具" T 为包装侧面添加龙井茶饮用方法等相关文字信息及装饰图像,如图8.133所示。

⑮ 新建"组 2",使用"矩形选框工具" ▢ 绘制选区,填充选区,颜色值为#edf3e8,如图8.134所示;使用"横排文字工具" T 输入文字并添加装饰图像,调整图像的大小和位置,如图8.135所示。

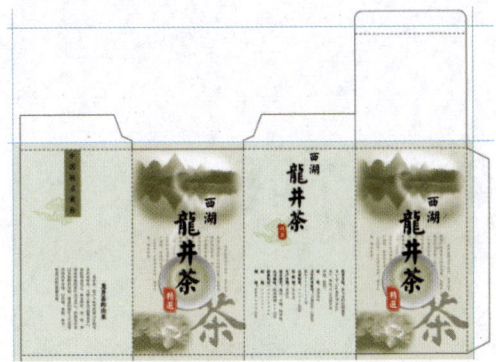

图8.133　添加文字信息

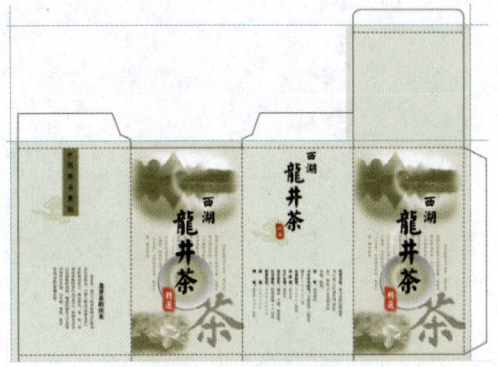

图8.134　填充选区

⑯ 使用相同的方法继续绘制并填充选区,颜色值为#edf3e8;打开"条形码.TIF"和"质量安全.TIF"文件,将其拖入"龙井茶包装设计.PSD"文件,按Ctrl+T组合键调整图像的大小和位置,如图8.136所示。

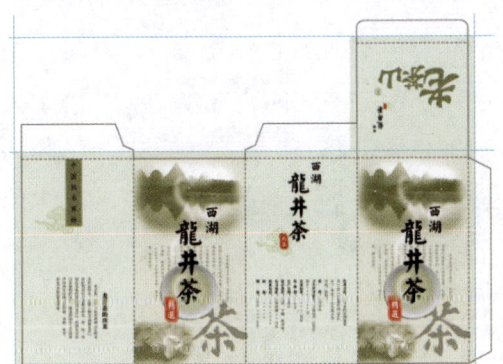

图8.135　添加文字和装饰图像

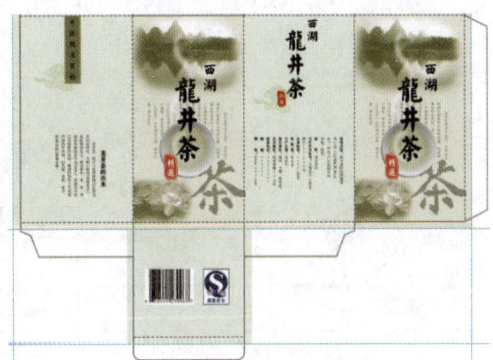

图8.136　制作效果

⑰ 选择"图层1",使用"魔棒工具" ✦ 单击,然后按住Shift+Ctrl组合键,分别单击"图层1""图层3""图层9""图层11"的图层缩览图,载入选区,如图8.137所示。

⑱ 选择"模切版"图层组,在"图层"面板中单击"创建新的填充或调整图层"按钮 ⏺,在弹出的菜单中选择"曲线"命令,参照图8.138所示调整曲线,使图像的颜色变亮。

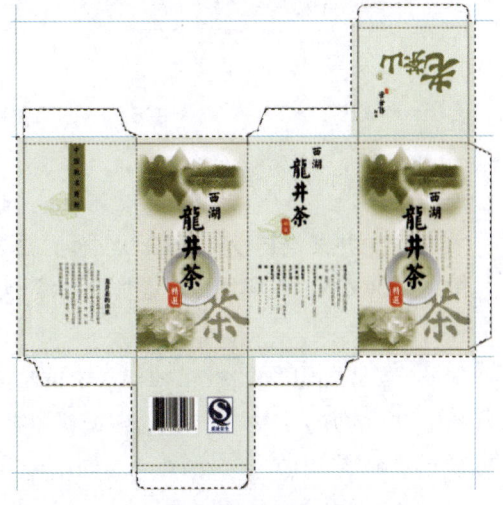

图8.137　载入选区

19 按住Ctrl键单击"曲线1"图层的图层蒙版缩览图，载入选区，在"图层"面板中单击"创建新的填充或调整图层"按钮，在弹出的菜单中选择"色相/饱和度"命令，参照图8.139所示设置参数，调整图像的颜色。

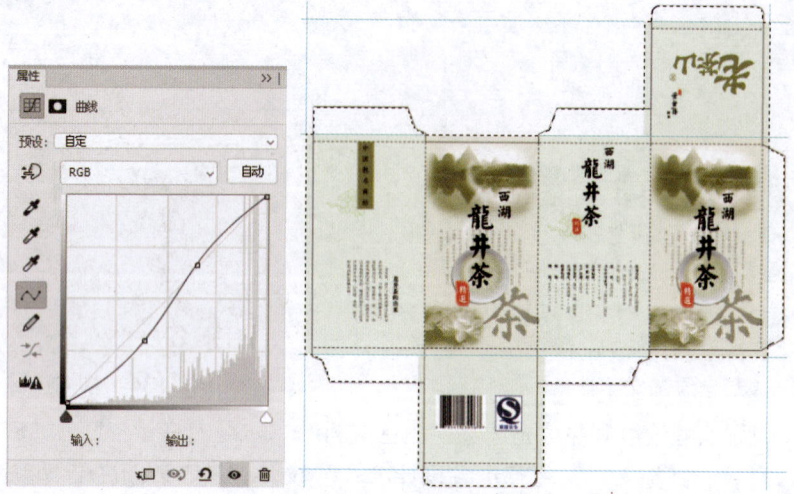

图8.138　调整曲线

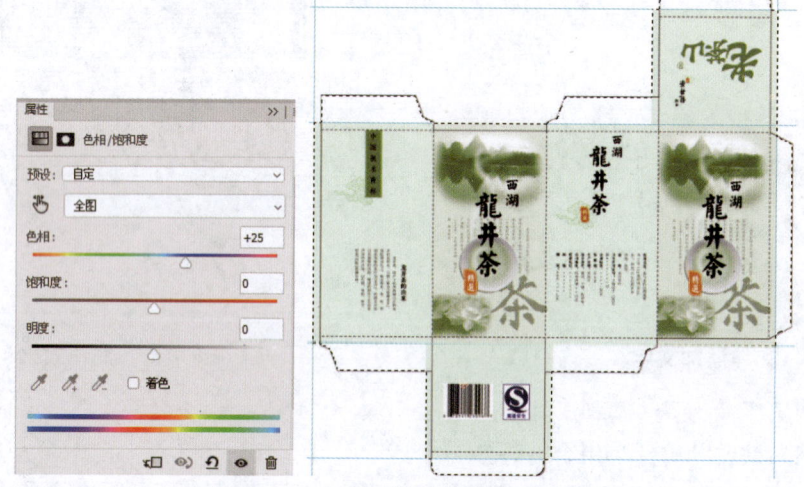

图8.139　调整图像的色相和饱和度

2. 制作茶叶外包装立体效果

01 打开"龙井茶包装设计.PSD"文件，合并复制除图层组"模切版"和白色背景以外的图像；新建文档，粘贴图像，参照图8.140所示，删除不需要的图像内容，并将各部分放入单独的图层中。

02 选择包装正面图像，按Ctrl+T组合键调整图像的透视角度，如图8.141所示。

03 使用相同的方法，按Ctrl+T组合键调整其他图像的透视角度，制作立体效果，如图8.142所示。

04 使用"画笔工具"，结合"高斯模糊"滤镜制作阴影效果，阴影效果和单独显示各图层阴影的效果如图8.143所示。

第8章 盒式包装设计

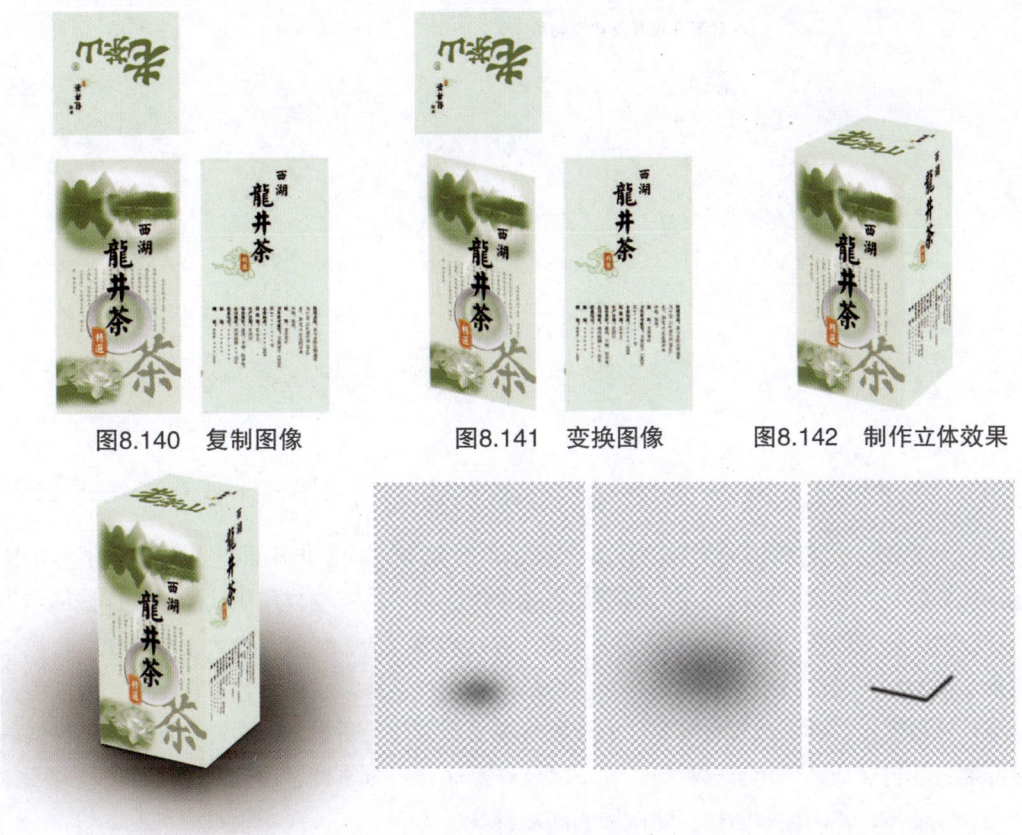

图8.140 复制图像　　　　图8.141 变换图像　　　　图8.142 制作立体效果

图8.143 制作阴影效果

8.5 白酒外包装

项目： 白酒外包装设计。
名称： 青云山（清香型白酒）。
要求： 为该品牌白酒制作产品外包装，整体风格重点体现品牌的文化底蕴。图8.144所示为该包装设计完成效果。

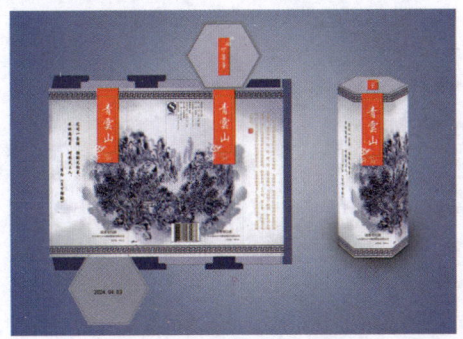

图8.144　白酒外包装设计

尺寸： 酒盒高度为24 cm，正六边形盒盖边长为6 cm。具体的尺寸标注如图8.145所示。

205

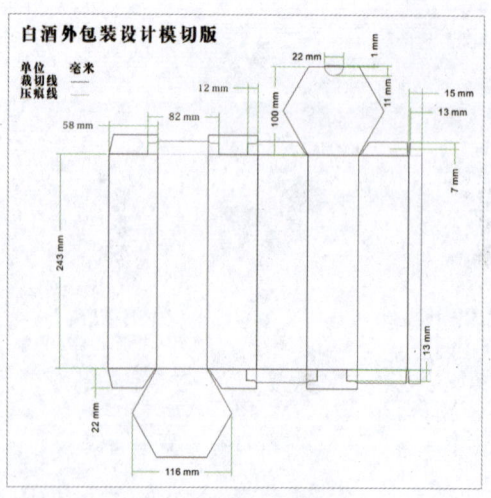

图8.145　尺寸标注

设计思路：预包装白酒需按生产工艺标示产品类型，并根据不同产品类型分别标示比例（体积分数）、明确说明所使用的酒精是谷物食用酒精还是谷物食用酿造酒精；详细标示出酿酒过程中所使用的曲的类型以及粮谷的种类；包装容器清洁、封装严密，无渗漏现象，换用其他食品接触材料容器时所用材料符合相应标准，并进行酒体和材料的相容性测试；原酒根据产品特点选用陶土、藤条或木材等制作的传统容器或金属等材质容器，并符合食品接触材料的相关标准；外包装纸箱使用合格材料，箱上标明产品名称、制造者名称和地址、单位包装的净含量和总数量等，箱内配有防震、防碰撞的间隔材料。

具体到本例，该包装采用六边形的外观设计，看上去新颖、独特，引人注目；品牌名称为"青云山（清香型白酒）"，包装设计为水墨风格，给人一种清雅又不失厚重之感，色调整体呈蓝灰色；品牌名称下面采用较为鲜艳的大红底色，使其更为突出，与古道墨梅背景搭配，韵味更浓，与众不同。

>> 项目制作步骤

1．制作白酒外包装

01 白酒外包装展开图和模切版，如图8.146所示。

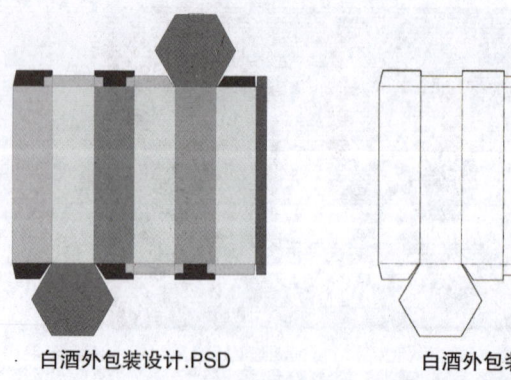

白酒外包装设计.PSD 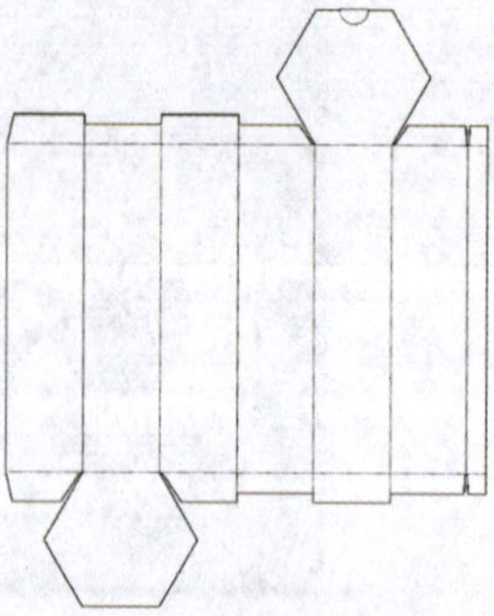　　　白酒外包装模切版.EPS

图8.146　白酒外包装展开图和模切版

第8章 盒式包装设计

02 在Photoshop中打开"白酒包装设计.PSD"文件，执行"图像"→"画布大小"命令，打开"画布大小"对话框，设置画布大小为40 cm×50 cm，单击"确定"按钮。

03 执行"视图"→"标尺"命令，调出标尺，配合Shift键添加3 mm的出血线，如图8.147所示。

04 选择"图层2"和"图层3"，执行"图层"→"图层编组"命令，将选择的图层群组，更改图层组的名称为"模切版"，隐藏"图层1"；打开"素材07.TIF"文件，将其拖入"白酒包装设计.PSD"文件，调整图像的大小和位置，将素材图像所在图层命名为"背景"。

05 在"图层"面板中拖动"背景"图层到"创建新图层"按钮 🗔 上，复制"背景"图层，调整复制图像的大小和位置，使用"橡皮擦工具" ⌫ 擦除部分图像内容，如图8.148所示。

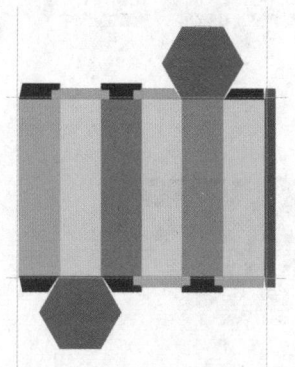
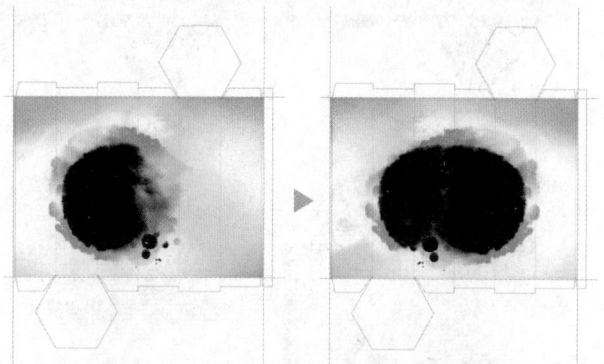

图8.147 添加出血线　　　　图8.148 拖入、复制并调整素材图像

06 在"图层"面板中单击"添加图层蒙版"按钮 ◻ ，为素材图像所在的两个图层添加图层蒙版，并使用"多边形套索工具" ⌲ 分别在图层蒙版中的右上角六边形的底部绘制选区，填充选区为黑色，如图8.149所示。

07 打开"素材08.TIF"文件，将其拖入"白酒包装设计.PSD"文件，调整图像的大小和位置，在"图层"面板中更改图层的混合模式为"浅色"，如图8.150所示。

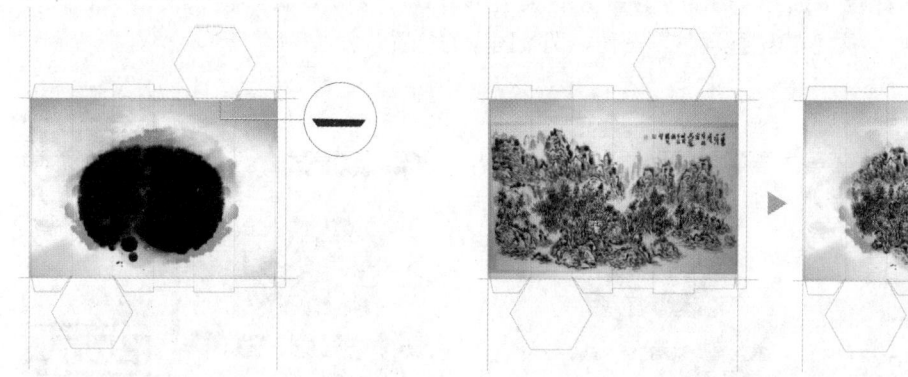

图8.149 复制并调整图像 　　　　图8.150 拖入素材图像并更改图层混合模式

08 显示"图层1"，使用"魔棒工具" ⌲ 单击右上角的六边形，载入选区，新建"图层4"，填充选区，颜色值为#b9bdad；使用相同的方法，载入左下角六边形的选区，填充选区，颜色值为#b9bdad，如图8.151所示。

09 分别复制六边形，调整图像的大小、位置和颜色，如图8.152所示。

10 在"图层"面板中选择素材图像所在图层和填充的六边形所在图层，将其编组，更改图层组的名称为"背景";在"图层"面板中单击"创建新的填充或调整图层"按钮,在弹出的菜单中选择"色彩平衡"命令,参照图8.153所示设置参数,调整图像的颜色。

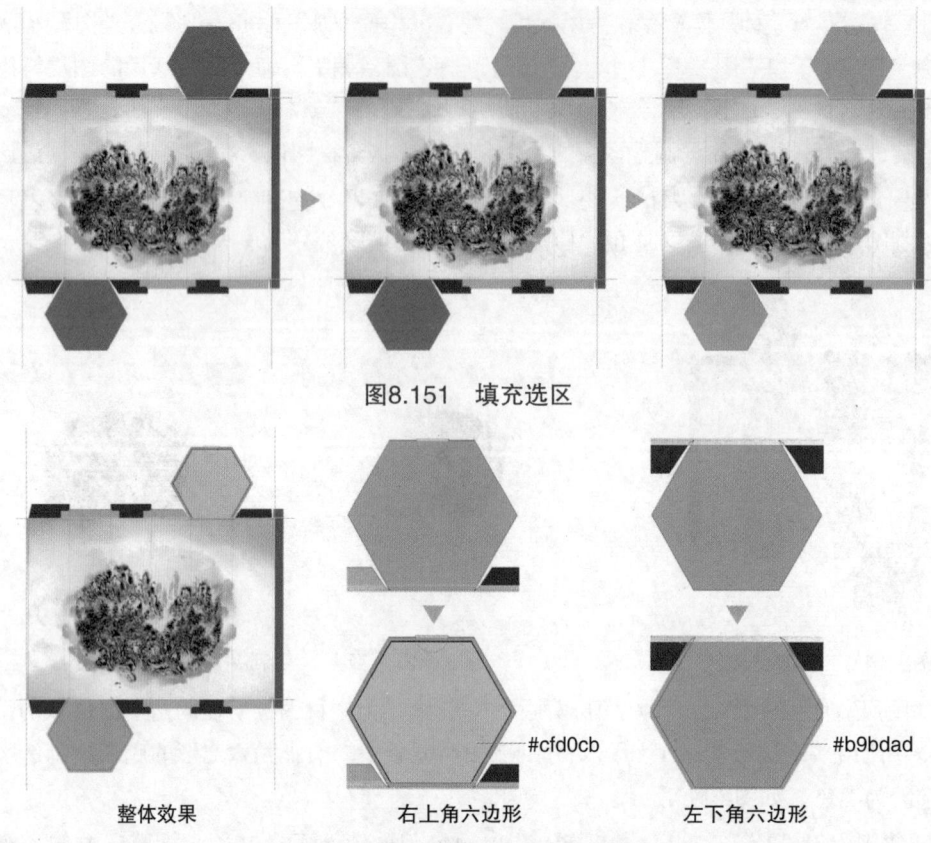

图8.151 填充选区

图8.152 复制并调整六边形

[11] 在"图层"面板中新建"组1",打开"素材09.TIF"文件,将其拖入"白酒包装设计.PSD"文件,按住Alt键拖动复制图像,调整图像的位置,如图8.154所示。

图8.153 "色彩平衡"调整效果　　　　图8.154 添加装饰图案

[12] 在"图层"面板中新建"组2",使用"矩形选框工具"绘制矩形选区,填充选区为红色(#f91b1b);选择"画笔工具",设置前景色的颜色值为#e76c0f,调整画笔的大小,配合Shift键绘制矩形边框,并使用"横排文字工具"T输入文字"青云山",文字的颜色

为白色，如图8.155所示。

13 打开"素材10.TIF"文件，将其拖入"白酒包装设计.PSD"文件，调整图像的大小、位置和颜色；使用"横排文字工具" T 输入文字"酒精度："与"30°"，如图8.156所示。

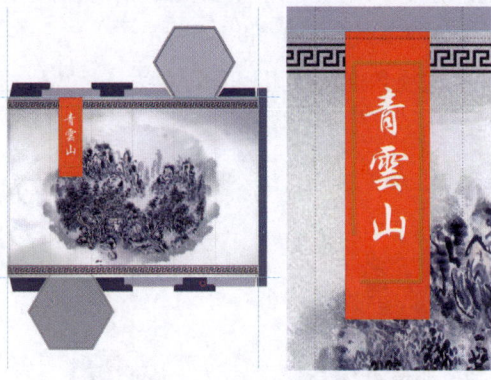
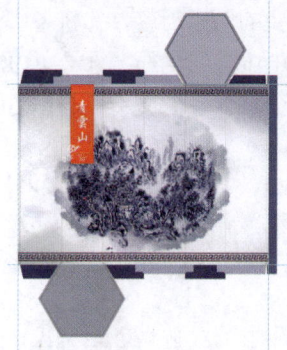

　　图8.155　制作产品标识1　　　　　　　图8.156　制作产品标识2

14 选择制作的产品标识，按住Alt键拖动复制图像，调整图像的大小和位置，如图8.157所示。

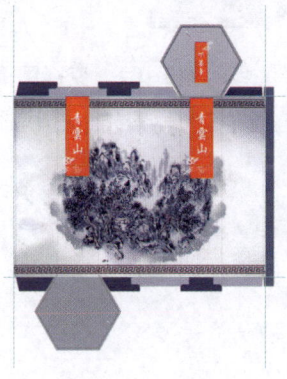
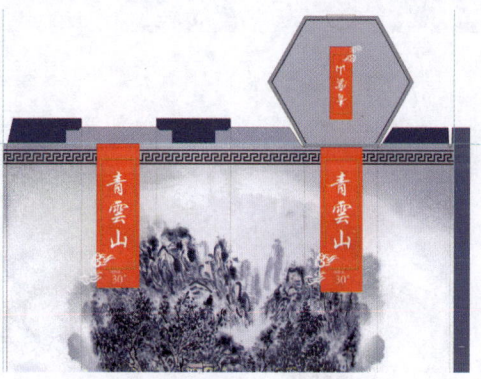

图8.157　复制图像

15 在"图层"面板中新建"组3"，使用"横排文字工具" T 输入相关文字信息，如原料、生产许可证和生产日期等，如图8.158所示。

16 打开"条形码.TIF"和"质量安全.TIF"文件，将其拖入"白酒包装设计.PSD"文件，调整图像的大小和位置，如图8.159所示，完成白酒外包装的制作。

　图8.158　输入相关文字信息　　　　图8.159　白酒外包装制作效果

2．制作白酒外包装立体效果

01 新建文档，将其存储为"白酒立体效果图.PSD"；在"白酒包装设计.PSD"文件中，载入"图层1"的相应选区，复制白酒外包装的几个面，将其粘贴至"白酒立体效果图.PSD"文件中，删除不需要的图像内容，并将各部分放入单独的图层中，如图8.160所示。

02 选择包装侧面的图像，按Ctrl+T组合键调整图像的透视角度；使用相同的方法，对其他图像进行变换操作，制作立体效果，如图8.161所示。

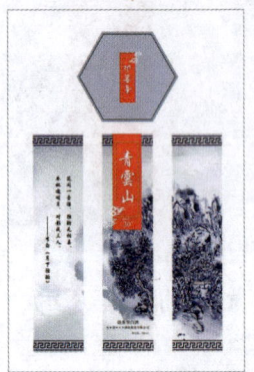 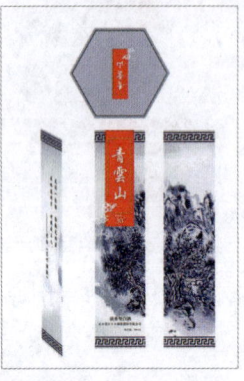  

图8.160　复制图像　　　　　　　　　　　　图8.161　变换图像

03 为白酒外包装添加阴影，阴影效果和单独显示阴影所在图层的效果如图8.162所示。

图8.162　添加阴影效果

8.6 包装盒型

部分基本包装盒型（图8.163~图8.168）如下：

* 飞机盒：由于其展开外形比较像飞机因而得名，主要用于包装体积不太大、便于运输的物品。
* 盘式盒：由纸板四周折叠咬合、插接或粘合而成型，主要结构变化体现在盒体部分；一般高度较小，开启后物品的展示面较大。
* 管式盒：包括上插下扣、双插盒、扣底盒、自动扣底盒等。

* 天地盖盒：盒盖为"天"，盒底为"地"，故称"天地盖"。
* 抽拉式盒：像抽屉一样，是可以保护物品的一种盒型。
* 手提式盒：底部为插底盒，可以增加载重能力；上部手提设计，拆装便利，加裱瓦楞纸，方便携带。

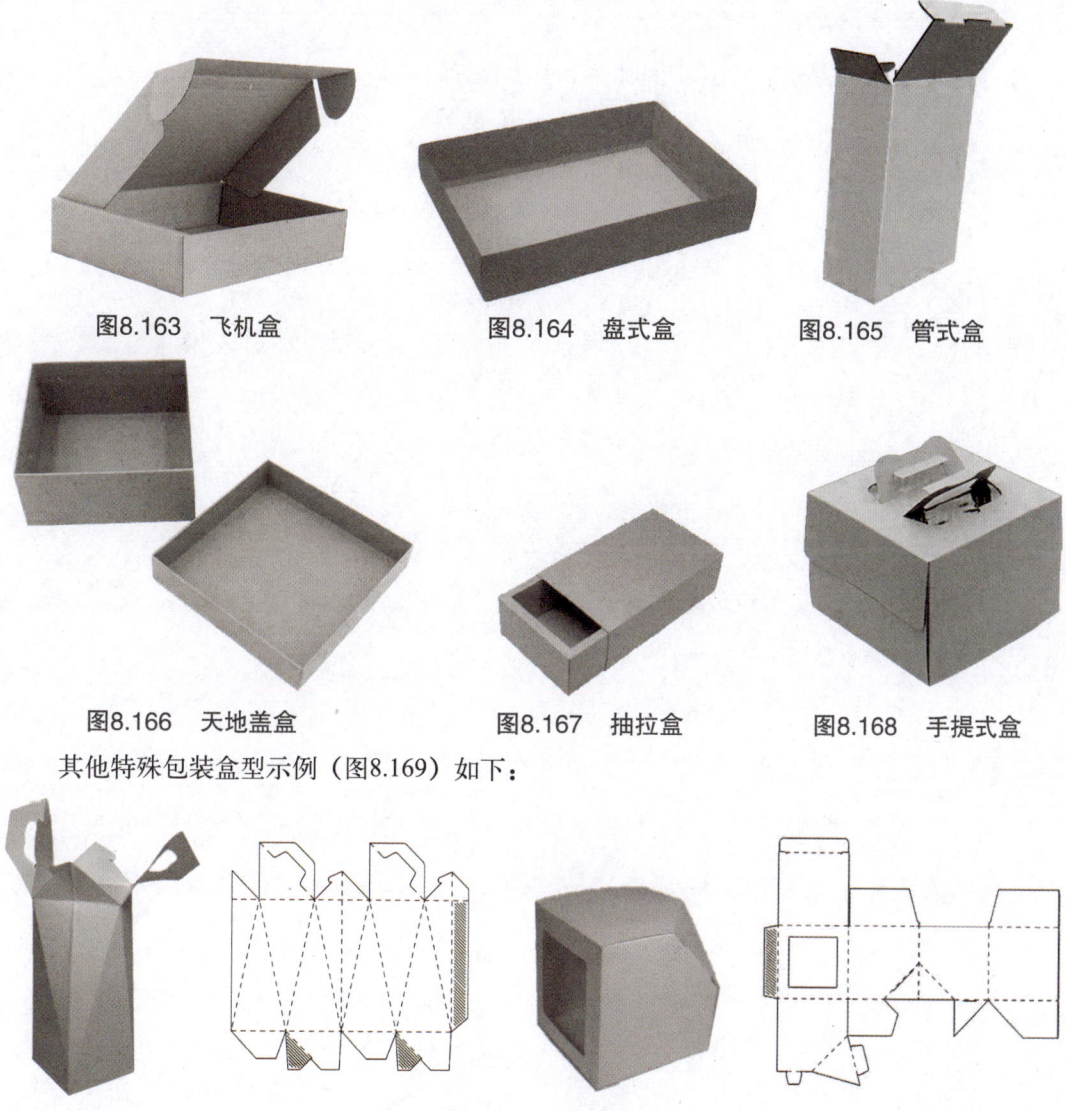

图8.163　飞机盒　　　图8.164　盘式盒　　　图8.165　管式盒

图8.166　天地盖盒　　　图8.167　抽拉盒　　　图8.168　手提式盒

其他特殊包装盒型示例（图8.169）如下：

图8.169　异型盒

8.7 课后练习

一、填空题

1. 14周岁以下（含14周岁）学生用品应遵循＿＿＿＿＿＿＿＿的相关规定。

211

2. 茶叶包装应选用_____的材料，与茶叶直接接触的材料应符合相应卫生标准和产品标准要求。

3. _____是指利用专用设备在印刷完成的表面对部分图文附着一层有一定厚度的_____亮油，使图文的层次和轮廓更突出。

二、选择题（多选）

1. 墨水瓶的外包装通常采用优质的纸盒，具有良好的（　　）等性能。
A. 防潮　　　　　　　　　　　　B. 防晒
C. 防震　　　　　　　　　　　　D. 防虫

2. 绘制路径，按（　　）+（　　）组合键将路径转换为选区。
A. Shift　　　　　　　　　　　　B. Ctrl
C. Tab　　　　　　　　　　　　　D. Enter

3. 按（　　）+（　　）+（　　）组合键将合并复制选中的图像。
A. Shift　　　　　　　　　　　　B. Alt
C. Ctrl　　　　　　　　　　　　 D. C

三、实操题

1. 试制作牛奶盒的包装设计。
2. 试制作彩色铅笔盒的包装设计。
3. 试制作节能灯盒的包装设计。

第9章

［其他包装设计］

◎ **本章导读**

本章主要讲解使用Photoshop进行袋式、瓶式、筒式等形式的包装设计。

* 巧克力包装：人们在日常生活中都离不开食品，在进行包装设计时要充分展现出食品的特色，以刺激消费者的食欲。

* 防晒霜包装：护肤用品与人们的生活息息相关，在进行包装设计时要注重美观大方，以体现出潮流感和健康感。

* 涂料包装、防冻液包装：工业产品与人们的生活似乎有些距离，其实不然，在进行包装设计时要充分考虑到工业产品的科技含量。

◎ **数字资源**

"素材文件\第9章\"目录下。

◎ **素质目标**

为保护人类的生存环境，保障经济社会的可持续发展，要将"与环境和谐共生"的环保理念体现在产品包装设计与生产的各个环节中。

9.1 巧克力包装

项目：为产品制作外包装和袋式包装。
名称：麦馨香浓黑巧克力。
要求：制作出符合产品要求的外包装。图9.1所示为该包装设计完成效果图。

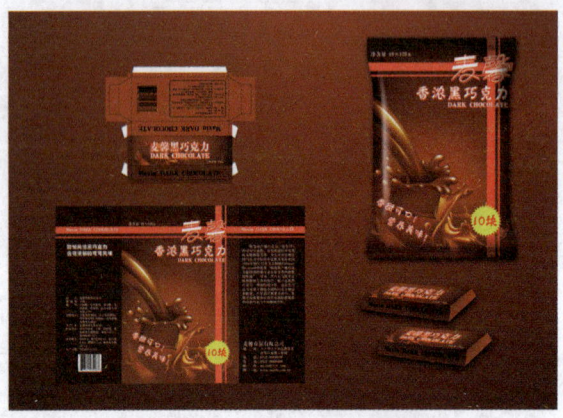

图9.1　巧克力包装设计

尺寸：35 mm × 80 mm × 10 mm。具体尺寸标注如图9.2所示。

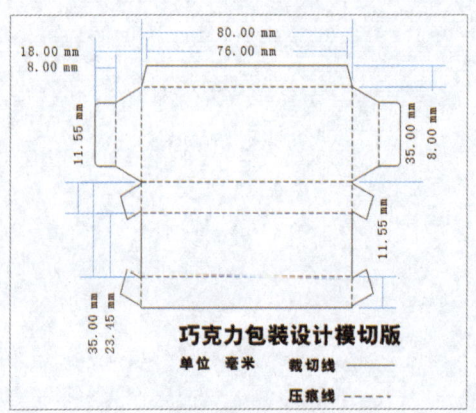

图9.2　尺寸标注

设计思路：食品包装应符合国家法律、法规的规定，以及相应的食品安全标准，易于消费者识别和阅读，还应包含产品的生产日期和保质期，不得有违背科学营养常识等的内容。特殊食品（如婴幼儿食品、糖尿病人食品等）必须标示营养成份；产品中添加了甜味剂、防腐剂、着色剂，也必须标示具体名称。包装的材质需考虑阻隔性、耐温性、遮光性等，以保护食品不受破坏、不变质；还要考虑安全性、促销性、便利性、可识别性等，应使用无毒、抗油、防水防潮的包装材料，并符合食品卫生要求。

具体到本例，该包装外部采用袋式设计，袋内采用盒式独立包装。设计特点是：全套包装以深红色作为主色调，通过浓烈的色彩将该款巧克力的香浓口感以图形化的形式表现出来，从而达到吸引消费者眼球的目的。

>> 项目制作步骤

1. 制作巧克力包装

01 巧克力包装的包装展开图和模切版，如图9.3所示。

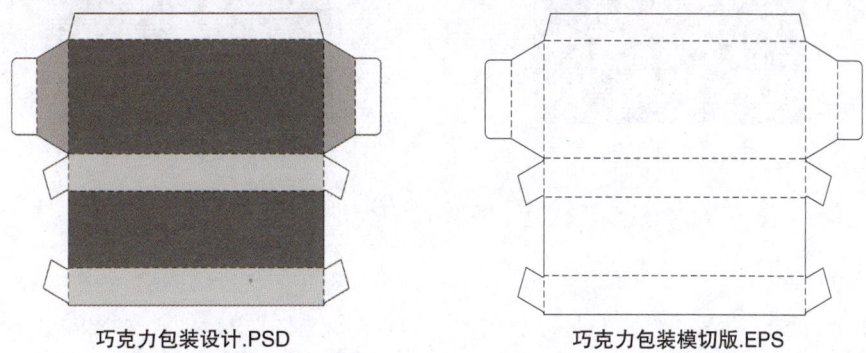

巧克力包装设计.PSD　　　　　巧克力包装模切版.EPS

图9.3　巧克力包装的包装展开图和模切版

02 执行"文件"→"打开"命令，打开"打开"对话框，选择"巧克力包装设计.PSD"文件，单击"确定"按钮。

03 执行"视图"→"标尺"命令，调出标尺，依照包装模切版和压痕线为包装展开图添加参考线，如图9.4所示，并参照图9.5所示将图层编组并更改图层名称。

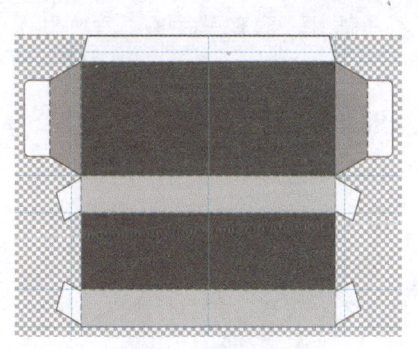 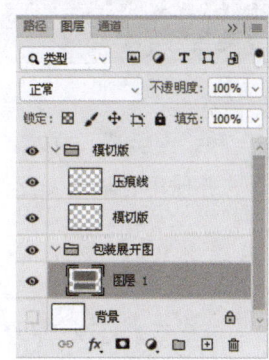

图9.4　添加参考线　　　　图9.5　更改图层名称

　　在垂直或水平标尺处，可以拖出垂直或水平参考线。参考线用于精确定位对象，可以辅助作图，无法打印。在后续步骤中，根据具体需要，可以选择是否显示参考线。

04 在"图层1"的上方新建"色块"图层，按照图9.6所示为图层填充颜色#c85100，填充颜色时需要对齐参考线。

05 在"图层"面板中单击"创建新图层"按钮，新建"图层2"，使用"矩形选框工具"对齐参考线绘制矩形选区，将选区填充颜色为#820000，如图9.7所示。

06 打开"素材01.TIF"文件，将其拖动到"巧克力包装设计.PSD"文件中，得到"图层3"，执行"编辑"→"自由变换"命令，调整素材图像的大小和位置，如图9.8所示。

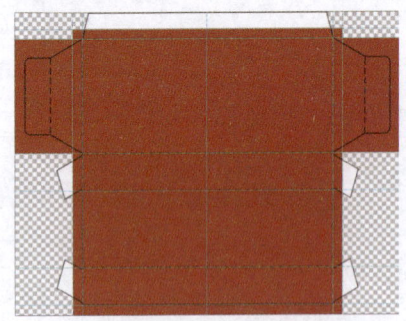
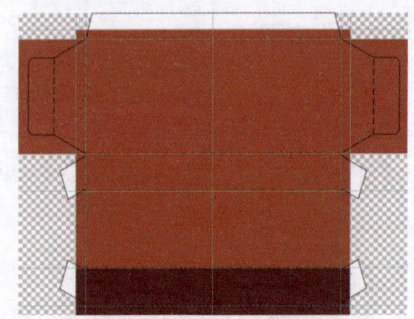

图9.6　填充图层　　　　　　　　图9.7　绘制矩形选区

"自由变换"命令的组合快捷键为Ctrl+T。

07 使用"矩形选框工具" 在素材图像左侧绘制矩形选区，执行"图层"→"通过拷贝的图层"命令，创建"图层4"图层，配合Ctrl+T组合键调整图像的大小，如图9.9所示。

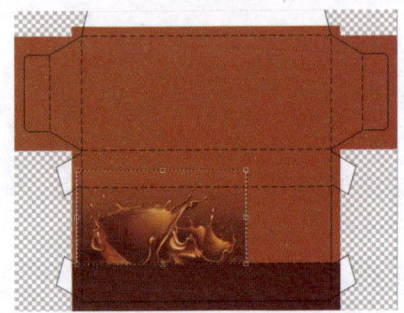
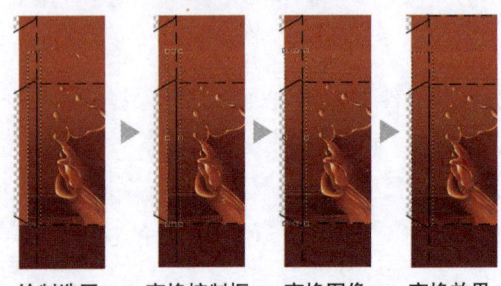

图9.8　添加并变换素材图像　　　　图9.9　复制、变换素材图像

08 选择"图层3"和"图层4"，按Ctrl+E组合键合并图层，在"图层"面板中单击"添加图层蒙版"按钮 ，并使用"画笔工具" 在图层蒙版中涂抹，图像效果及图层蒙版中的涂抹效果如图9.10所示。

图层蒙版用于隐藏不需要的图像内容。使用黑色涂抹，可以隐藏图像内容；使用白色涂抹，可以显示被隐藏的图像内容；使用灰色涂抹，则可以创建半透明的图像效果。

09 在"图层"面板中按住Ctrl键单击"创建新图层"按钮 ，在"图层4"的下方新建"图层5"，设置前景色，参考值为#9b2800，并使用"画笔工具" 进行涂抹；单击"添加图层蒙版"按钮 ，继续使用"画笔工具" 进行涂抹，效果如图9.11所示。

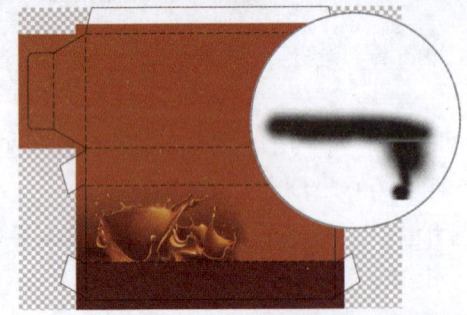
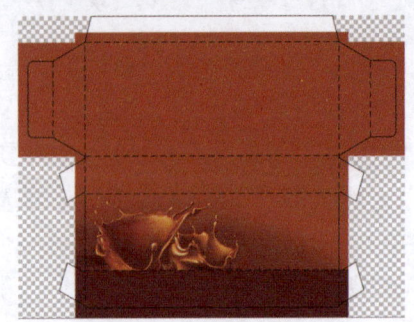

图9.10　图像效果及图层蒙版中的涂抹效果　　　图9.11　修饰图像

10 选择“图层4”，按住Ctrl键单击“色块”图层的图层缩览图，将图层转换为选区，在“图层”面板中单击“创建新的填充或调整图层”按钮◐，在弹出的菜单中选择“自然饱和度”命令，切换到“自然饱和度”属性面板，参照图9.12所示设置参数。

11 选择“渐变工具”■，在工具选项栏中单击渐变色条，打开“渐变编辑器”对话框，参照图9.13所示设置渐变色，参考颜色值为#540000、#960b00、#970b00，单击“确定”按钮。

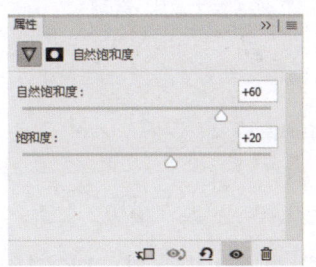

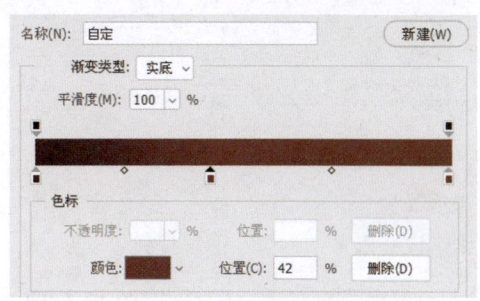

图9.12 设置“自然饱和度”数值

图9.13 编辑渐变

12 新建“图层6”，使用“矩形选框工具”⬚绘制矩形选区，然后拖动光标填充渐变，效果如图9.14所示，注意填充渐变的方向。

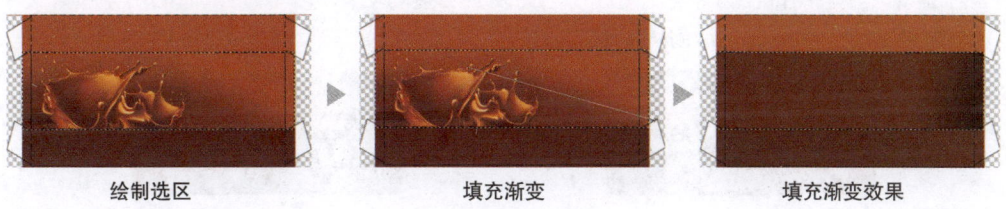

绘制选区　填充渐变　填充渐变效果

图9.14 填充渐变

13 选择“橡皮擦工具”◆，在工具选项栏中设置画笔，以及“不透明度”和“流量”数值，然后在渐变中擦除，效果如图9.15所示。

14 选择“包装展开图”图层组，在“图层”面板中单击“创建新组”按钮▭，新建“组1”，更改图层组名称为“正面”，然后使用“横排文字工具”T输入文字“麦馨黑巧克力”和“DARK CHOCOLATE”，设置文字的颜色为白色，如图9.16所示。

“橡皮擦工具”选项栏参数设置

擦除效果　单独显示渐变图层擦除效果

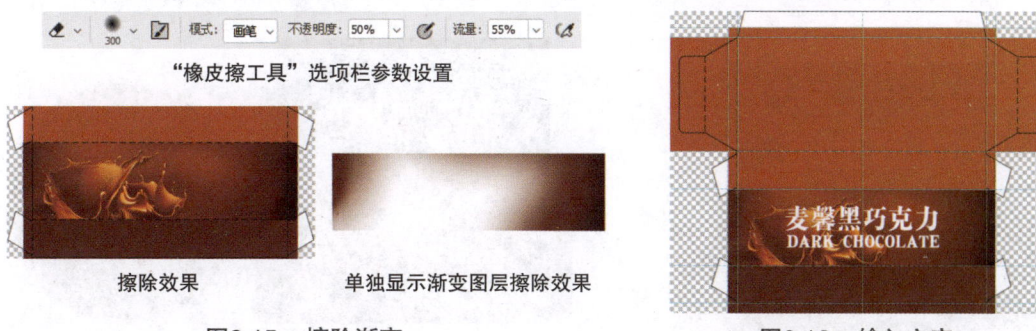

图9.15 擦除渐变

图9.16 输入文字

15 选择文字“麦馨黑巧克力”，在“图层”面板中单击“添加图层样式”按钮fx，在弹出的菜单中选择“描边”命令，打开“图层样式”对话框，参照图9.17所示设置参数，单击“确定”按钮。

16 使用相同的方法，为"DARK CHOCOLATE"添加"描边"图层样式，参数设置不变。

17 选择"麦馨黑巧克力"图层，将其拖动到"创建新图层"按钮上，释放鼠标，得到"麦馨黑巧克力 拷贝"图层，双击"描边"效果，打开"图层样式"对话框，参照图9.18所示设置参数，单击"确定"按钮。

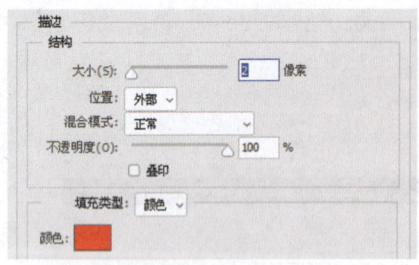
图9.17　添加"描边"图层样式

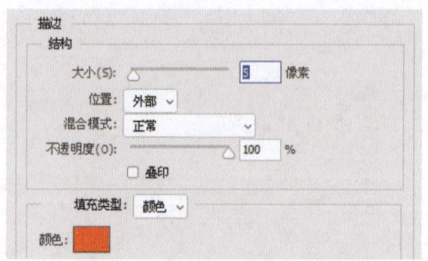
图9.18　更改"描边"效果

18 使用与上一步相同的方法，复制"DARK CHOCOLATE"图层，得到"DARK CHOCOLATE 拷贝"图层，更改"描边"效果，参数设置同"麦馨黑巧克力 拷贝"图层。然后使用"横排文字工具"输入文字"净含量 120 g"，如图9.19所示。

19 在"正面"图层组的上方新建"组1"，更改图层组的名称为"侧面"，使用"横排文字工具"输入文字"Maxin DARK CHOCOLATE"，如图9.20所示。

图9.19　输入文字

图9.20　输入侧面文字

20 执行"图像"→"图像旋转"→"180°"命令，效果如图9.21所示。

21 选择"侧面"图层组，单击"创建新组"按钮，新建"组1"，更改图层组的名称为"背面"，并新建"图层7"，选择"圆角矩形工具"，参照图9.22所示设置参数，然后绘制圆角矩形路径。

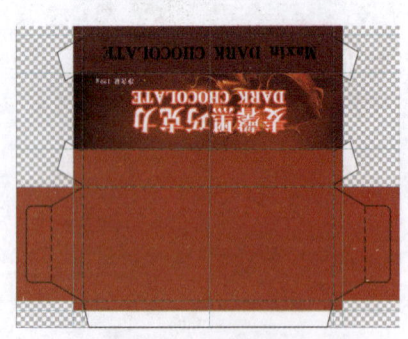
图9.21　旋转画布

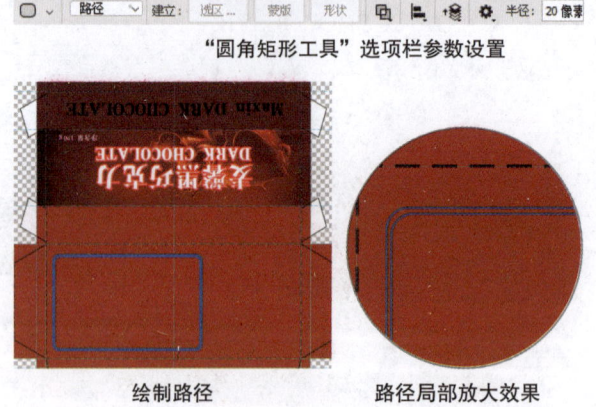
图9.22　绘制路径

22 按Ctrl+Enter组合键，将路径转换为选区，执行"编辑"→"描边"命令，打开"描边"对话框，参照图9.23所示设置参数，单击"确定"按钮，制作描边路径效果。

第9章 其他包装设计

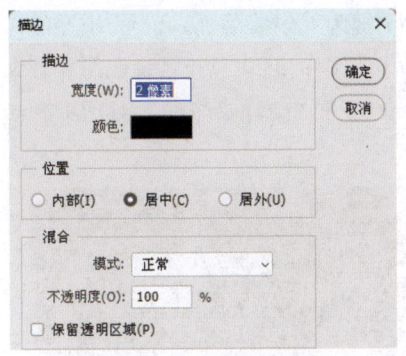
"描边"对话框参数设置

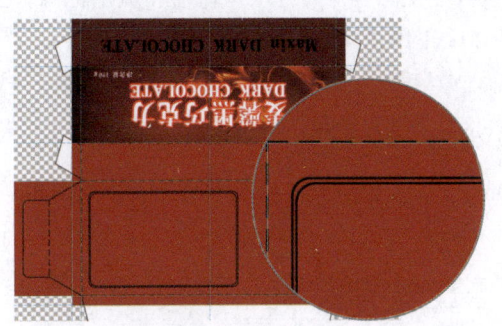
描边路径效果及局部放大效果

图9.23 制作"描边路径"效果

23 使用"横排文字工具" T 为包装背面输入相关产品信息，如产品配料、保质期、生产厂家和贮存方法等，如图9.24所示。

24 打开"条形码.TIF"文件，将其拖动到"巧克力包装设计.PSD"文件中，调整素材图像的大小和位置，在"图层"面板中设置条形码所在图层的混合模式为"正片叠底"，效果如图9.25所示。

图9.24 输入产品信息

图9.25 调整图层混合模式

25 选择图层组"侧面"，使用"横排文字工具" T 输入文字"Maxin DARK CHOCOLATE"，如图9.26所示。

26 执行"图像"→"图像旋转"→"180°"命令，再次翻转画布。

2．制作巧克力外包装

01 执行"文件"→"新建"命令，打开"新建文档"对话框，参照图9.27所示设置参数，单击"创建"按钮，并设置背景色为#c63600。

图9.26 输入文字

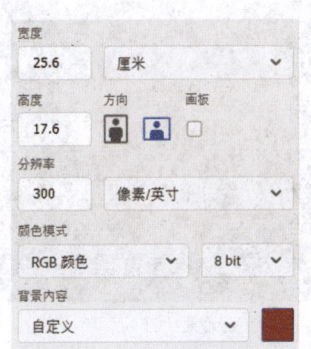
图9.27 "新建"对话框

219

02 执行"视图"→"标尺"命令，调出标尺，配合Shift键为外包装添加3 mm的出血线，并在出血线内侧5 mm的位置添加参考线，定义外包装封口范围；继续为外包装正面和背面区域添加参考线，执行"视图"→"新建参考线"命令，打开"新建参考线"对话框，参照图9.28所示设置参数，单击"确定"按钮。

图9.28　添加参考线

03 在"图层"面板中单击"创建新组"按钮，新建"组1"，更改图层组的名称为"背景"，并新建"图层1。使用"矩形选框工具"对齐参考线绘制选区，将选区填充为#4f0000，如图9.29所示。

04 打开"素材01.TIF"文件，将其拖动到"巧克力外包装设计.PSD"文件中，得到"图层2"，配合Ctrl+T组合键调整素材图像的大小和位置，如图9.30所示。

图9.29　填充颜色

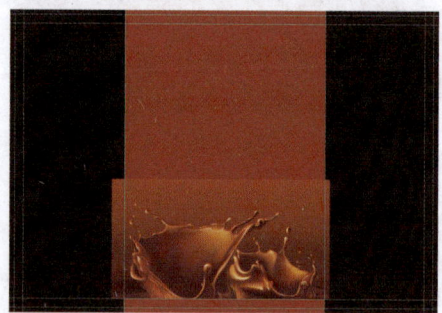

图9.30　添加素材图像

05 在"图层"面板中单击"添加图层蒙版"按钮，并使用"画笔工具"擦除部分素材图像内容，效果如图9.31所示。

擦除效果

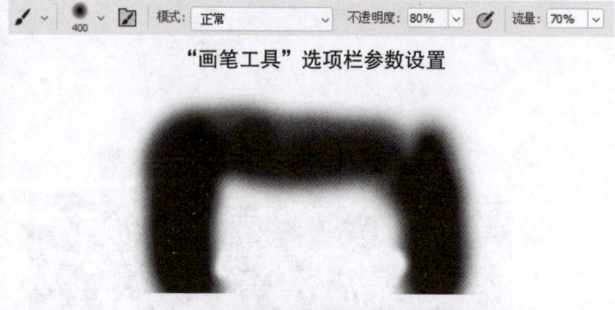

"画笔工具"选项栏参数设置

图层蒙版中的擦除效果

图9.31　利用图层蒙版擦除部分图像内容

06 按住Ctrl键单击"图层2"的图层缩览图，按Shift+Ctrl+Alt组合键单击该图层蒙版缩览图，将图像转换为选区；在"图层"面板中单击"创建新的填充或调整图层"按钮，在弹出的菜单中选择"自然饱和度"命令，切换到"自然饱和度"属性面板，参照图9.32所示设置参数，调整图像的颜色。

图9.32 调整图像的颜色

07 选择"图层1"，使用"魔棒工具"单击，载入选区，新建"图层3"，填充选区，颜色值为#890000。

08 选择"图层3"，使用"橡皮擦工具"擦除部分填充颜色，效果如图9.33所示。

 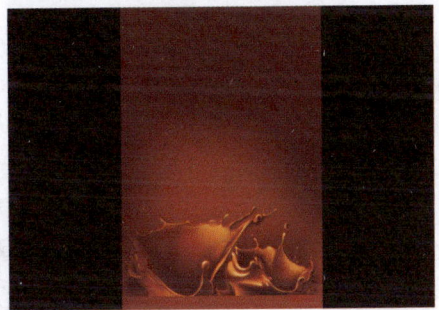

图9.33 填充颜色并擦除部分颜色

09 新建"图层4"，使用与步骤32和步骤33相同的方法，载入并填充选区，颜色值为#4f0000，然后使用"橡皮擦工具"擦除部分填充颜色，效果如图9.34所示。图9.35为单独显示"图层3""图层4"中的擦除效果。

图9.34 填充颜色并擦除部分颜色

10 新建"图层5"，按住Ctrl键单击"图层1"的图层缩览图，载入选区，按Shift+Ctrl+I组合键反转选区，选择"画笔工具"，设置前景色为#890000，绘制细节，效果如图9.36所示。

图9.35 单独显示"图层3""图层4"中的擦除效果

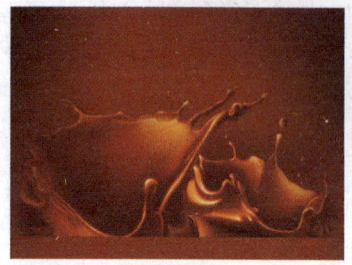 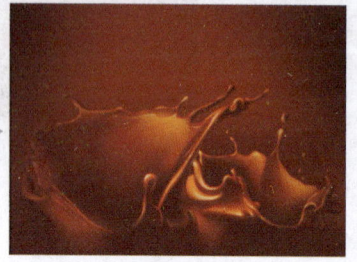 

绘制前　　　　　　　　　绘制细节效果　　　　　　单独显示图层中绘制的细节效果

图9.36 绘制细节

11 打开"素材02.TIF"文件,如图9.37所示。使用"魔棒工具"在 单击灰色,载入选区,按Shift+Ctrl+I组合键反转选区,将其拖入"巧克力外包装设计.PSD"文件,得到"图层6"。

12 选择素材图像,按Ctrl+T组合键水平翻转图像,并调整图像的位置,如图9.38所示。

图9.37 抠选图像　　　　　图9.38 翻转图像并调整图像的位置

13 使用"仿制图章工具" 修饰素材图像,如图9.39所示。

 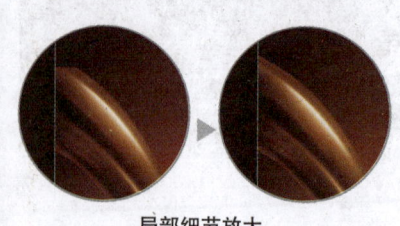

局部细节放大

图9.39 修饰图像

14 按住Ctrl键单击"图层6"的图层缩览图，将图层转换为选区，在"图层"面板中单击"创建新的填充或调整图层"按钮，在弹出的菜单中选择"自然饱和度"命令，切换到"自然饱和度"属性面板，参照图9.40所示设置参数，调整图像的颜色。

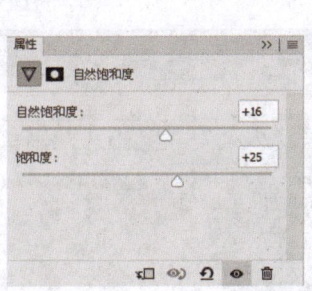

图9.40 调整图像的颜色

15 按住Ctrl键单击"图层1"的图层缩览图，载入图层选区，按Shift+Ctrl+I组合键反转选区，在"图层"面板中单击"创建新的填充或调整图层"按钮，在弹出的菜单中选择"曲线"命令，切换到"曲线"面板，参照图9.41所示设置曲线，调整图像的亮度。

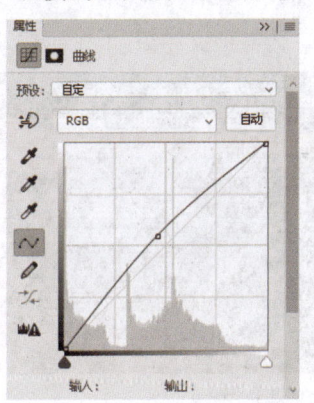
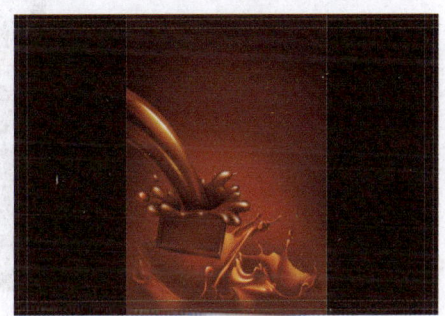

图9.41 调整图像的亮度

16 新建"图层7"，使用"矩形选框工具"绘制矩形选区，填充选区，颜色值为#ff3d3d；然后在"图层"面板中单击"添加图层样式"按钮，在弹出的菜单中选择"投影"命令，打开"图层样式"对话框，参照图9.42所示设置参数，单击"确定"按钮。

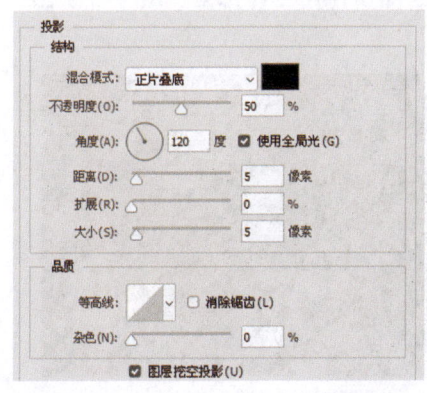
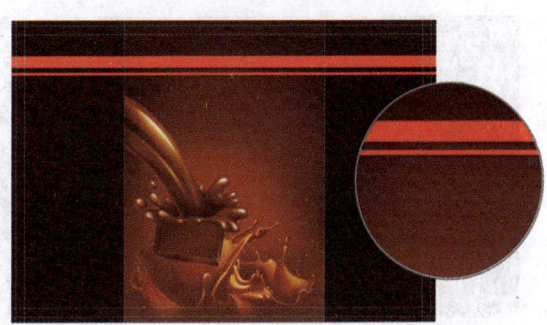

图9.42 添加"投影"图层样式

17 选择"图层7",按住Alt键拖动复制该图像,按Ctrl+T组合键将复制得到的图像顺时针旋转90°,并调整其位置,效果如图9.43所示。

18 在"背景"图层组的上方新建"组1",更改图层组的名称为"正面",使用"横排文字工具"T为输入产品名称等相关文字信息,设置文本的颜色为白色,如图9.44所示。

 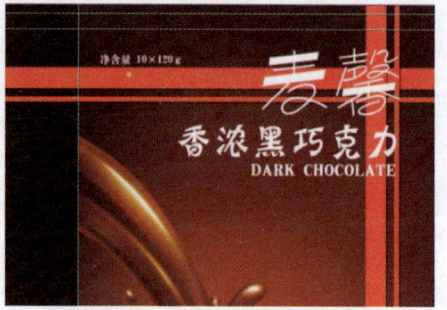

图9.43 复制并旋转图像　　　　　　　图9.44 输入产品名称等文字信息

19 选择"麦馨"图层,在"图层"面板中单击"添加图层样式"按钮 fx,在弹出的菜单中选择"描边"命令,打开"图层样式"对话框,参照图9.45所示设置参数(其中,颜色参考值为#ff0000),单击"确定"按钮。使用相同的方法,为其他文字添加"描边"图层样式。

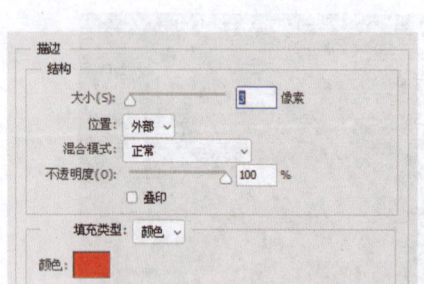 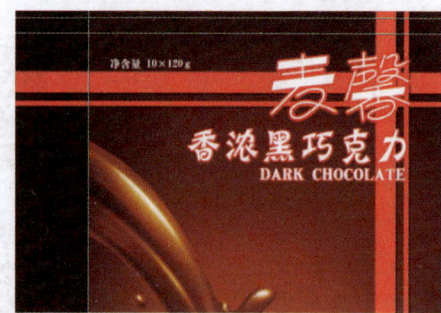

图9.45 添加"描边"图层样式

20 使用"横排文字工具"T输入文字"香甜可口!""营养美味!",使用与上一步相同的方法,为文字添加"描边"图层样式,配合Ctrl+T组合键调整文字的角度,如图9.46所示。

21 选择"自定形状工具",在工具选项栏中选择"形状"选项,在"形状"下拉列表中选择"封印"选项,设置前景色为#fffc00,绘制形状。然后使用"横排文字工具"T添加相关文字信息,效果如图9.47所示。

图9.46 输入文字　　　　　　　图9.47 绘制形状

㉒ 在"正面"图层组的上方新建"组1",更改图层组的名称为"背面",使用"横排文字工具" T 为添加相关文字信息,如产品配料、贮存方法和公司地址等,如图9.48所示。

㉓ 打开"条形码.TIF"文件,将其拖动到"巧克力外包装设计.PSD"文件中,调整图像的大小与位置;使用"横排文字工具" T 在添加广告文字"异域风情黑巧克力 含有浓郁的可可风味",如图9.49所示,完成巧克力外包装的制作。

图9.48　添加相关信息　　　　　　　图9.49　添加条形码和广告文字

3．制作包装立体效果

包装立体效果与后期印刷没有关联,只是为客户展示包装成品的预期效果。

① 执行"文件"→"新建"命令,打开"新建文档"对话框,参照图9.50所示设置参数,单击"确定"按钮,其中背景色参考值为#999999。

② 在"巧克力包装设计.PSD"文件中,选择"图层1",使用"魔棒工具" 单击包装正面,载入选区,如图9.51所示;执行"编辑"→"合并拷贝"命令,将其贴入新建文件。

图9.50　"新建文档"对话框　　　　　图9.51　载入选区

③ 使用相同的方法,利用"合并拷贝"命令,将包装侧面内容贴入新建文件,如图9.52所示。

④ 选择包装正面,执行"编辑"→"自由变换"命令,调整透视角度,效果如图9.53所示。

⑤ 使用相同的方法,按Ctrl+T组合键,对包装侧面图像进行变形操作,创建立体形状,效果如图9.54所示。

⑥ 在"图层1"的下方新建"图层4",使用"多边形套索工具" 沿包装边缘绘制选区,填充选区为黑色,效果如图9.55所示。

225

图9.52　贴入图像内容

图9.53　调整透视角度

图9.54　创建立体形状

图9.55　绘制并填充选区

07 执行"滤镜"→"模糊"→"高斯模糊"命令，打开"高斯模糊"对话框，设置"半径"为40 px，单击"确定"按钮，效果如图9.56所示。

08 新建"图层5"，使用"画笔工具" 为包装添加阴影效果，并利用"加深工具" 为包装添加明暗效果，如图9.57所示，完成包装立体图的制作。

图9.56　添加高斯模糊效果

图9.57　添加阴影效果

4. 制作外包装立体效果

09 执行"文件"→"新建"命令，打开"新建文档"对话框，参照图9.58所示设置参数，单击"确定"按钮，其中背景色的参考值为#e1e1e1。

10 打开"巧克力外包装设计.PSD"文件，选择"图层1"，使用"魔棒工具" 单击包装正面，载入选区；执行"编辑"→"合并拷贝"命令，将其贴入新建文件，如图9.59所示。

11 在"路径"面板中单击"创建新路径"按钮 ，新建"路径1"，选择"钢笔工具" ，配合Shift键绘制路径，效果如图9.60所示。

12 按Ctrl+Enter组合键将路径转换为选区，在"图层1"中按Delete键将其删除，效果如图9.61所示。

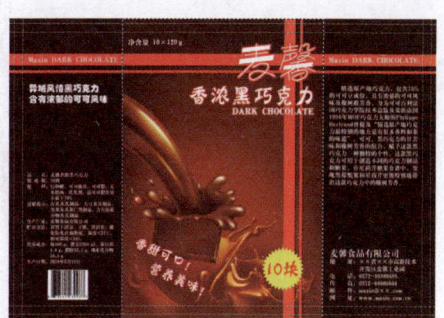

图9.58 "新建文档"对话框　　　　图9.59 载入选区

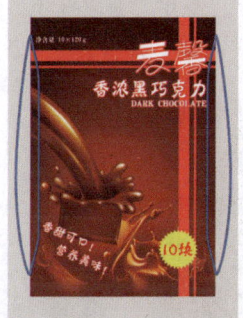
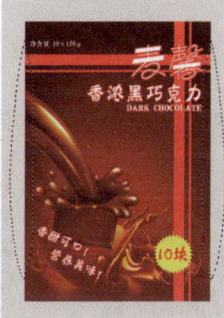

图9.60 绘制路径　　　　图9.61 将路径转换为选区并删除选区内容

13 在"路径"面板中单击"创建新路径"按钮，新建"路径2"，选择"钢笔工具"，配合Shift键在包装两端绘制路径，如图9.62所示；按Ctrl+Enter组合键将路径转换为选区，并在"图层1"中将其删除。

整体效果　　　　　　　　局部放大效果

图9.62 绘制路径

14 在"图层"面板中单击"添加图层样式"按钮，在弹出的菜单中选择"投影"命令，打开"图层样式"对话框，参照图9.63所示设置参数，单击"确定"按钮。

15 新建"图层2"，使用"矩形选框工具"在包装顶部绘制矩形选区，填充选区，颜色值为#460000，移动选区并继续填充颜色；复制"图层2"，得到"图层2拷贝"，调整其位置至包装底部，效果如图9.64所示。

16 选择"图层1"，使用"加深工具"添加明暗效果，如图9.65所示。

227

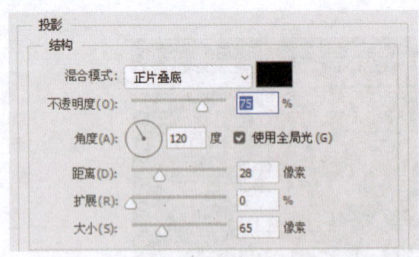

图9.63　添加"投影"图层样式　　　　　图9.64　绘制并填充矩形选区

🔢 **17** 在"图层2拷贝"的上方新建"图层3",选择"画笔工具" ✏️,设置前景色为白色,为包装添加高光效果。

🔢 **18** 单击"添加图层蒙版"按钮 ▫,为"图层3"添加图层蒙版。使用"画笔工具" ✏️ 修饰高光,高光效果及蒙版中的涂抹效果如图9.66所示。至此,完成巧克力外包装立体图的制作。

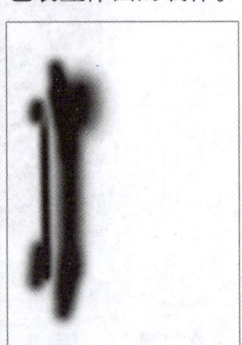

图9.65　添加明暗效果　　　　　　　　图9.66　制作高光效果

9.2 防晒露包装

项目: 制作防晒露瓶式外包装和塑料外包装。

名称: 水薄防晒露。

要求: 整体设计使消费者在视觉上感受到清爽、水润、有活力等特点。图9.67所示为该包装设计完成效果。

尺寸: 防晒露包装尺寸为95 mm × 165 mm。具体尺寸标注如图9.68所示。

设计思路: 化妆品的外盒包装一般包括花盒、中盒、大箱。

* 花盒:应与中盒包装配套严紧;洁净、端正、平整,无皱折、缺边、缺角;粘合部位粘合牢固,无粘贴痕迹、开裂及相互粘连现象,色泽均匀,与标准样品一致;产品无错装、漏装、倒装现象;产盒盖盖好;花盒(含产品包装)应注明产品商标、产品名称、生产企业、生产地址、生产日期(保质期)、容量、许可证编号等,必要时须有使用说明。

* 中盒:应洁净、端正、平整;产品无错装、漏装、倒装现象;盒头应端正、清楚、完整,并有产品名称、数量、生产企业等。

* 大箱:大箱应洁净、端正、平滑,封箱牢固;产品无错装、漏装、倒装现象;

大箱外的标志应清楚、完整，位置适中，并有产品名称、生产企业、生产地址、许可证编号、规格、数量、毛重、体积、出厂日期、注意事项等。

具体到本例，本产品采用透明的塑封包装，便于查看产品；背部硬纸可以保护产品，硬纸背面放置产品说明；瓶身采用曲线，美观、便于挤压；颜色以橙色和白色为主，橙色活泼、明快，加入大面积的白色，给人以健康、有活力感，蓝色背景可以突出产品的清凉、水润感。

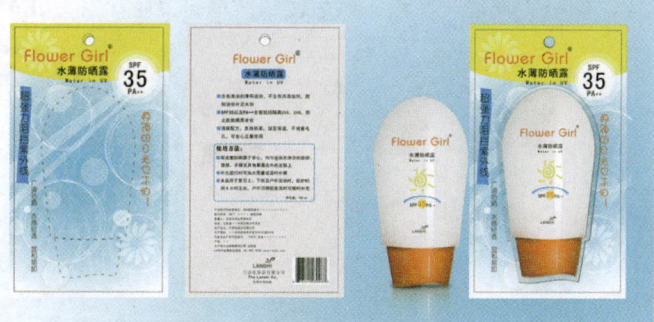

图9.67　防晒露包装设计

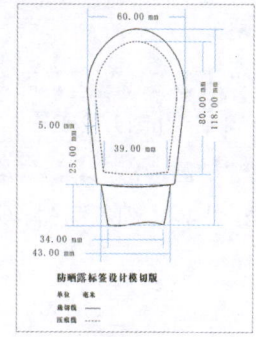

防晒露外包装　　　　　防晒露瓶身

图9.68　防晒露外包装和瓶身的尺寸标注

项目制作步骤

1. 制作防晒露标签

01 防晒露的标签和模切版，如图9.69所示。

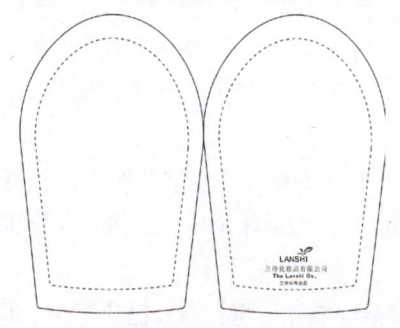
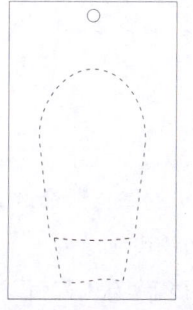
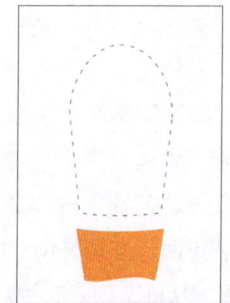

防晒露标签.PSD　　　防晒露包装模切版.EPS　　防晒露瓶身包装设计.PSD

图9.69　防晒露标签和模切版

229

02 在Photoshop中打开"防晒露标签.PSD""Flower Girl.TIF"文件，拖动"Flower Girl.TIF"素材图像到"防晒露标签.PSD"文件中，配合Ctrl+T组合键调整素材图像的大小与位置，效果如图9.70所示。

03 新建"组1"，更改图层组的名称为"正面"。选择"椭圆选框工具"，配合Shift键绘制正圆选区；新建"图层3"，执行"编辑"→"描边"命令，打开"描边"对话框，参照图9.71所示设置参数，单击"确定"按钮，然后使用"横排文字工具"输入文字"R"。

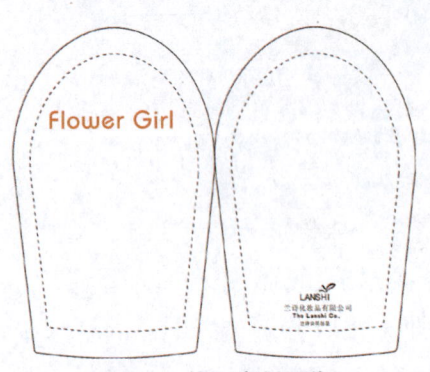

图9.70 拖入素材图像　　　　　　　　图9.71 添加"描边"效果

04 新建"图层4"，选择"画笔工具"，调整画笔的大小，设置前景色为#fff100，在"图层4"中绘制手绘效果的太阳，如图9.72所示。

05 新建"图层5"，使用"椭圆选框工具"绘制椭圆选区，填充选区，颜色值为#00a1e9，继续绘制椭圆选区，按Delete键删除选区内容，再删除部分图像内容，效果如图9.73所示。

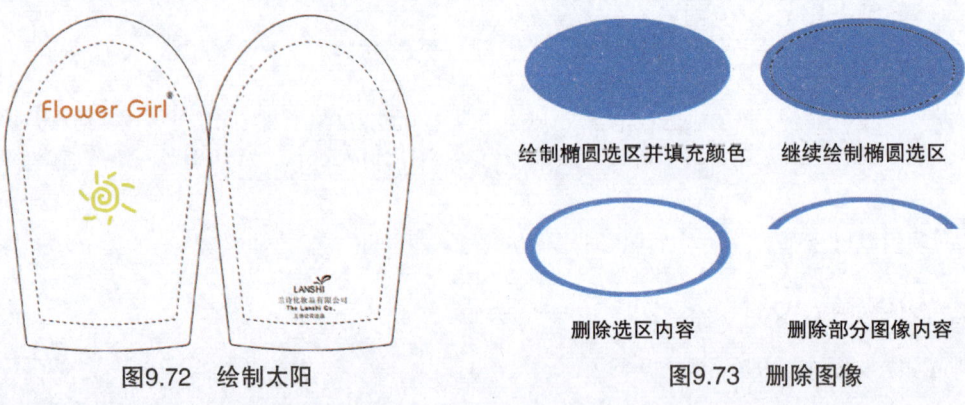

图9.72 绘制太阳　　　　　　　　图9.73 删除图像

06 使用相同的方法，绘制其他装饰图形。使用"横排文字工具"在包装正面输入相关文字信息，执行"窗口"→"字符"命令，打开"字符"面板，参照图9.74所示设置文字，并调整装饰图形的位置和大小。

07 选择"图层2"，选择"矩形选框工具"，参照图9.75所示绘制矩形选区，执行"图层"→"新建"→"通过拷贝的图层"命令，复制选区内的图像创建新图层，将图像移至包装正面，并调整图像的大小和位置。

08 新建"组1"，更改图层组的名称为"背面"，复制品牌名称，将其贴入包装背面，调整图像的大小和位置，然后使用"横排文字工具"添加相关文字信息，效果如图9.76所示。

第9章 其他包装设计

图9.74　输入文字　　　　　　　　图9.75　通过复制新建图层

09 选择"圆角矩形工具" ，参照图9.77所示设置参数并绘制路径，在"路径"面板中单击"将路径作为选区载入"按钮 ，将路径载入选区。

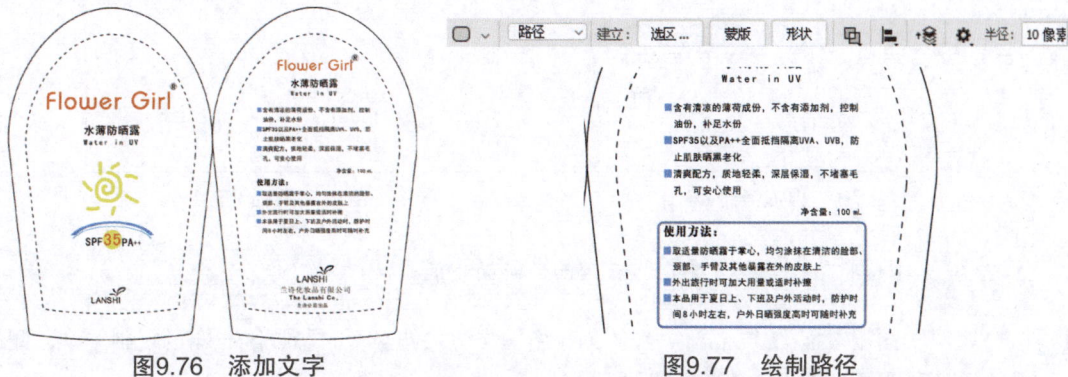

图9.76　添加文字　　　　　　　　图9.77　绘制路径

10 执行"编辑"→"描边"命令，打开"描边"对话框，参照图9.78所示设置参数，单击"确定"按钮。

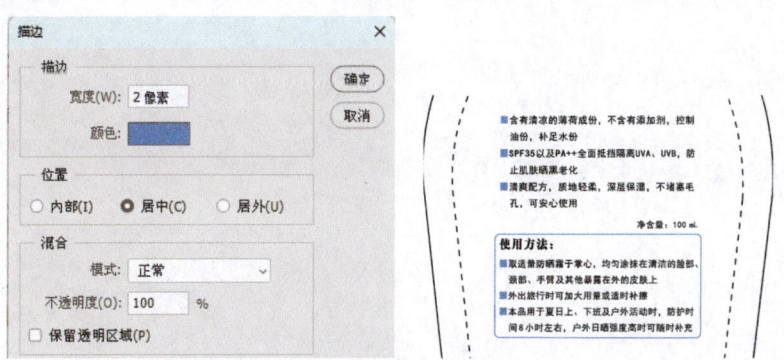

图9.78　描边路径

11 使用与步骤9和步骤10相同的方法，利用"圆角矩形工具" 在文字"水薄防晒露"处绘制路径，在"路径"面板中单击"将路径作为选区载入"按钮 ，将路径载入选区，新建"图层10"，填充选区，颜色值为#00a1e9，参照图9.79所示调整图层的顺序。

图9.79　制作文字底色

231

12 打开"条形码.TIF"文件，将其拖入"防晒露标签.PSD"文件，配合Ctrl+T组合键调整图像的大小与位置，如图9.80所示，完成对防晒露标签的制作。

2. 制作防晒露外包装

01 打开"防晒露外包装设计.PSD"文件，执行"图像"→"画布大小"命令，打开"画布大小"对话框，设置画布大小为23 cm × 18 cm，效果如图9.81所示。

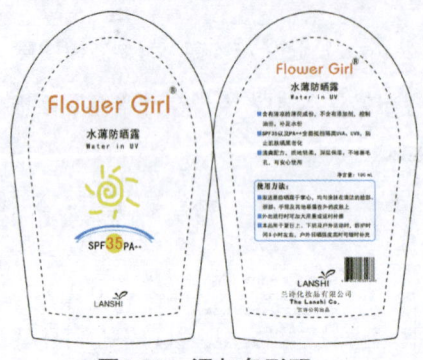

图9.80　添加条形码 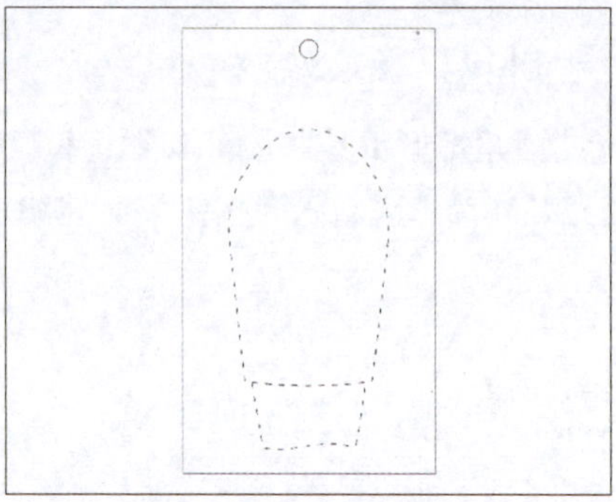　　　　　　　图9.81　调整画布大小

变换大小后的画布包含包装正、反两面的版面空间。

02 在"图层"面板中拖动"图层1"到"创建新图层"按钮 上，释放鼠标即可复制图像，配合Shift键水平移动图像，效果如图9.82所示。

03 配合Shift键为包装添加3 mm的出血线，如图9.83所示；将图层编组，更改图层组的名称为"模切版"。

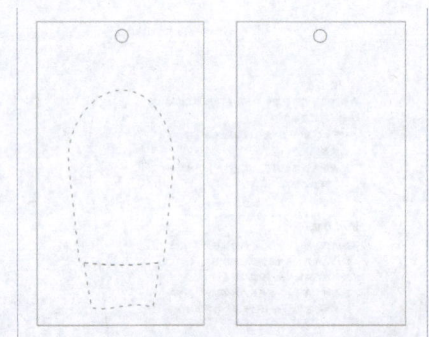 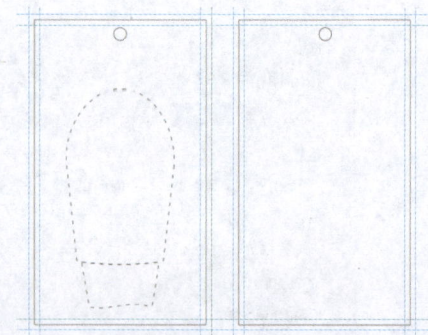

图9.82　复制并移动图像　　　　　图9.83　添加参考线

04 按住Ctrl键单击"创建新组"按钮 ，新建"正面"图层组，使用"矩形选框工具" 对齐出血线绘制矩形选区，新建"图层3"，使用"渐变工具" 为选区填充渐变，参考颜色值为#4db5e3、#ffffff，效果如图9.84所示。

05 打开"水纹.TIF"文件，将其拖入"防晒露外包装设计.PSD"文件，配合Ctrl+T组合键调整图像的大小和位置，效果如图9.85所示。

06 在"图层"面板中更改图层混合模式为"柔光"选项，得到图9.86所示的效果。

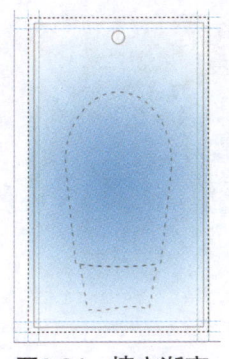
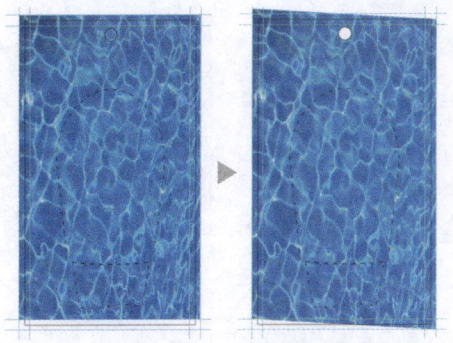

图9.84 填充渐变　　　　　图9.85 调整水纹图像　　　　　图9.86 更改图层混合模式

07 新建"图层5",使用"椭圆选框工具" 绘制选区,配合Shift+Ctrl+Alt组合键单击"图层3"的图层缩览图,修剪选区,填充选区,颜色值为#fff100,如图9.87所示。

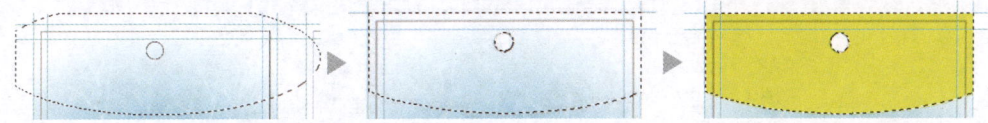

图9.87 绘制图像

08 选择"图层1",使用"魔棒工具" 单击正圆,载入选区,分别在"图层5""图层4""图层3"中按Delete键删除部分内容,得到图9.88所示的镂空效果。

09 新建"组1",并新建"图层6",使用"椭圆选框工具" 绘制选区,填充选区为白色,在"图层"面板中更改"图层6"的"不透明度"为40%,继续绘制选区,参照图9.89所示,继续新建图层,绘制并填充圆形选区,并设置图层的不透明度。

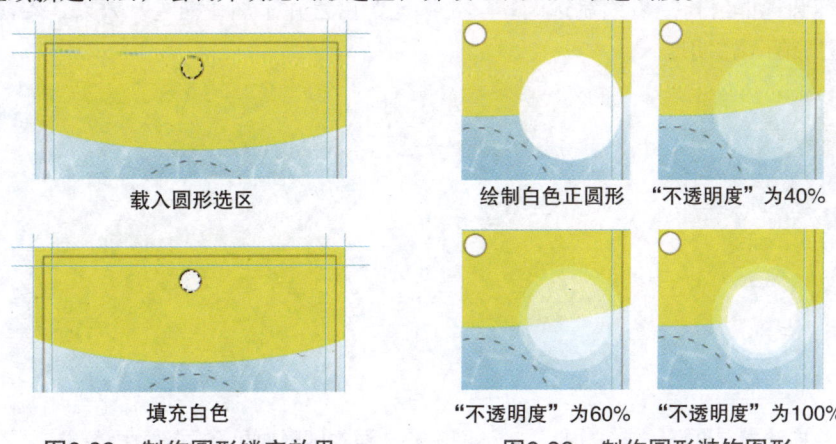

载入圆形选区　　　　绘制白色正圆形　　"不透明度"为40%

填充白色　　　　　"不透明度"为60%　"不透明度"为100%

图9.88 制作圆形镂空效果　　　图9.89 制作圆形装饰图形

10 新建"图层9",使用"钢笔工具" 绘制路径,在"路径"面板中单击"将路径作为选区载入"按钮 ,将路径转换为选区,填充选区为白色,并在"图层"面板中设置"不透明度"为40%,如图9.90所示。

11 新建"图层10",选择"椭圆选框工具" ,配合Ctrl+Shift组合键绘制正圆,执行"编辑"→"描边"命令,打开"描边"对话框,参照图9.91所示设置参数,单击"确定"按钮。

233

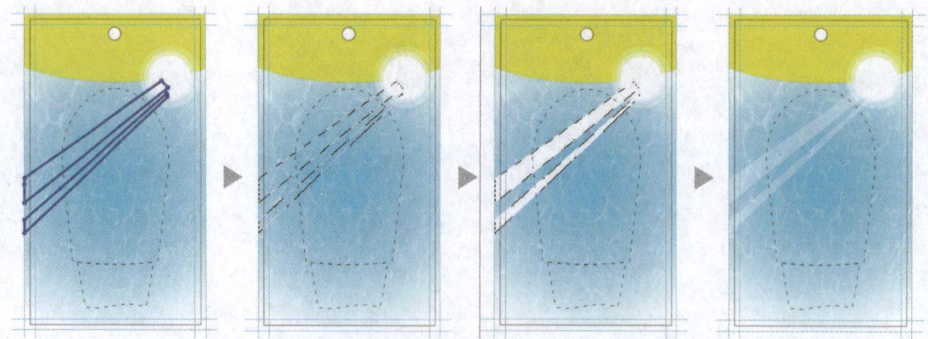

图9.90 制作光束效果

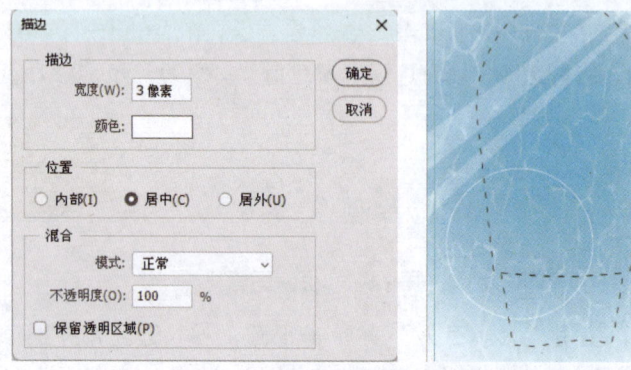

图9.91 添加"描边"效果

[12] 选择白色圆环，按住Alt键并拖动复制圆环，调整复制得到的圆环的大小和位置，效果如图9.92所示。

[13] 使用"椭圆选框工具" 绘制选区，填充选区为白色并添加"描边"效果，参考图9.93所示调整圆形的不透明度。

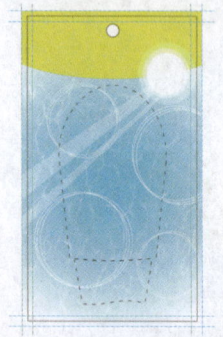

图9.92 拖动复制圆环

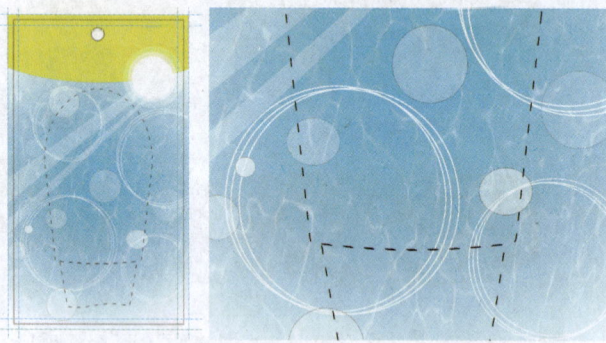

图9.93 添加圆形效果及局部放大效果

[14] 打开"白色的花.TIF"素材文件，将其拖入"防晒露外包装设计.PSD"文件，配合Ctrl+T组合键调整图像的大小和位置，参照图9.94所示调整素材图像的不透明度为50%。

[15] 复制、粘贴前面标签中制作的产品名称和文字信息，调整图像的大小和位置，然后使用"直排文字工具" 添加相关文字信息，如图9.95所示。

[16] 新建"图层13"，使用"钢笔工具" 绘制路径，按Ctrl+Enter组合键将路径转换为选区，填充选区为蓝色（#00a1e9），调整图像的位置，如图9.96所示。

图9.94　添加素材图像并调整不透明度　　　　图9.95　添加文字

17 新建"组1",更改图层组的名称为"背面",使用"矩形选框工具"对齐参考线绘制包装背面的矩形,新建"图层14",填充选区为灰色(#eeeeee),效果如图9.97所示。

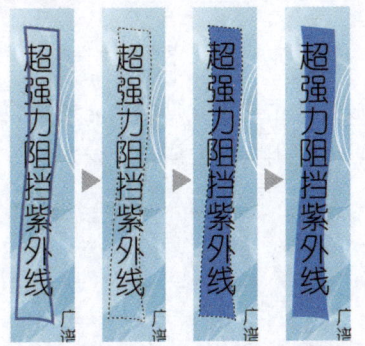

图9.96　绘制文字的底色　　　　　　　　图9.97　绘制矩形

18 选择"图层1拷贝",使用"魔棒工具"单击正圆色块,载入选区,然后选择"图层14",按Delete键删除选区内容,得到图9.98所示的镂空效果。

19 复制、粘贴前面标签的背面文字,调整文字的大小和位置,使用"横排文字工具"添加文字信息,如生产厂商及生产许可证等,如图9.99所示,完成防晒露外包装设计的制作。

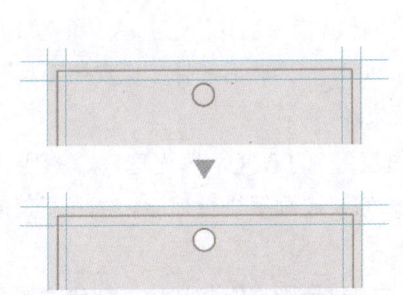

图9.98　删除选区内容　　　　　　图9.99　添加文字信息

3．制作防晒露瓶身及外包装立体效果

01 打开"防晒露瓶身包装设计.PSD"文件,执行"图像"→"画布大小"命令,打开"画布大小"对话框,设置画布大小为10 cm × 14 cm,单击"确定"按钮;新建"图层4",隐藏

235

其他图层，选择"渐变工具"，在工具选项栏中单击渐变色条，打开"渐变编辑器"对话框，参照图9.100所示设置渐变颜色，拖动光标填充渐变。

02 在"图层"面板中调整渐变的位置，显示其他图层，复制、粘贴前面标签中"正面"图层组中的图像，调整图像的大小和位置，如图9.101所示。

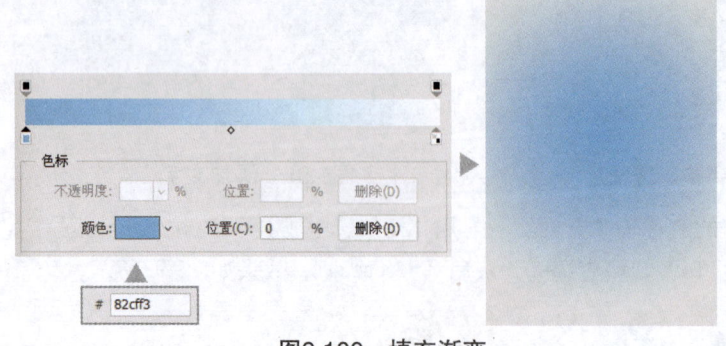

图9.100 填充渐变

图9.101 复制、粘贴图像

03 载入"图层1""图层2"的选区，在"图层"面板中单击"创建新的填充或调整图层"按钮，在弹出的菜单中选择"色相/饱和度"命令，参照图9.102所示设置参数，调整图像的颜色。

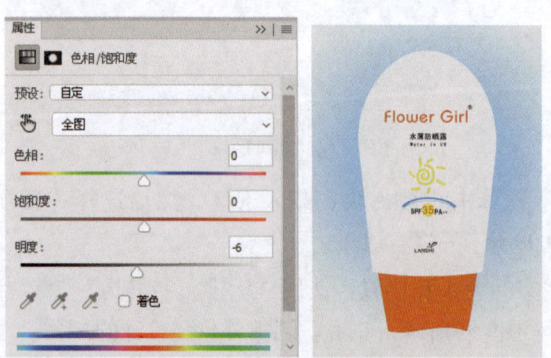

图9.102 调整图像的颜色

> 按住Ctrl+Shift组合键，同时单击多个图层的缩览图，可载入多个图层的选区。

04 在"图层"面板中单击"创建新图层"按钮，新建"图层10"，载入"图层1""图层2"的选区，填充选区，渐变颜色值为#000000和#461c00，然后选择"橡皮擦工具"，使用柔边画笔进行擦除，制作瓶身及瓶盖的立体效果。

05 使用相同的方法，新建"图层11"，载入"图层2"的选区，填充选区，渐变颜色值为#5c1302和#9d2800，然后使用"橡皮擦工具"的柔边画笔进行擦除，加强瓶盖的立体效果，如图9.103所示。

06 选择"正面"图层组，在"图层"面板中单击"创建新图层"按钮，新建"图层12"，使用"椭圆选框工具"绘制选区，填充选区为白色，设置图层混合模式为"叠加"，制作高光效果。

07 执行"滤镜"→"模糊"→"动感模糊"命令，打开"动感模糊"对话框，参照图9.104所示设置参数，单击"确定"按钮，为高光添加运动模糊效果。

第9章 其他包装设计

图9.103 制作瓶身及瓶盖的立体效果

图9.104 填充选区并设置图层混合模式

08 使用"椭圆选框工具" ○ 在瓶盖处绘制选区,填充选区为白色,在"图层"面板中设置"不透明度",执行"滤镜"→"模糊"→"高斯模糊"命令,参照图9.105所示设置参数,制作高光效果。

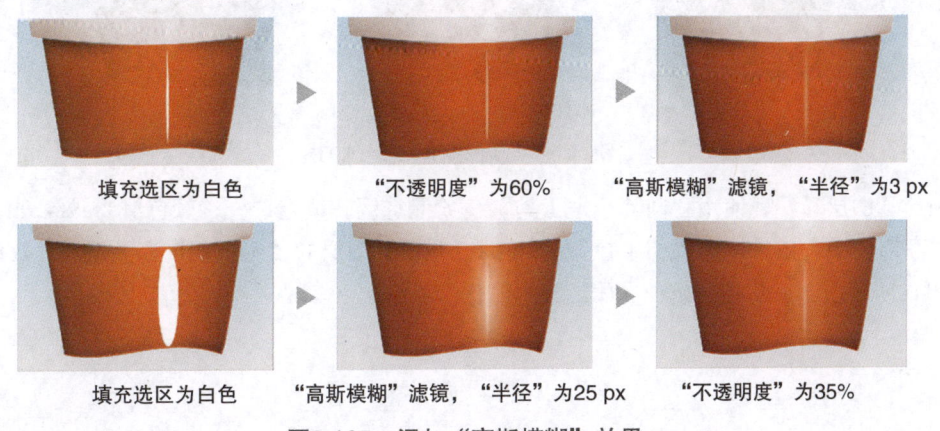

图9.105 添加"高斯模糊"效果

09 选择瓶盖及瓶盖处的高光,按住Alt键拖动复制高光,配合Ctrl+T组合键将其垂直翻转,在"图层"面板中设置"不透明度"为30%,如图9.106所示,制作倒影效果。

10 在"图层"面板中单击"添加图层蒙版"按钮 ▢ ,为瓶盖"图层2拷贝"添加图层蒙版,设置前景色为黑色;选择"渐变工具" ▇ ,在工具选项栏中单击渐变色条,打开"渐变编辑器"对话框,设置渐变为前景色到透明,然后拖动光标填充渐变,效果如图9.107所示,制作倒影的渐变效果。

237

"渐变工具"选项栏设置

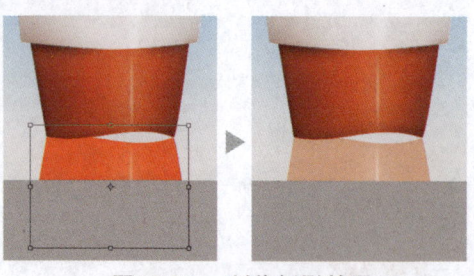

图9.106　制作倒影效果　　　　　　　倒影的渐变填充效果　　图层蒙版中的效果

　　　　　　　　　　　　　　　　　图9.107　制作倒影渐变效果

11 新建"图层15"，使用"钢笔工具" 绘制路径，在"路径"面板中单击"将路径作为选区载入"按钮 ，填充选区，颜色值为#9e4109，参照图9.108所示调整图层的位置，并设置"不透明度"为50%。

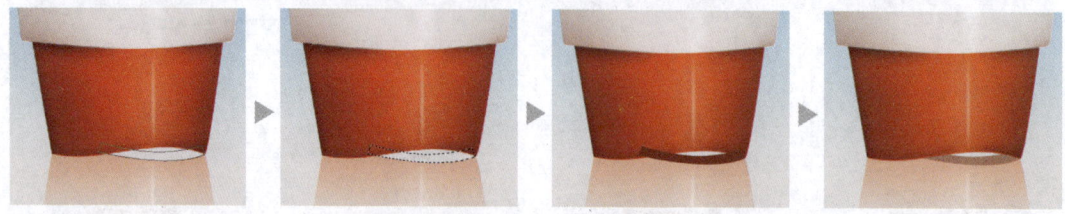

图9.108　制作瓶盖倒影细节1

12 使用相同的方法，新建"图层16"，使用"椭圆选框工具" 绘制选区，填充选区，颜色值为#4f0f02；执行"滤镜"→"模糊"→"高斯模糊"命令，打开"高斯模糊"对话框，设置"半径"为12 px，然后调整图像至瓶盖的下方，效果如图9.109所示。

图9.109　制作瓶盖倒影细节2

13 新建"图层17"，使用"椭圆选框工具" 绘制选区，填充选区，颜色值为#9f4109，添加"高斯模糊"效果，设置"半径"为20 px，并设置图层的"不透明度"为50%，效果如图9.110所示，完成防晒露瓶身立体效果的制作。

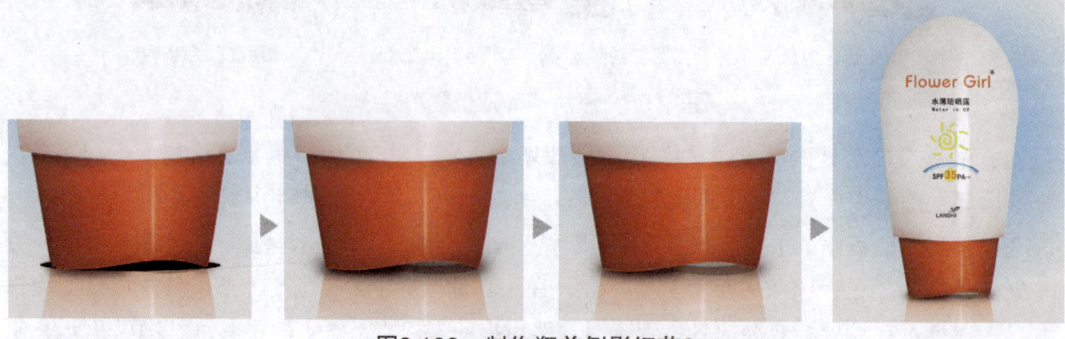

图9.109　制作瓶盖倒影细节3

4. 制作防晒露外包装立体效果

01 执行"文件"→"新建"命令，打开"新建文档"对话框，参照图9.111所示设置参数，单击"确定"按钮。

02 复制、粘贴前面绘制的防晒露外包装的正面与瓶身立体效果，调整图像的大小和位置，选择防晒露瓶身立体图像，按Ctrl+E组合键合并图层，如图9.112所示。

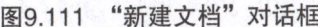
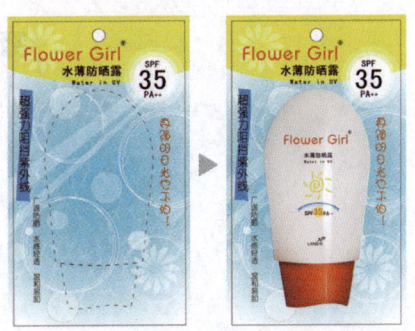

图9.111 "新建文档"对话框　　　图9.112 添加瓶身立体图像

03 按住Ctrl键在"图层"面板中单击"创建新图层"按钮，在"图层28"的下方新建"图层29"，配合Ctrl键单击"图层28"的图层缩览图，载入选区，调整选区的大小，并填充选区为黑色，效果如图9.113所示。

04 执行"滤镜"→"杂色"→"添加杂色"命令，打开"添加杂色"对话框，参照图9.114所示设置参数，单击"确定"按钮，然后在"图层"面板中设置"不透明度"为15%。

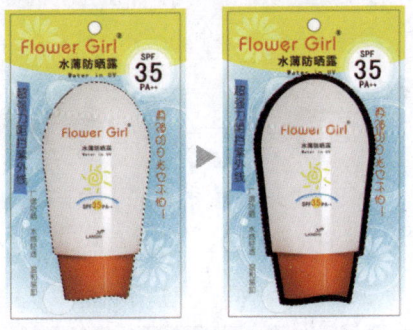

图9.113 填充选区并调整大小　　　图9.114 添加杂色并调整不透明度

05 在"图层"面板中单击"添加图层样式"按钮，在弹出的菜单中选择"投影"命令，打开"图层样式"对话框，参照图9.115所示设置参数，单击"确定"按钮。

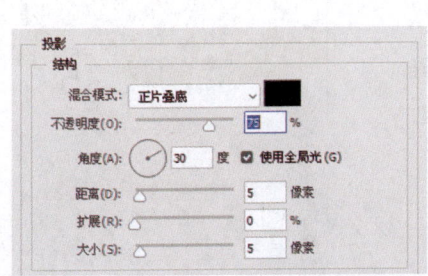

图9.115 添加"投影"图层样式

06 按住Ctrl键单击"图层28"的图层缩览图，载入选区，新建"图层30"，填充选区为白色；在"图层"面板中单击"添加图层样式"按钮 fx，在弹出的菜单中选择"投影"命令，在"图层样式"对话框中设置参数；设置图层混合模式为"正片叠底"，如图9.116所示。

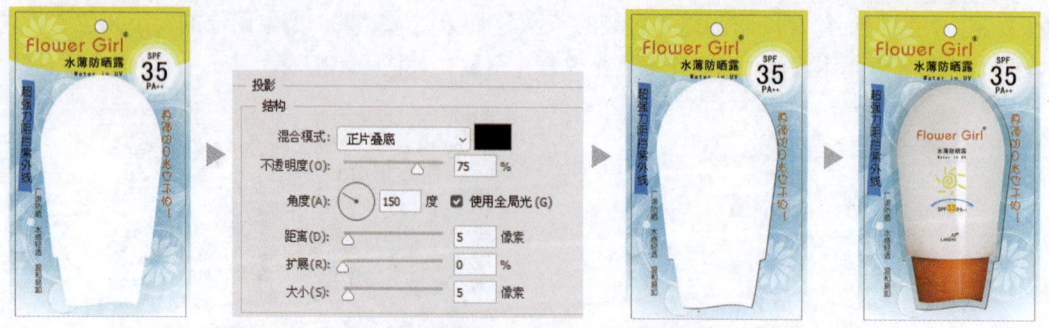

图9.116 填充选区、添加图层样式并设置图层混合模式

07 选择"图层28"，在"图层"面板中单击"添加图层样式"按钮 fx，在弹出的菜单中选择"投影"命令，打开"图层样式"对话框，参照图9.117所示设置参数；继续在"图层样式"对话框中添加"外发光"图层样式，"外发光"颜色值为#ffffbe，参照图9.118所示设置参数，单击"确定"按钮。

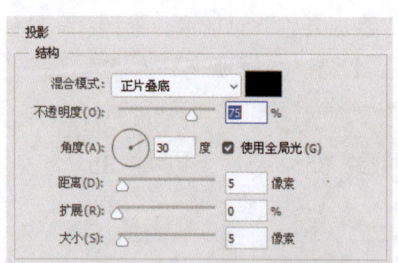 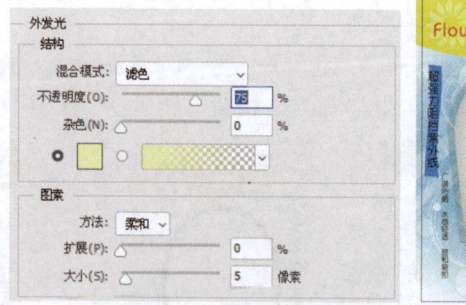

图9.117 添加"投影"图层样式 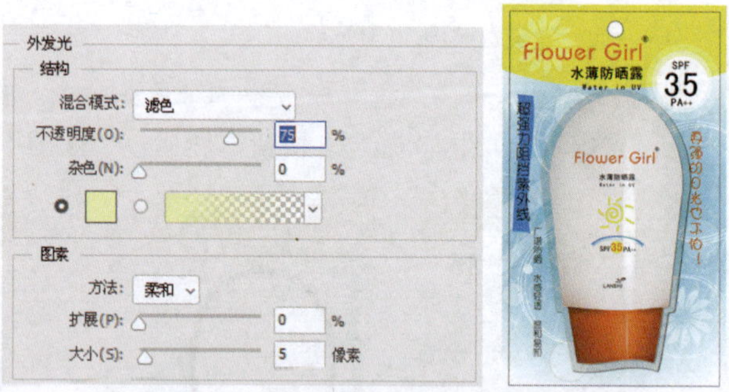　　　　图9.118 添加"外发光"图层样式

08 新建"图层31"，使用"钢笔工具" 绘制高光，在"路径"面板中单击"将路径作为选区载入"按钮，将路径转换为选区，填充选区为白色，效果如图9.119所示。

图9.119 绘制路径、载入选区并填充白色

09 执行"滤镜"→"模糊"→"高斯模糊"命令，打开"高斯模糊"对话框，设置"半径"为5 px，单击"确定"按钮，如图9.120所示，完成对防晒霜外包装立体效果的制作。

图9.120 添加"高斯模糊"效果

9.3 涂料包装

项目：制作涂料的外包装。
名称：环保内墙涂料。
要求：为该品牌涂料制作外包装，在整体设计中体现产品的环保性，并进行产品说明。图9.121所示为该包装设计完成效果。

图9.121　涂料包装设计

尺寸：300 mm × 200 mm。具体尺寸标注如图9.122所示。

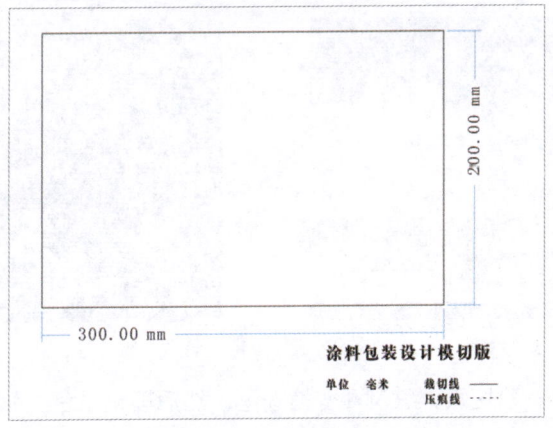

图9.122　尺寸标注

设计思路：涂料包装应使用无毒、无味（至少无异味）的材料，应具有良好的封闭性，耐腐蚀、防漏、耐冲击、抗压和不易变形等，环保、可回收，避免破损、漏液、易燃、易爆，方便运输和储存。涂料包装上应清晰印刷产品名称、规格、生产批号、生产厂家、生产日期等信息；外包装上应标注壳体回收标志，并制定包装回收、处理方案。

具体到本例，该涂料产品为液态物，特点是环保，在包装物的显要位置放置了用于说明其环保特点的EO标识，并采用绿色，强调了其环保、健康的产品理念。此外，包装物铁皮的厚度应与内装货物重量相对应：一般单件毛重25～100 kg的中小型铁桶，应使用0.6～1.0 mm的铁皮制作；单件毛重在101～180 kg的大型铁桶，应使用1.25～1.5 mm的铁皮制作。

项目制作步骤

1. 制作涂料包装

01 新建尺寸为306 mm × 206 mm的文档,将其保存为"涂料包装设计.PSD"文件,参考前面案例的制作方法,添加3 mm的出血线,并参考图9.123所示填充颜色,参考颜色值为#0080c2、#fff500。

02 新建图层,使用"椭圆选框工具" 绘制椭圆形选区,参考图9.124所示适当变换选区形状并填充颜色,颜色值为#0080c2。

图9.123 填充颜色

图9.124 绘制、变换选区并填充蓝色

03 在"图层"面板中单击"添加图层蒙版"按钮 ,在图层蒙版中拖动填充黑白渐变,制作蓝色渐变效果,填充效果及图层蒙版中的效果如图9.125所示。

图9.125 填充渐变

04 使用相同的方法,新建图层,绘制并变换选区,然后填充白色,效果如图9.126所示;继续新建图层,绘制并变换选区,然后填充浅绿色,颜色值为#a3d025,效果如图9.127所示。

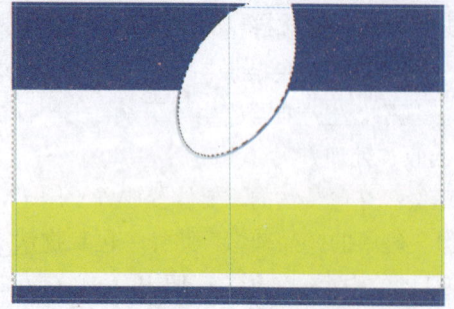

图9.126 绘制、变换选区并填充白色

图9.127 绘制、变换选区并填充浅绿色

05 在"图层"面板中单击"添加图层蒙版"按钮 ◻，在图层蒙版中拖动填充黑白渐变，制作绿色渐变效果，填充效果及图层蒙版中的效果如图9.128所示。

 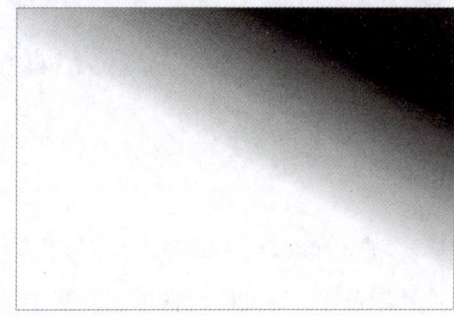

图9.128　再次填充渐变

06 继续使用相同的方法，新建图层，绘制并变换选区，然后填充深绿色，颜色值为#5db535，效果如图9.129所示。

07 使用"横排文字工具" T 输入文字"EO"，文字颜色值为#00873b，将文字略微向右上方倾斜，效果如图9.130所示。

图9.129　绘制、变换选区并填充深绿色　　　　图9.130　输入文字

08 在"图层"面板中单击"添加图层样式"按钮 fx，在弹出的菜单中选择"渐变叠加"命令，参考图9.131所示设置参数，渐变颜色为#028618和#c0ff00，效果如图9.132所示。

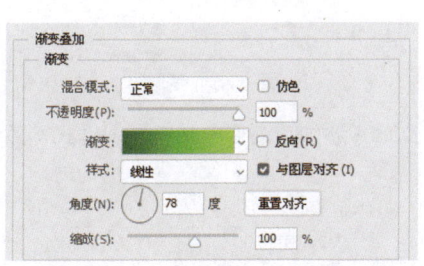 

图9.131　"渐变叠加"参数设置　　　　图9.132　添加"渐变叠加"图层样式效果

09 使用"钢笔工具" ⌶ 沿文字边缘绘制路径，将其转换为选区并扩大选区，填充选区为白色，效果如图9.133所示，制作文字的白色边缘效果。

10 在"图层"面板中单击"添加图层样式"按钮 fx，在弹出的菜单中选择"外发光"命令，参考图9.134所示设置参数，"外发光"颜色值为#ffffbe，效果如图9.135所示。

243

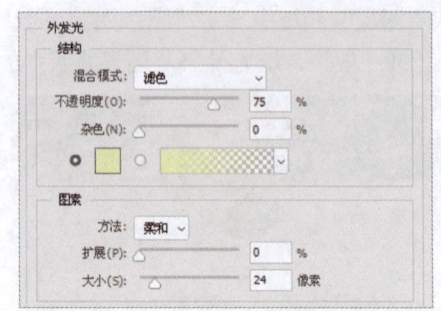

图9.133　将绘制的路径转换为选区并填充白色　　　图9.134　"外发光"图层样式设置

11 打开"绿色"素材文件，将其拖入"涂料包装设计.PSD"文件中，效果如图9.136所示。

图9.135　添加"外发光"图层样式效果　　　　　图9.136　添加素材图像

12 参考文字"EO"的制作方法，制作产品名称，如图9.137至图9.141所示。其中，文字为纯色填充，颜色值为#00873b；为文字添加"描边"效果，描边颜色值为#a3d025，然后添加"渐变叠加"图层样式，渐变颜色值为#5db535和#fffc00；继续添加白色"描边"效果，然后添加"外发光"图层样式，"外发光"颜色值为#ffffbe。

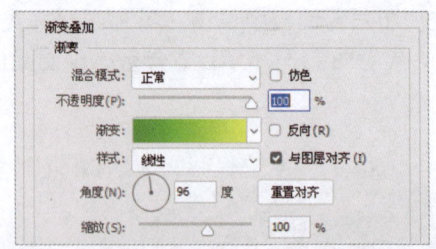

图9.137　输入产品名称　　　　图9.138　添加"渐变叠加"图层样式参数设置

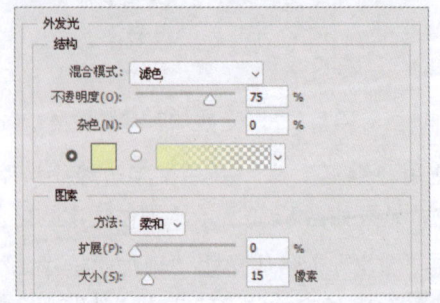

图9.139　"渐变叠加"图层样式效果　　图9.140　添加"外发光"图层样式参数设置

13 使用"矩形选框工具"在文字"环保内墙涂料"下方绘制矩形选区，填充选区，颜色值为#008fd6；然后使用"横排文字工具"输入文字"分解甲醛"和"技术"，调整文字的大小和位置，文字"分解甲醛"为白色，文字"技术"的颜色值为#00873b，效果如图9.142所示。

图9.141 "外发光"图层样式效果　　　图9.142 绘制色块并输入文字

14 使用"横排文字工具"输入产品名称"森尼家可"和"SENIGECO"，设置文字颜色分别为红色（#ff0000）和黑色，并参照图9.143所示设置文字的大小和位置。

15 继续使用"横排文字工具"，输入产品特点等信息，文字的颜色值为#008fd6和#ffffff（白色），效果如图9.144所示。

图9.143 输入产品名称　　　图9.144 输入产品特点

16 选择"自定形状工具"，在工具选项栏中选择"形状"选项，在"形状"下拉列表中选择"窄边方形边框"选项，绘制边框形状；然后选择"复选标记"选项，单击"合并形状"按钮，继续绘制形状，效果如图9.145所示。

17 按住Alt键拖动复制形状，并参照图9.146所示调整形状的位置。

图9.145 绘制形状　　　图9.146 复制形状

18 使用"横排文字工具" T 输入相关文字信息，并添加素材图像，效果如图9.147所示，完成涂料包装设计展开图的制作。

2. 制作包装立体效果

01 在"涂料包装设计.PSD"文件中，执行"图像"→"复制"命令，打开"复制图像"对话框，参照图9.148所示设置文件名称，单击"确定"按钮，然后执行"图层"→"拼合图像"命令，将图像合层为"背景"图层。

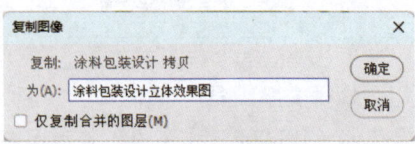

图9.147　输入相关文字信息并添加素材图像　　　图9.148　"复制图像"对话框

02 设置背景色的颜色值为#bfa541，然后执行"图像"→"画布大小"命令，参照图9.149所示调整画布的大小。

03 执行"3D"→"从图层新建网格"→"网格预设"→"圆柱体"命令，将包装展开图转换为圆柱体图像；然后使用"环绕移动3D 相机" 和"滚动3D 相机" 等工具对圆柱体展示面和方向进行调整。

04 右击"背景"图层，在弹出的菜单中选择"删格化 3D"命令，将3D图层转换为普通图层；然后执行"图像"→"调整"→"曲线"命令，打开"曲线"对话框，单击"自动"按钮，调整图像的亮度，效果如图9.150所示，单击"确定"按钮。

图9.149　调整画布的大小　　　　　　　　图9.150　圆柱体效果

05 新建"图层1"，填充白色，调整"图层1"至"背景"图层的下方，然后使用"裁剪工具" 裁剪图像，效果如图9.151所示。

06 选择"背景"图层，使用"魔棒工具" 选择圆柱体的顶部和底部，在"图层"面板中单击"创建新的填充或调整图层"按钮 ，在弹出的菜单中选择"曲线"命令，参照图9.152所示设置参数及蒙版效果，调整图像的亮度。

246

第9章 其他包装设计

07 新建"图层2",按住Ctrl键单击"背景"图层的缩览图,载入选区,填充选区为灰色(#dadada),然后参照图9.153所示调整选区,按Delete键删除选区内容。

图9.151 裁剪图像

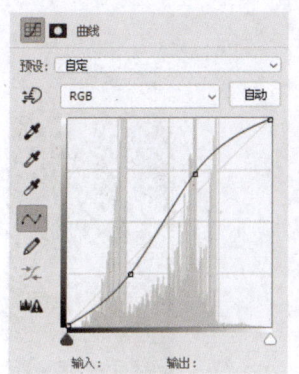
图9.152 调整图像的亮度

08 按Ctrl+T组合键调整图像的大小,效果如图9.154所示。

图9.153 载入、填充、调整选区并删除选区内容

图9.154 调整图像的大小

09 使用"橡皮擦工具"擦除图像边缘多余的部分,效果如图9.155所示。

10 在"图层"面板中单击"添加图层样式"按钮,在弹出的菜单中选择"内阴影"命令,打开"图层样式"对话框,参照图9.156所示设置参数,单击"确定"按钮。

图9.155 擦除多余的部分

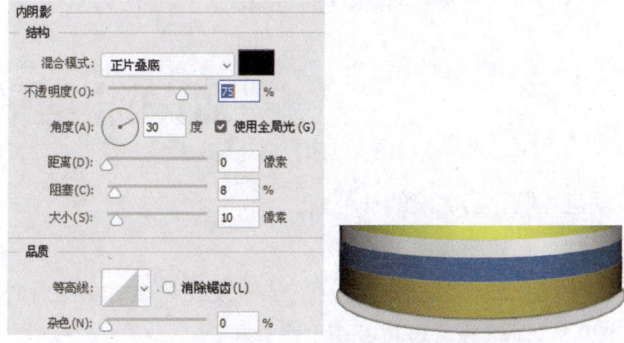
图9.156 添加"内阴影"图层样式效果

11 按住Alt键拖动复制"图层2"中的图像,并垂直翻转图像,效果如图9.157所示。

12 新建"图层3",使用"画笔工具"添加高光效果;在"图层"面板中单击"添加图层蒙版"按钮,设置前景色为黑色,使用"画笔工具"修饰高光,高光效果及图层蒙版中的效果如图9.158所示。

247

13 新建"图层4",使用"椭圆选框工具" ⃝ 绘制黑色椭圆形;执行"滤镜"→"模糊"→"高斯模糊"命令,打开"高斯模糊"对话框,设置"半径"为90 px,单击"确定"按钮,效果如图9.159所示。

图9.157 复制并垂直翻转图像

图9.158 添加高光效果

14 在"图层"面板中调整"图层4"至"背景"图层的下方,并新建"图层5",使用"画笔工具" ✎ 添加阴影效果,整体效果和单独显示"图层5"的效果如图9.160所示,完成涂料包装设计立体效果的制作。

图9.159 添加"高斯模糊"效果

图9.160 添加阴影效果

9.4 防冻液包装

项目:制作防冻液的外包装。

名称:长效防冻液。

要求:制作产品外包装,在整体设计中要求用色和材料突出产品极具高科技含量的特点。图9.161所示为该包装设计完成效果。

尺寸:该包装尺寸为150 mm × 76 mm。具体尺寸标注如图9.162所示。

设计思路:防冻液包装应注明产品名称、类型、分类及冰点、生产日期、生产批号、生产企业名称及地址等,并应注意避光性等。

具体到本例,产品外包装上的不规则图形以沉稳的深蓝色为主色,突出了高科技感,有助于提升消费者对产品的信任度，鲜明的红色用于突出产品的名称；发动机图片标识明显，用于明确产品的使用范围。

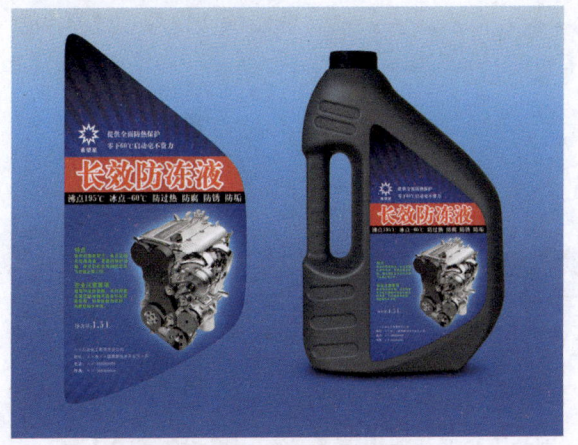

图9.161　防冻液包装设计

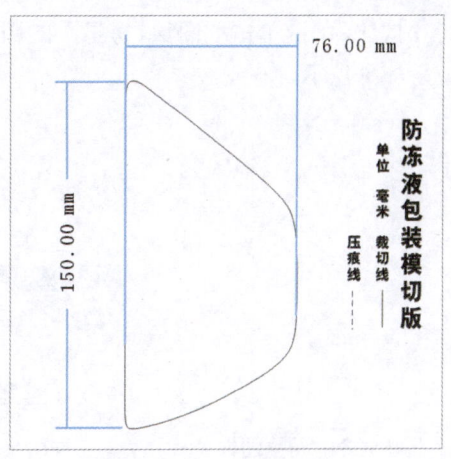

图9.162　尺寸标注

> 项目制作步骤

1. 制作防冻液包装的标签

01 在Photoshop中新建尺寸为10 mm × 18 mm的文档，将其命名为"防冻液包装设计.PSD"，打开"防冻液包装模切版.EPS"文件（图9.163），将其拖入"防冻液包装设计.PSD"文件，得到"模切版"图层。

02 按住Ctrl键单击"创建新组"按钮，在"模切版"图层的下方新建"组1"，更改图层组的名称为"包装展开图"，并新建"图层1"；然后选择"模切版"图层，使用"魔棒工具"单击模切版轮廓内区域，载入选区，在"图层1"中填充选区为白色，效果如图9.164所示（为方便查看，在实际操作中可随时开启和关闭白色"背景"图层）。

03 按Ctrl+R组合键调出标尺，并配合Shift键添加3 mm出血线，效果如图9.165所示。

图9.163　模切版　　图9.164　填充选区为白色　　图9.165　添加参考线

04 在"图层"面板中拖动"图层1"到"创建新图层"按钮上，复制图层为"图层1拷贝"，配合Shift+Alt组合键调整图像与参考线对齐，如图9.166所示。

05 选择"渐变工具"，在工具选项栏中单击渐变色条，打开"渐变编辑器"对话框，参照图9.167所示设置渐变，其中，渐变颜色值为#0132d6、#001a6d（"位置"为53%）和黑色，单击"确定"按钮。

06 按住Ctrl键单击"图层1拷贝"的图层缩览图，载入选区，拖动填充径向渐变，效果如图9.168所示。

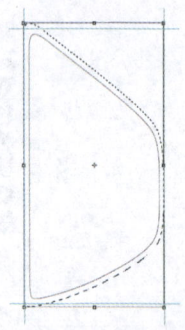 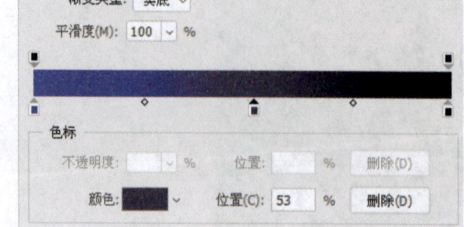 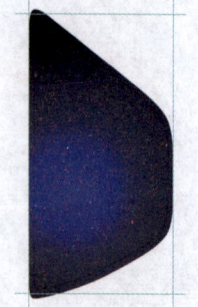

图9.166 调整图像　　　　图9.167 "渐变编辑器"对话框　　　　图9.168 填充渐变

07 选择"模切版"图层，执行"图像"→"调整"→"色相/饱和度"命令，打开"色相/饱和度"对话框，参照图9.169所示设置参数。单击"确定"按钮，调整模切版的颜色。

08 打开"纹样.TIF"文件，将其拖入"防冻液包装设计.PSD"文件，按Ctrl+T组合键调整图像的大小和位置，得到"图层2"。设置"图层2"的图层混合模式为"叠加"，效果如图9.170所示。

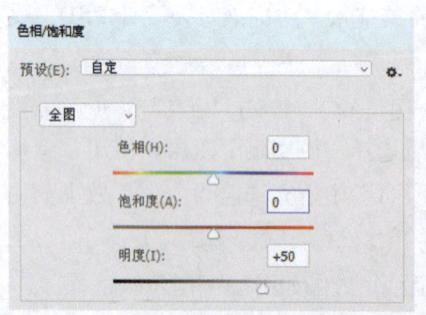  

图9.169 调整图像的颜色　　　　　　图9.170 添加素材图像

09 新建"图层3"，使用"椭圆选框工具"，配合Shift+Alt组合键绘制正圆形，填充选区为白色；执行"滤镜"→"模糊"→"高斯模糊"命令，设置"半径"为100 px，单击"确定"按钮，添加高斯模糊效果，效果如图9.171所示。

10 新建"图层4""图层5"，使用"矩形选框工具"绘制矩形选区，分别填充选区为红色（#e70238）和黑色，如图9.172所示，然后在"包装展开图"图层组的上方新建"图案"图层组。

11 打开"发动机.TIF"文件，使用"魔棒工具"选取图像周围的白色区域，按Shift+Ctrl+I组合键反转选区，如图9.173所示，将其拖入"防冻液包装设计.PSD"文件。

12 在"图层"面板中单击"添加图层样式"按钮，在弹出的菜单中选择"外发光"命令，打开"图层样式"对话框，参照图9.174所示设置参数，其中，"外发光"颜色值为#00baff，单击"确定"按钮。

第9章 其他包装设计

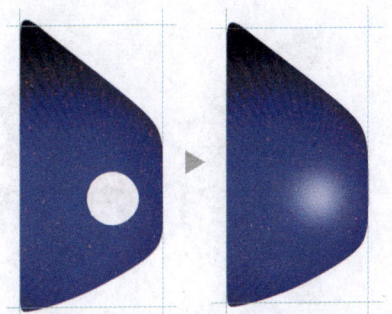
图9.171 绘制白色正圆形并添加"高斯模糊"效果

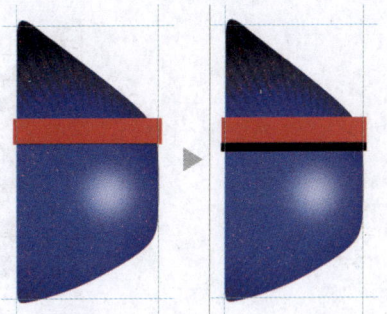
图9.172 填充红色和黑色

图9.173 拖入素材图像

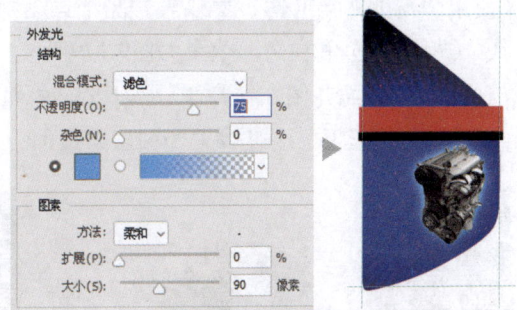
图9.174 添加"外发光"图层样式

13 在"图层"面板中单击"创建新的填充或调整图层"按钮，在弹出的菜单中选择"曲线"命令，参照图9.175所示设置曲线参数，调整图像的亮度。

14 新建"组2"图层组，更改图层组的名称为"文字"；使用"横排文字工具" T 输入文字"长效防冻液"，设置文字的颜色为红色，如图9.176所示。

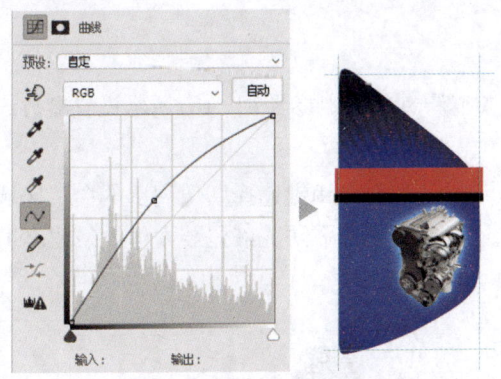
图9.175 调整图像的亮度

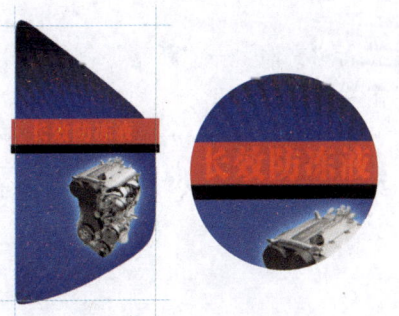
图9.176 输入文字

15 在"图层"面板中单击"添加图层样式"按钮 fx，在弹出的菜单中选择"描边"命令，打开"图层样式"对话框，参照图9.177所示设置参数。单击"确定"按钮，为文字添加"描边"图层样式。

16 打开"防冻液标志.TIF"文件，将其拖入"防冻液包装设计.PSD"文件，配合Ctrl+T组合键调整图像的大小和位置。然后使用"横排文字工具" T 添加产品相关信息，效果如图9.178所示。

251

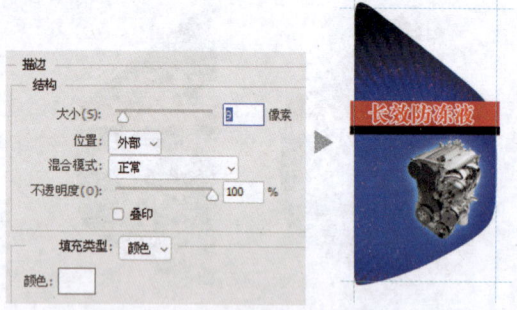  

图9.177 添加"描边"图层样式　　　　图9.178 添加素材图像并输入相关信息

17 使用"横排文字工具" T 输入产品特点和安全注意事项等文字信息，设置文字的颜色为绿色（#01da6c）和白色，效果如图9.179所示。

18 选择"包装展开图"图层组，按住Ctrl键单击"图层1"的图层缩览图，载入选区，单击"添加图层蒙版"按钮 ▢ ，为图层组添加蒙版，效果如图9.180所示。

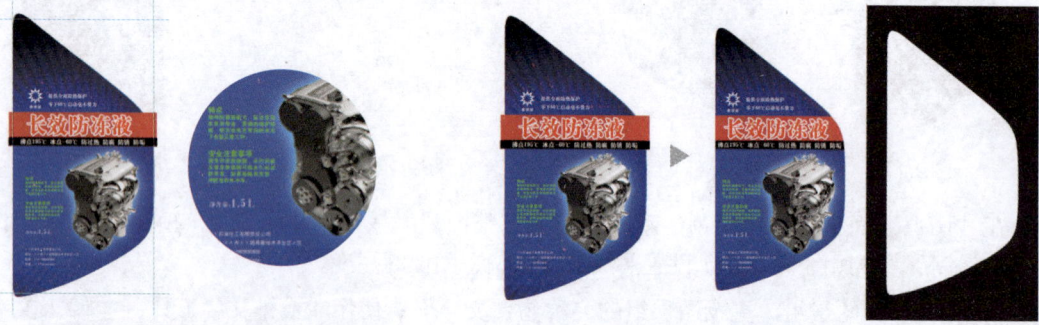

图9.179 输入其他文字信息　　　　图9.180 添加图层蒙版

2. 制作包装立体效果

01 执行"文件"→"新建"命令，打开"新建文档"对话框，参照图9.181所示设置参数，单击"确定"按钮。

02 打开"塑料壶.TIF"文件，选择"魔棒工具" ，配合Shift键选择图像周围的白色区域，如图9.182所示。按Shift+Ctrl+I组合键反转选区，将其拖入"防冻液包装立体效果图.PSD"文件。

图9.181 "新建文档"对话框　　　　图9.182 选取图像

第9章 其他包装设计

03 在"防冻液包装设计.PSD"文件中，按住Ctrl键单击"包装展开图"的图层蒙版缩览图，载入选区，按Shift+Ctrl+C组合键合并复制图像，并粘贴到"防冻液包装立体效果图.PSD"文件中，调整图像的大小和位置，效果如图9.183所示。

04 在"图层"面板中单击"添加图层样式"按钮 fx ，在弹出的菜单中选择"投影"命令，打开"图层样式"对话框，参照图9.184所示设置参数，单击"确定"按钮。

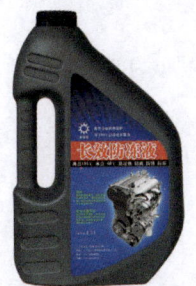 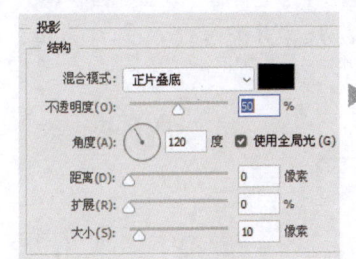 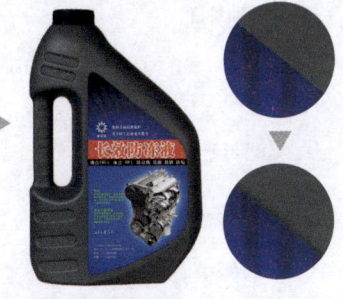

图9.183　合并复制图像　　　　　　图9.184　添加"投影"图层样式

05 在"图层1"的下方新建"图层3"，使用"椭圆选框工具" ○ 绘制椭圆形选区，填充选区为黑色；执行"滤镜"→"模糊"→"高斯模糊"命令，打开"高斯模糊"对话框，设置"半径"为30 px，如图9.185所示，单击"确定"按钮。

06 在"图层3"的上方新建"图层4"，使用"画笔工具" ✎ 修饰阴影效果，阴影效果和单独显示"图层4"的效果如图9.186所示，完成防冻液包装立体效果的制作。

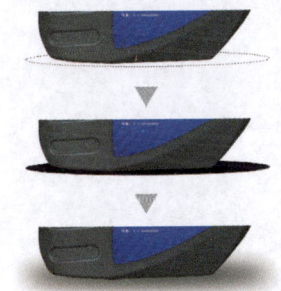  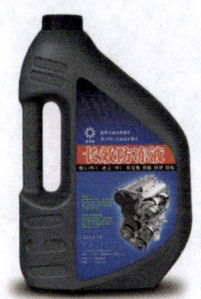 

图9.185　添加"高斯模糊"效果 　　　　　图9.186　修饰阴影效果

9.5 课后练习

一、填空题

1. 在垂直或水平标尺处，可以拖出_____。
2. "自由变换"命令的组合键为_____。
3. 在Photoshop中，双击图层名称右侧的空白处，可快速打开_____。

二、选择题（多选）

1. 一般单件毛重25~100 kg的中小型铁桶，应使用（　　　　）的铁皮制作；单件毛重在

253

101~180 kg的大型铁桶，应使用（　　　　）的铁皮制作。

  A. 0.8~1.0 mm   B. 0.6~1.0 mm

  C. 1.5~2.0 mm   D. 1.25~1.5 mm

2. 使用"裁剪工具"不仅可以（　　　　），还可以通过裁剪来（　　　　）。

  A. 放大图像   B. 旋转图像

  C. 裁剪图像   D. 斜切图像

3. 按（　　　　）组合键调出标尺，并配合（　　　　）键为模切版添加3 mm的出血线。

  A. Ctrl+R   B. Ctrl

  C. Ctrl+D   D. Shift

三、实操题

1. 试制作牙膏的包装设计。

2. 试制作洗衣液的包装设计。

3. 试制作饼干筒的包装设计。

习题答案

第1章
一、填空题
1. 对称与均衡　节奏与韵律　比拟与联想
2. 经济成本　包装废弃物的回收处理
3. 商品销售环境调研　目标消费群体调研

二、选择题（多选）
1. ABCD　2. BCD　3. ABCD

三、实操题（略）

第2章
一、填空题
1. 现实形态　概念形态
   现实形态　有机形态　无机形态
2. 有形要素　无形要素　有形要素　无形要素
3. 长度、位置和方向　宽度

二、选择题（多选）
1. BCD　2. ABCD　3. ABCD

三、实操题（略）

第3章
一、填空题
1. 光源色　2. 明度　3. 色彩适应

二、选择题（多选）
1. ABD　2. BCD　3. AD

三、实操题（略）

第4章
一、填空题
1. 将剪贴图层混合成组
2. 光泽　颜色叠加　渐变叠加
3. 图案拾色器

二、选择题（多选）
1. BC　2. AC　3. ABD

三、实操题（略）

第5章
一、填空题
1. Ctrl+G　新建　从图层新建组
2. 用画笔描边路径
3. Ctrl+E

二、选择题（多选）
1. AD　2. ABCD　3. BD

三、实操题（略）

第6章
一、填空题
1. 自由变换　2. Shift　3. 工具选项栏

二、选择题（多选）
1. BC　2. ABC　3. AC

三、实操题（略）

第7章
一、填空题
1. 整张纸　2. 仅列主要作者　3. Alt+Ctrl+G

二、选择题（多选）
1. ABCD　2. AC

三、实操题（略）

第8章

一、填空题

1. 《学生用品的安全通用要求》
2. 安全、卫生、环保、无味
3. UV工艺　UV

二、选择题（多选）

1. ABC　2. BD　3. ACD

三、实操题（略）

第9章

一、填空题

1. 垂直或水平参考线
2. Ctrl+T
3. "图层样式"对话框

二、选择题（多选）

1. BD　2. ABC　3. AD

三、实操题（略）

参考文献

[1] 克里姆切克, 科拉索维克. 包装设计: 成功品牌的塑造力[M]. 胡继俊, 译. 上海: 上海人民美术出版社, 2021

[2] 左旭初. 1949-1979中国包装设计珍藏档案[M]. 上海: 上海人民美术出版社, 2024

[3] 王雅雯. 包装设计原则与指导手册[M]. 北京: 人民邮电出版社, 2023

[4] 陈青. 包装设计教程[M]. 上海: 上海人民美术出版社, 2022

[5] 袁家宁, 刘杨. 全球产品包装设计经典案例[M]. 北京: 中国画报出版社, 2022